U0196153

修订第三版

上海味道

沈嘉禄 著

戴敦邦 绘

上海世纪出版集团
上海文化出版社

图书在版编目（CIP）数据

上海老味道 / 沈嘉禄著. -- 3版. -- 上海：上海
文化出版社, 2017.8（2023.9重印）
ISBN 978-7-5535-0806-1

Ⅰ.①上… Ⅱ.①沈… Ⅲ.①饮食－文化－上海
Ⅳ.①TS971.202.51

中国版本图书馆CIP数据核字(2017)第165261号

出 版 人 姜逸青
书名题写 管继平
责任编辑 黄慧鸣
装帧设计 王 伟
责任监制 刘 学

书 名	**上海老味道**	
作 者	沈嘉禄	
出 版	上海世纪出版集团 上海文化出版社	
地 址	上海市闵行区号景路159弄A座3楼 邮政编码 200020	
发 行	上海文艺出版社发行中心	
	上海市闵行区号景路159弄A座2楼 200020 www.ewen.co	
印 刷	上海颛辉印刷厂有限公司	
开 本	720×1000 1/16	
印 张	21.25	
字 数	367千	
版 次	2017年8月第一版 2023年9月第六次印刷	
书 号	ISBN 978-7-5535-0806-1/I.257	
定 价	48.00元	

敬告读者 本书如有质量问题请联系印刷厂质量科
电 话 021-56152633

目录

春花秋实的平民美食

邑城内外的浓油赤酱

自序

正如书名所标示，这本书有一个明确的主题，就是关注上海的老味道。这个老味道，是已经消逝或正在消逝的风味美食，它们体现了一个时代的经济状况，也反映了上海市民所处的文化环境与世俗生态。

从草根食物入手，洞悉时代特征，进而表达我们对美好生活的怀念和向往，是我写这本书的出发点。

我选取草根食物，是因为我生活在草根社会。本人就是社会底层的一根小草，扎根市井的土壤，沐浴着新时代的阳光雨露，受到大树的庇荫，也受到粗壮植物的排挤。许多处于社会底层的人都是这么成长的。当然，草总归是草。但是草根社会自有它的乐趣，享受民间的风味美食就是其中之一。尽管我现在也有机会享受奢华的盛筵，但对草根食物始终怀有深厚的感情。往往在某种场合，一种气息、一声叫唤或者一种器物，童年的记忆就被瞬间唤醒，想起了相关的人与事。就像一坛窖封很久的酒，被外力撞破，透出似曾相识的香气，要把我醉倒在赶往名利场的路上。

草总是大多数，这本书是为大多数的草而书写的。

从宏大叙事这个层面来说，上海的风味美食，其实也从一个侧面见证了兼容并包、海纳百川的城市特性。据我研究，上海本土的风味大都以川沙、高桥、南汇、松江、嘉定、崇明等郊区农家菜点为底本，高桥松饼、颛桥蒸糕、叶榭软糕、庄行羊肉、青浦扎肉、张泽肉饺等等，无不打上农耕社会的烙印。

历史性的转折发生在上海开埠后，随着外国传教士和商人的进入，西方文化也随之浸染这个东南大都会，而食事又最能以味觉刺激让市民感知，并当作一种风尚来领受。开埠不久的清朝咸丰年间，太平天国战争爆发，太平军挥师江南，周边省份的小生产者和农民大量涌入上海租界避难，形成上海第一次移民潮，也造成了华洋杂处的格局。它的不期而至，直接反映在食事上，就是引进了许多外省风味。第二次移民潮发生在甲午战争以后至清王朝覆灭、民国肇始之时,日资在中国疯狂扩张势力,在上海兴办了不少纺织企业,需要大量廉价劳动力;上海的工商业也有了令人耳目一新的发展,诞生了一批更有现代性的实业家和买办,他们的传奇故事对周边省份的失地农民也构成了诱惑。他们脚上的泥土还没有擦洗干净,就懵懵懂懂地踏上陌生的码头、车站,凭借着使不尽的力气与微弱的人际关系,希望在上海实现梦想,成为体面的城市人。他们有的被淹没于嘈音震耳、烟雾腾腾的车间,有的从事手工业、零售业,还有的选择饮食业。从事饮食业的那批人,再次将外省风味带了进来。第三次移民潮发生在抗日战争期间,战火所至,家破人亡,大量外省人涌入租界,谋求庇护,它对上海风味美食的客观作用与上面两次相同。

必须说明的是,移民潮引发上海风味美食的"物种多样性"并不是主动的、有计划的,而是被动的,是外来移民出于生存需要,选择了这种门槛很低的业态,又因为日益膨胀的城市人口形成了庞大的市场客体,互为作用地形成了风味美食百花争艳的格局。可以说,目前我们能品尝到的风味美食,若要追根溯源,大多是从外省来的。每个城市的浮华背后,都是血泪斑斑的,风味美食之于上海,或许也是这样。

上世纪80年代起,随着改革开放,上海又形成了一次规模更大的移民潮,这次移民潮的主体相当庞杂,有所谓的精英阶层,比如实业家、投资者、知识分子、公务员,也有广告业、娱乐业、信息产业、现代服务业等新兴领域的从业人员,但更多的是靠体力谋生的群体。体力劳动阶层中的一些人就带来了外省的风味美食。从经营规模和生产方式上看,与一个多世纪前并无本质区别。

在今天的IT时代,餐饮业仍然显得粗放与简单,从民俗学这个界面来窥探,为城市延续了一种值得留恋的市井风情。而从社会经济、文化发展这两条路径来解读,还应该从城市管理上寻找不足,特别是低素质体力劳动者的大规模涌现,呈现对中央商务区的大包围、大渗透、大切换之势,降低了上海这个国际大都市的品质。请读者不要误会,我出此语并非要贬低外来务工者的作用和人格,这是不容回避的事实,是我们这个城市发展绕不过去的难题。上海历来有海纳百川的传统,这一次,我们也一定有广阔胸怀接纳四海之内的兄弟,只是,政府如何提高他们在市场经济条件下的生存能力,体现更高的劳动价值,并让他们享有"同等国民待遇",包括教育、医疗和文化及享受风味美食的权利,是应该引发社会各界认真探讨的议题。

在每一次时代嬗变的节点上，难免出现急转弯的情况，由于离心力过猛，便会使一些人被甩出原有轨道，就会出现短暂的精神休克，对过往的文化和传统产生很强的留恋，甚至有一种"落花流水春去也"的感叹。表现在物质生活层面，就是怀念消逝的都市风景，比如石库门房子的格局和市民生态，过街楼下、灶披间里的闲言碎语，还有茶馆、酒楼、澡堂、书场、剧院及老虎灶、烟杂店等百态世相。色香味俱全的风味美食自然也在诱发人欲、自我安慰的怀想之中。

　　因此，我们这个城市的风味美食遭到了前所未有的侵蚀风化。我分析了一下，大致有几方面的原因。一是原料丧失或改变了。比如做青团所用的艾叶，做松花团的松花粉，都比较难找了。有一个糕团师傅告诉我，过去农民在种植稻米时，施加的是农家肥，现在则以化肥谋求高产，性状就会改变。特别是糯米制作的糕团在冷却后，风味有逊于前。烹制咸菜大汤黄鱼的野生黄鱼早已绝迹，做刀鱼面的长江刀鱼也所剩无几，大多数河海鲜和家禽、家畜都实现了人工养殖，在产量上能够满足市场所需，但与记忆中的风味就很难重叠。

　　其次是手艺精神得不到应有的尊重，兢兢业业的诚信劳动被当作愚钝，投机取巧、以次充好，甚至冒天下之大不韪，滥用添加剂和化工原料等非法行为，反倒成为致富新思路。在激烈的市场竞争下，农耕社会的操作方法被机器操作所取代也是不可逆转的大趋势。比如包汤团的水磨粉就以机器代劳了，手工擀成的面条与馄饨皮再也没人生产了。包粽子所用的干粽箬用药水浸泡一下冒充新鲜的，大量海产品和蔬果以可能有毒的药水喷洒浸泡，使其保持新鲜的外观，迟滞自然腐烂变质的进程。凡此种种，都降低或改变了食物的风味。

　　其三是风味小吃的生态也发生了改变。过去，风味小吃的生存与城市的文化娱乐环境密不可分，比如可以在茶馆里吃到擂沙圆、伦教糕、鸽蛋圆子，甚至大肉面，现在传统的茶馆已为茶坊和咖啡馆所取代，说书人离场了，剩下的只有震耳欲聋的噪聒。三五知己随意小酌的酒楼也受到装潢豪华的大酒店的一再挤压，只能在街头巷尾苟延残喘。上海人又没有广州人"叹早茶"的传统，"一盅两件"的休闲方式似乎难以移植于本埠，应该安度晚年的老年人却承担着照看第三代的重任，他们哪有时间去茶馆喝一壶，再来一客刚出锅的生煎！

　　风味小吃还与叫卖声一起构成市井风情，现在都化为表演性质的歌谣了。英国某文化机构曾经评选上海最值得记取的十大声音，街头巷尾叫卖小吃的声音昂然入选，这也是对风味小吃文化内涵的肯定。

　　最后一点是，餐饮企业体制改革后，经营者对商业利润的过度追逐，将原本利润空间有限的风味小吃逐出门外。比如城隍庙里几乎家家饭店、点心店都在叫卖蟹粉小笼，甚至松茸小笼，鲜肉小笼反而限量限时供应。价廉物美的葱油开洋拌面就此被边缘化，鸡鸭血汤、小馄饨被"改良"后卖高价。有些刻意复原老上海氛围的豪华酒家，虽然也以怀旧的名义推出传统风味以适应时尚化消费，但那种贵族化的格式，在价格和感情上有意与普通民众拉开距离。市场上还公然出现鲍鱼粽子、鱼翅粽子、干贝粽子，非但味道欠佳，还索价昂贵，加深了骄奢淫逸的倾向和腐败风气。在菜肴方面，三十多年来上海餐饮市场在外来风味"抢逼围"之下，本来就缺乏进取精神的本帮菜只得退守老城厢一隅，菜谱居然几十年不变，几成饮食史的活化石。这几年为发展本土旅游业计，欲重振往昔威风，力挽狂澜于既倒，但要是仍然以经济效益为重，要达此美好目标，恐怕南辕北辙。

那么，风味难寻？小吃不再？当然不是，上海是一个海，市场是很大的。机会迭出，风光无限，就会有人整装上阵，指点江山，跑马圈地，再创辉煌。而况，上海的餐饮业经过三十年的蓬勃发展，各种机制并存，大小业态并举，中西风味杂陈，进入了良性竞争的快车道。我相信，在政府的倡导和扶持下，在各企业正确的经营思想统领下，大小师傅八仙过海，各显神通，广收博取，与时俱进，上海的风味美食一定能呈现百花齐放的大格局，上海人和来上海的中国人、外国人是有吃福的。

而这，也是我写这本书的理由以及文化背景。一个人的记忆，也是一代人的共同记忆。风味美食丰富了我们的味觉感受，调剂了我们寒素的生活，特别是家常食物所维系的一人、一事、一情、一境，是我们念念不忘的内在原因。它是属于精神层面的，比食物本身提供的滋味口感更值得珍藏并传给下一代。我努力将这本书中的每篇短文写成一篇朴素平实的生活散文，感念生活，怀念亲人，并力求在叙事风格上的诙谐幽默，而不是单调乏味的食谱——希望我能做到。

最后，谢谢上海文化出版社的领导与编辑，他们一致认同这本书的价值，拍板出版和再版。还要谢谢戴敦邦先生为本书插图，他描绘的上海市井百态极为传神，既可弥补我文字的不足，又为读者提供了更为广阔的想象空间。

需要说明的是，此书初版于2007年，这次推出的第三版对初版作了一些调整，删去了几篇文章，增加了几篇新写的，使本书的主旨更加贴切。我当然不会忘记，此书第一版问世后，在社会上引起不小反响，在好几次上海书展上，都有读者买了书后找我签名——如果那天我恰好在现场的话。我的文章也激活了中老年读者的记忆，令他们感慨无限。这些年我还以此书为引子，在大学、图书馆和社区文化活动中心做过几十场有关饮食文化的报告会，与读者互动的场面相当热烈，至今让我欣慰。有好几位读者还专门来信来电，对书中一些风味小吃的名称和由来做了详细考证，使我在再版时得以订正。所以我要说，所有的风味美食，因为有了浓浓的人情而变得更加值得回味，值得一再品尝。

沈嘉禄
2017年谷雨

水汽氤氲的寒素生活

四大金刚

四大金刚——大饼、油条、粢饭、豆浆。

直到二十年前，在上海的大街小巷还能看到它们义结金兰的身影。清晨，天蒙蒙亮，薄薄的一片月亮还浮在空中，像快溶化的水果糖。此时简陋的大饼摊里，日光灯泻下一片刺眼的白光，灶膛里的红蓝色火苗快活地蹿起，舔着铁锅的边缘。师傅们正忙得不可开交，身上的工作服已有好几天没洗了，与灶台频频摩擦的那个部位已留下一条污痕。我小时候还看到过小徒弟坐在地上呼搭呼搭拉风箱，推的时候下巴嗑在膝盖上，拉的时候，后背又几乎要着地了。那是非常累人的活，若是天热，小徒弟必定赤膊，汗水将裤腰濡湿。

如果西北风正紧着，从东西两头赶来的顾客一个个缩紧脖子，将油滋滋的棉门帘一撩，一头扎了进去。

两只大饼，一根油条，一碗豆浆，加起来才一角几分。这是上海人早餐的标配。

豆浆要咸的还是甜的？卖筹码的女营业员会问。咸的！老上海当然都喝咸豆浆。

两个齐腰高的杉木大桶搁在灶台边，散发出很好闻的松脂气息，里面存着温热的豆浆。两个接上铝皮桶身的铁锅坐在灶台上，师傅用一把接了木柄的紫铜勺子一勺勺地提起豆浆，装入顾客递上的铝锅——这是外卖；或者盛在蓝边大碗里，一勺正好一碗——这是堂吃。眼看锅里豆浆渐渐少了，再从木桶里舀起一大罐来加进去。阵阵升腾的热气使白炽灯的暖光增添了一层梦幻色彩。

豆浆是在工场里磨好并煮过的。磨豆浆是很辛苦的活，头一天要将黄豆洗过浸泡，然后灌进电磨里磨。旧时是用石磨磨的，更加累人。磨好的豆浆要滤去豆渣，撇去泡沫，然后赶在天亮前煮熟。豆浆很娇嫩，装豆浆的盛器必须洗得非常干净，稍留杂质或水渍，豆浆就会变质。豆浆必须煮熟，半熟的豆浆吃了立马拉肚子。

路边小店的豆浆是很烫嘴的。老上海就爱喝烫嘴的豆浆，大热天喝得满头大汗，绝对过瘾。咸浆里有油条、榨菜、虾皮、葱花——过去还有紫菜，加一小匙兑了一点醋的鲜酱油，师傅提起一勺豆浆，高高举起，飞流直下般地冲进碗里，最后再淋上几滴辣油。豆浆有足够的温度，加上冲击力造成的液体翻滚，碗里的咸浆就会起花。喝起来不光味道鲜美，而且欣心悦目。现如今"新亚大包"或台湾人开的"永和豆浆"里也供应豆浆，但温度不够，服务员也做不出高冲而下的动作——他们怕烫了自己的手。路边小摊也有供应豆浆的，但你永远见不到当灶现煮的场面，据说都是用豆浆粉冲泡后灌装在一次性塑料杯里的。就这样，我们喝不到起花的咸浆了。

甜浆就是加糖，小孩子喜欢喝，比较没有情趣。现在有些饭店里有冰豆浆供应，大热天咕嘟咕嘟畅饮一大杯很爽快，但要当心拉肚子。

好的豆浆应该有豆香味，浓稠，口感上可与牛奶比美。

那时候，草根阶层的上海人几乎天天喝豆浆，早晨见面打招呼："豆浆喝了吗？" 拿锅子、热水瓶买豆浆的队伍是上海早晨的街景。一度，为了方便老百姓买豆浆，有些店家还印了联票，一月一买，三十小张，撕一张给一碗，很方便。许多体贴入微的便民服务项目都被市场经济大潮冲走了，所谓人情浇薄，有时就体现在细节中。

大饼，与豆浆一样也有咸甜两种。甜大饼很简单，白砂糖加一点面粉就是馅心了，裹拢来擀成椭圆形，刷一层稀释后的饴糖，再撒几粒芝麻就成了。白砂糖加面粉是为了增加附着性，防止咬破后糖液直接流出来烫了嘴巴和手。咸大饼做起来比较费手脚，擀成长条，刷一层菜油，抹盐花，抹葱花，卷起来，侧过来擀成圆的，就是圆大饼。若是直接擀，就成了方的，烘熟后两头翘起像一块瓦片，这是过去的做法。后来都做圆的了，不知为什么。

过去烘大饼是用小缸炉。选一口缸，仔细凿去缸底，倒扣在柏油桶改装的炉子上，外面再抹厚厚一层黄泥，为的是保温。大饼抹了水，啪地一下贴在炉膛内壁上，炉子里烧的是煤球，不一会炉内飘出了香味，用火钳一只只夹出来。大饼表面是金黄色的，葱花绿，芝麻白，饼底有焦的斑点，如乌龟腹。咬一口，松脆喷香。

吴双艺演滑稽戏，有一个老上海吃大饼，一粒芝麻掉进桌缝里了，他就借与人说话的机会猛拍桌子，使桌缝里的芝麻弹出来，然后手指一按，塞进嘴里，一脸满足。我小时候吃大饼也是一粒芝麻都不肯放过的。

我还吃过豆沙大饼，边缘部分是勒了几刀的，形如海棠，并让里面的豆沙馅

露出来，好看，也防止豆沙受热后胀暴皮子。三年困难时期我还小，老惦记着甜大饼，有一次总算吃到了，一咬，里面是山芋馅的！那时候白糖供应匮乏。

烘大饼的师傅很辛苦，据说手臂上没有一根汗毛。你想哪，每只大饼都要用手伸进炉膛里操作，与火焰近距离接触，裸露的手臂上哪还有汗毛啊。后来技术革新，小缸炉废除了，用砖砌一个槽，就是炉子了。在铁板上贴几块薄薄的耐火砖，搁槽上翻转，大饼直接贴在耐火砖上，就用不着将手伸进炉膛了。用槽子做出来的大饼不香——这是老上海们说的，但师傅因此免受其苦，应该支持。

大饼有个堂兄弟——香脆饼。材料一样，只是做法不同，一般在收市前，顾客寥落了，师傅就将面团擀得再薄些，芝麻多撒点，贴在炉膛最佳位置，火要小，烘烤时间长些，夹出来就是香脆饼。通体红亮红亮，咬的时候得用手掌托着，咯吧一声，脆得掉渣。只有跟师傅混熟了，他才卖两只给你。

大饼还有一个小表弟——老虎脚爪。面团里和了糖粉，做成馒头样，用刀在上面剖出等分的三刀，稍稍掰开，行话叫做"开花"。上面刷饴糖液，送入炉膛烘烤。烘好后真像一只老虎脚爪，掰开来咬一口，松脆。外观也极具风俗性，脚爪尖红亮，往下慢慢泛黄，有点像水墨中的晕散效果。老虎脚爪一般在下午供应，因为老上海认为它如果作为早点是一种浪费，哄小孩或自己佐茶是适宜的。现在据说王家沙里有老虎脚爪供应，是作为一种怀旧风尚推出的，还上了电视新闻。王家沙里专做老虎脚爪的师傅已经七旬高龄了，每天做五百只，去晚了还买不到。

油条是大饼的最佳拍档。但油条也可单吃，或者斩成段蘸酱麻油佐泡饭，相当实惠。不错，油条在杭州人口中，也叫油炸（读作"煠"）桧。为了诅咒秦桧而发明的一种食品，体现了民意与智慧，我愿意相信确有其事。最近有人想为秦桧翻案，说这个人蛮廉洁的。甚至说岳飞一心要收复中原、直捣黄龙是不讲政治，偏安江南的高宗已经坐稳了龙椅，治国理政进入了新阶段，你还想迎回做俘虏的徽钦二帝，这不是存心捣乱吗？我以为学术界出现这种情况，与今天的餐饮界油条做不好是遥相呼应的。

过去的油条是很正直的，多少粗，多少长，分量多少都是有标准的。入油锅后，眼看着油条们翻滚着长大，心里别提有多欢喜呢。我常看见质监部门的同志拿了皮尺来大饼摊检查，并在小本子上打分。所以老百姓吃油条是有质量保证的。那时候还有老油条。"老油条"一词，在上海方言中特指那些油头滑脑的坏小子。但老油条确实很好吃。它是这样做的：前一天没卖掉的油条再入一次温油锅，炸透就行。老油条空口吃，不比麻花差。

后来大饼摊拆光了，做油条的历史使命落在了外来妹肩上。她们是租房经营的，赢利是第一要务，为了使油条好看，就在面里和掺了洗衣粉，油里一炸，胖小子一个。看上去赏心悦目，吃口却差多了，涩嘴。洗衣粉里含磷，污染河水的罪魁祸首，常年吃这种油条，肯定不会长命百岁。

最后说说粢饭。糯米与粳米按一定比例配好，浸泡一夜后隔水蒸，一定要放在木桶里蒸，木桶的底是一层木格子。木桶坐铁锅上，让蒸汽升上来，格子上铺一张草编垫子，新的时候会蒸出一股清香。师傅包粢饭时手势极快，因为烫手啊。蒸得好的粢饭应该是软硬适中，有稻米的清香，可塑性也强——我家弄堂对面点心店里有个师傅可以用一两粢饭包一根油条，从不露馅。

有一度，粢饭里夹了赤豆。谁想出来的？绝对有创意。赤豆与糯米一起蒸熟后还保持完美的形态，但没开花，只是周边的米粒被轻轻染红了，就像国画中的笔墨渲染，由浓及淡，过渡自然。尤其是赤豆在白米的衬托下，显得格外精神。如此一团"釉里红"——戏仿瓷器名词——粢饭在手，大口开吃之前已经满足了。

通常情况下，上海人用二两粢饭包一根油条，边走边吃是马路风景之一，他们要赶时间上班嘛。有闲的人就再加一碗豆浆润润喉。但是包粢饭的油条一般都是事先炸好的，风一吹，软不拉叽的。有些穷讲究的上海人就不惜再排一次队，用丝草扎了刚出锅的热油条来让师傅包粢饭，这才是好味道。我家弄堂口的大饼摊与粢饭摊隔了一条马路，而豆浆摊又在几步开外的一个摊头上，我有时也会提了一根热油条过马路再去买粢饭，拿了粢饭团再去拿豆浆，然后挤在马路边的八仙桌上吃。吃一顿正宗上海风味的早餐还真有点费手脚。

现在，"新亚大包"或"永和豆浆"里也有粢饭供应，但不包整根油条，包的是肉松和老油条碎屑，有时还会有萝卜干！真是莫名其妙。我从另一个柜台前拿了热油条请师傅包一下，他居然理直气壮地说：我包不来。

跟他争什么呢，老师傅都退休啦。过去上海的每条马路上差不多都有大饼摊，经过一番折腾，都不知到哪里去啦，上海人喜欢的四大金刚就这样渐行渐远啦。

上
海
老
味
道

糜饭饼

我在读小学时，有个同学的母亲是做糜饭饼的。天蒙蒙亮，她就要将炉子推到街角人行道上。炉子是用柏油桶改的，还有一麻袋刨花，烘糜饭饼一定是用刨花做燃料的，发火快。炉子上搁的铸铁平底锅也很奇怪，中间陷下去一个巴掌大的圆饼，里面加水，沸滚后一直冒水蒸气，帮助将糜饭饼催熟。

做糜饭饼的米浆是隔夜调好的，粳米与籼米按一定比例磨成粉，然后浸泡发酵，制作前再加糖精。用勺子舀了，一勺勺地浇在锅底形成椭圆形。然后往炉膛里添一把刨花，哄的一下，火焰蹿起来了。

开锅了，用铜铲刀将糜饭饼轻轻铲起，饼面微微隆起，乳白色，饼底是焦黄色的。糜饭饼两个起买，七分钱。所以，铲饼时总是将两个合起来，它们的边缘有点相连，像即将分裂完毕的细胞。

旺火烘出来的糜饭饼很香，吃口甜津津，回味有点酸，那是发酵的缘故，这款街头美食的特点也在这里。

冬天，糜饭饼的生意特别好。母亲有时候忙不过来，我的同学就要起早帮她打下手。有时候风头突转，他躲不及了，就被熏得眼泪汪汪。

铃声响过两遍，校门即将关上，他才匆匆赶来，书包在他屁股上颠着，两手冻得通红，捧着一个糜饭饼狼吞虎咽。大家给他一个绰号，"糜饭饼"。虽然并无恶意，但现在想想真是不应该。

他叫刘炳义。我叫他一个字："Bing"，听上去像"糜饭饼"的饼，也像是"刘炳义"的炳。舆论和朋友两头不得罪，他认了。

我也很想吃糜饭饼，就用妈妈给我买大饼的钱去买这种吃大不饱的饼。有时兜里只有三分钱，就拖上一个同学入股，两人合买。看到帮母亲烧火的Bing，彼此都有点小小的难为情，我们拿了饼就一路小跑。后来，Bing悄悄地跟我一个人说，我可以单独用三分钱买一只。但我从来没有去享受这个特权。

Bing的功课不太好，穿得破旧，大家都不大愿意搭理他。不过Bing这个人很聪明，百科知识懂得很多，皮虫是怎么缩进树叶里的，来年又长成什么样？乌贼鱼是向后游的，在什么情况下会喷出墨汁？人的头发在什么情况下会变直，并向上竖起？他甚至知道美国第七舰队的舰队混成。Bing读过许多闲书，我和他交上了朋友。

Bing的家境不好，父亲长期卧床，他还有一个姐姐，好像功课也不行，全家都靠母亲做糜饭饼维持生计。Bing每学期要向学校提出申请，免学费和书杂费，但事后老师又会在教室里旁敲侧击地数落他。在弄堂里，邻居也要欺侮他们。他们是回族，猪肉不进门的，但有一次他们发现刚煮好的饭里被人塞进了一块肥肉。Bing就按照他母亲的指示，将这锅饭送到我们家里来。我母亲很为他们鸣不平，并从米缸里舀了一罐米让Bing带回去。

过年了，我去他家还一本小说书。一间暗黝黝的房间里，一家四口正围着吃饭，桌子中央只有一条红烧鱼，还是冷的！再没别的菜了。我回家后跟母亲一说，母亲就盛了一碗烤麸让我送给他们尝尝。四喜烤麸是上海人过年必备的年菜，里面还有金针菜和黑木耳，这两样东西要凭票供应。我家特别道地些，还加了花生仁和香菇，浇麻油，吃口更香。

我跟他家相隔一条弄堂，送过去很方便，他们客气一番收下了，我如释其重。

后来，我跟Bing进了同一所中学。有一年我们学校组织拉练，每个人都要去的。Bing由学校承担了一些费用，也跟去了。他不是回族吗，伙房就单独给他开小灶。有一次大家饭后聊天，自然谈起了吃的，顺溜说到四喜烤麸。我就说，我最最喜欢吃四喜烤麸了。我是无意的，Bing深深地看了我一眼。我心里咯噔了一下。

不是有一句话吗：贻人玫瑰，手有余香。但既然送人花了，最好不要当着他人面提起这档事，哪怕是无意的。这是我从这件事上获取的人生经验。

甜味二酸添二二…

粢饭糕

　　过去，一些规模不大的饮食店门口，会拖出一只由柏油桶改装的炉子，支一口铁锅，倒大半锅油下去，油温升高后，师傅就将粢饭糕一块块投下去，油锅马上欢腾起来，烈火烹油的盛况令人激奋。不一会，粢饭糕在油锅里露出金黄色一角，师傅用火钳翻几下夹起，排列在抓住锅子沿口的铁丝架子上沥油。

　　粢饭糕是长方形的，厚约三四分，像一副没拆封的扑克牌，炸得外脆里软，咬一口，咸滋滋的，还有一股葱花香。特别是四个角最先炸焦，有点硬，咬起来很过瘾。五分钱一块，清晨用大碗去买几块，与豆浆一起吃，算是改善伙食了。下午也有买，纯粹作为点心吃的。

　　那时候买食用油要凭计划，每人每月才半斤。每月的油票分四两和一两，一两的票可以买麻油。这是计划经济时代，上海油票的特殊设计，别的地方没有一两的油票，我不知道外地是如何买麻油的。上海人穷讲究，苦日子也要用麻油来增添一丝香味。一些老太太看到饮食店炸粢饭糕用这么多油，骇怕了，到处说这油锅里加了水。其实油水不容，哪有这个道理？

　　炸粢饭糕时，会有许多碎屑掉在锅里，师傅要不时地用漏勺打捞上来，否则会焦糊成煤屑一样。碎屑在锅底躺的时间长，特别香脆。我最喜欢吃碎屑，碎屑也是卖的，一角钱一大碗，得候巧。师傅不会等你，积满了一碗就随便卖给顾客。我家弄堂口的饮食店一度有卖粢饭糕，我想办法跟师傅套近乎，终于买到几次碎屑，而且是满满一大碗。

　　此事被我哥知道了，批评我嘴馋，这样好吃，将来干不成大事。他还很认真地说：伟大人物都有一种特别的意志力和自制力，能克制自己的欲望。这么一说，我才觉得事情有点严重，再也不敢去买粢饭糕碎屑了。在读小学三年级的时候，我把自己的欲望克制得非常辛苦。那个时候，我已经在读《欧阳海之歌》、《钢铁是怎样炼成的》、《卓亚和舒拉的故事》了。

　　我不买粢饭糕碎屑，但并不反对自己看师傅做粢饭糕。做粢饭糕是很好玩的，大米与籼米按比例煮熟，起在另一口锅里，加盐，加葱花，用铜铲搅拌至起韧头。然后在洗白了的作台板上搭好一个大小与一整张报纸相当的木框子，将饭倒进去，压紧实，表面抹平。到了下午，师傅将框子拆散，饭就结成一块巨大的糕了。然后用一把很长的薄刀将饭糕划成四长条，每条比香烟盒子略宽，转移到一块狭长的木板上。接下来，师傅要切片了。许多人认为粢饭糕是用刀切片的，错了，你看他从墙上摘下一张弓，这张弓很袖珍，用留青竹片弯成，弓弦是尼龙丝，用这样的弓切粢饭糕需要技巧，起码厚薄一样，否则顾客会挑大拣小。师傅切起糕来，一张弓仿佛在手中跳舞，上下自如。如果用刀切，粢饭糕就会粘在刀面上。切好后的粢饭糕看上去还是并在一起的，但第二天用时一分即开。

师傅说："你怎么不来买屑屑头啦？"

我很不好意思。"吃腻了。"

师傅笑了，将一大碗碎屑再碾碾碎，和在一锅饭里，明天，粢饭糕的截面就会像加了金黄色的桂花一样好看。

我克制了自己，但并没有成为伟大人物，早知如此就不克制了。

现在粢饭糕少见了，外来妹也不会做，她们也没有绷紧了尼龙丝的竹弓。一些号称上海风味的饭店里偶尔会供应，乱拗造型，花样百出，加虾米，加蟹粉，加苔条，加火腿末，价钱当然不可同日而语了。有些店家还会切成小条炸后上桌，蘸糖吃，咸中带甜，名曰：节节高。

老虎脚爪挠痒痒

在上海所有的草根点心中，老虎脚爪实在算不上出挑。以前的大饼摊到下午才做这款点心，如果生意好的话，老师傅就只做大饼油条，把它晾在一边。仿佛它是跟着后娘一起进门的拖油瓶，低人一等。上海的老人吃早点，首选大饼油条加豆浆，下午心情好一点，才会嘱小孙子买两只老虎脚爪，和着泡得已经寡淡的炒青边聊边啃，多半是消磨时间，另一只给孩子，算是吃着玩的。说得肉麻点，老虎脚爪在上海滩的地位相当于英国下午茶的苏打饼干。

但是，三十年风水轮流转，老虎脚爪得宠了！

这只久违的"脚爪"先是伸进了赫赫有名的王家沙，经媒体一番渲染后，大家跑去吃。南京西路的王家沙怎么说也是有点档次的，蟹黄小笼与鲜肉汤团最为出色，老虎脚爪？从来不登大雅之堂，而且本店的师傅也不会做。怎么办？店经理只好从虹口将一个七十多岁的老师傅请出山。为了适应现代人的口味和肠胃，在面团里加了黄油和酥面，使它变得软绵起来。其实多此一举！以前的老虎脚爪我当然吃过的，师傅在一坨团面上划出等分的三刀，六角形，神似老虎的脚爪，稍稍掰开，刷上饴糖水，在小缸炉里烘得焦黄香脆。吃之前，我喜欢掰开来吃，可以多磨一会牙。正宗的老虎脚爪外脆里香，甜度不重，但面团稍显坚实正是它的特色。在物资匮乏的年代里，它承担着消闲的使命，也算是石库门里的一点亮色。今天，现代人吃老虎脚爪，多半是出于怀旧，为了唤醒童年的味觉记忆，那么这只脚爪就在你我的心口轻轻地挠痒痒，怪舒服的。

这些年来，每当春暖花开时节，豫园商城里总要举办美食节，正式名字叫做"中国民俗厨艺大观"，各地方的小吃汇聚一堂，让大家放开了吃。每当此时，豫园中心广场热闹非凡，临时搭建的店铺虽然有些简陋，但旌旗招展，撩拨着游客的食欲，临时摊棚门楣上的广告也做得十分醒目。小吃出身卑微，但"我从山中来，带着兰花草"交代得清清楚楚，师傅们一律给予足够的尊重。蜂拥而至的游客争先恐后，挤作一团，瞪大了眼睛在每个铺面前辨识儿时的美食身影，每一样都不肯放过。油锅蒸笼不断地飘出馋人的气息，师傅忙得脸颊通红，汗珠直

梨花老虎脚爪

上海老味道

淌，市声抑扬处，又一笼蟹黄包子熟了。

在这特定的环境里，每个人都卸下了公共场合的拘谨和庄重，无论西装革履，或是红装束裹，一律站在广场里大快朵颐，三三两两形成小圈子，顾不得吃相，也顾不得左挤右搡，呼哈之间将油豆腐线粉汤或油炸鹌鹑塞进嘴里，管他什么汤汁淋漓或满手油渍！连一些老外也是这番吃相，表情或许更加夸张。还有吃了带走的，更有拍照留下滑稽形象的，大呼小叫起伏，红男绿女杂陈，气氛被一波波地推向高潮。这一幕，生动地诠释了风味美食与老百姓的关系。

去年的主题是江南古镇美食，集中展示了周庄、同里、西塘、嘉定、七宝、朱家角、召稼楼等二十几个古镇的风味小吃。此次的主题延伸至长三角，为了最大限度地囊括这一地区的风味小吃，饮食公司特地派了两组美食侦探外出寻访。到了某个小镇，先在小旅馆住下，第二天天色蒙蒙亮时起床，暗中跟着当地老人去吃早点，发现别具风味的小吃，就一一记录下来。接下来就向当地的点心师傅发出邀请，请他们来上海表演。

所以在今年的民俗厨艺大观里，我看到了不少新面孔。比如临海麻糍、什饼筒、天台艾青饼、艾叶饺，还有溪口千层饼、扬州糖炒团子、云南刀劈竹筒饭、老北京冰糖葫芦、新疆孜然烤鸡翅、杭州西施猫耳朵、江淮黄桥烧饼、鸡蛋大元宝、肉馅油煎新麦饼、梅花糕和海棠糕……我粗粗算了一下，一共有一百余种。每只品种前都有排队的老小吃客，吃着碗里，看着锅里。

但我发现，当红明星却是老虎脚爪。

这款老虎脚爪来自江苏盐城，当地呼作金刚脐——看那样子倒真像庙里四大金刚的肚脐，但上海人还是亲切地称作老虎脚爪，俗归俗，叫着响亮啊。听说城隍庙里有得卖，大家从四面八方赶来尝一口，呼应心底的念想。

老虎脚爪在盐城一带是用煤炉烘的，若改用天然气炉子烘烤就不香。为了保证原汁原味的口感，豫园商城的师傅特意做了一只烧煤的烤炉，还按消防要求配备了好几只灭火器。第一天开张，天色蒙蒙亮，已经有好几个顾客在老虎脚爪铺子前排队了，而开业时间要到八点钟啊。一开市，争尝老虎脚爪的顾客就差点将炉子挤倒，后来不得已加装了铁栏杆。但是后来排队的顾客越来越多，只能临时规定每人限购五只。我在现场看到，排队的顾客足足有一百多，此种盛况，大约只有春运高峰购买火车票才可比拟。星期天上午我又去现场，看到这支队伍更长，一直逶迤到华宝楼侧面，没有一个小时根本别想吃到老虎脚爪。听一游客说，前一天有一个老太太排到天黑还没有买到，居然哭了。

更有趣的事在后面，有一天一大早来了四五十位残疾人，每人开着一辆残疾车，那阵势真的浩浩荡荡，赛过一支机械化部队。干什么？吃老虎脚爪嘛。但残疾车不能开进豫园，排队有困难，于是师傅跟排队的顾客打招呼，取得大家谅解，残疾同胞优先。就这样，残疾同胞吃了刚刚出炉的老虎脚爪，泛起一脸满足，开动残疾车的引擎，又浩浩荡荡地离开了。

每只两元钱的老虎脚爪究竟有多好吃？其实这个味道是可以想象的。今天的顾客争相品尝，多半是为了获得一种心理满足。

由此可见，小吃予人的快乐，更多的时候是在精神层面的。

上 海 老 味 道

红白对镶是糖粥

　　白相城隍庙，吃吃小点心，是普罗大众无法拒绝的世俗乐趣。一旦进入摩肩接踵的城隍庙，谁也不会对那里的风味小吃无动于衷，微风裹挟着阵阵腴香在人流涌动的老街旧巷中穿行，叫人不由自主地加快脚步去寻访那香味的源头。

　　说起来天下同理，有庙必有市，有市必有小吃摊。上海城隍庙的小吃也是随着庙市的兴盛而发展起来的。一百多年前，老城厢人口暴增，各地的风味小吃随之引进，到上世纪二三十年代，城隍庙的小吃经营者已经过百了。他们多为小本经营，或肩挑手提，沿途叫卖，或路边设摊，云集闹市，或闪入茶楼酒肆串卖，还有些夫妻老婆店，抢占城隍庙有利地形逐渐发展为旺铺。那时穷归穷，倒也没有违建一说。

　　我小时候从城隍庙正门进入，就看到大殿右侧有一家豫新点心店，别看它门面不大，装潢上貌不惊人，却是吃货们喜欢扎堆的地方。这里的供应品种有豆腐花、鸡鸭血汤、重油炒面、徽帮汤团等，最让我心动的是桂花白糖莲心粥。

　　说起糖粥，上海人相当亲切，"白糖莲心粥……桂花甜酒酿……"的市声已被湮没，"笃笃笃，卖糖粥"的童谣已刻录成非遗档案，偶尔播放，即会引起人们对流金岁月的无限怀想。

　　粥，在长江以南多为稻米加工成食物的最初形态，或者从大泽中采集的菰米（茭白所结的"米"）也可一煮。在黄河流域呢，据古典文学史家、民俗学家杨荫深先生考证：凡六谷皆可为粥。那么选择就多了，像黍、稷、粱、麦，都是煮粥的大宗食材。等到古人想起要煮成干饭吃了，就说明社会生产力又有了一定的发展。一开始粮食少，只能加大量的水，煮糊了灌饱肚皮。《汲冢周书》认为，粥由黄帝所作。在中国的口头文学中，神农、伏羲都是超人，黄帝也如此，他一个人就包办了数百样创造发明，今天看来技术含量不算高的粥，也是他老人家的专利！

　　粥是南方稻米文化的产物，至今江浙一带的人还常当作正餐，尤其是三伏天胃纳不佳，一碗煮得软糯适口的大米粥，佐以咸蛋或酱瓜，是温暖可亲的享受。在北方，一般将粥当作汤水来配煎饼或馒头，比如小米粥，煮得清汤寡水，照得见自己的脸面，才算地道。过去每遇饥荒，社会团体就会在庙前施粥赈济，倒也很少煮一大锅大米饭。近年来又看到有人效法古贤在街边搭棚施粥，也不是大米饭。虽然大米在今天并不稀奇，不知道主事者是否有"吾从周"的用意？不过也有例外，黑龙江的玉米糁，又叫大渣子粥，被南方人叫做玉米粥或玉米糊糊，就是相当稠的，要用筷子挑来吃。

后来，粥被古人加载了一定的滋补功能，《本草纲目》里提到的赤豆粥就有五六十种，都将它当作保健食品了。像《金瓶梅》、《红楼梦》里写到的碧粳粥、胭脂米粥、御米粥、鸭肉粥、燕窝粥、红枣粥等，都是作为养生食疗来喝的。《随园食单》里记载的鸡豆粥，以芡实为主料，加山药、伏苓等，思路也一样。直到今天，超市里给顾客配好的煮粥食材，除了黍稷粱麦，还有薏米、黑豆、芸豆、白扁豆，甚至来自南美的鹰嘴豆，让人眼花缭乱。

大米粥与生俱来有一种温和态度，所以在江南及岭南一带，便衍化为一种亲民的点心，比如莲心粥、赤豆粥、绿豆粥、杏仁粥、红枣粥、八宝粥、羊肉粥、鸡粥、鱼生粥、猪肝粥、鱿鱼粥、状元及第粥、艇仔粥等等。小时候跟妈妈回故乡绍兴柯桥，隔三差五去镇上买些鱼肉蔬瓜。老街上人声鼎沸，桥脚下酒旗招展，两边店铺鳞次栉比，生意兴旺，吃食也不少，路边摊上摆着一碗碗糖粥，红洇洇的是赤豆粥，撒了黄澄澄的糖桂花，很是诱人。周作人在儿童杂事诗选里有一首："漫夸风物到江乡，蒸藕包来荷叶香。藕粥一瓯深紫色，略添甜味入饧糖。"每每读到，故乡风情便一下子涌来眼前，感人至深。父亲在世时，我家也经常用糯米和鲜藕烧一大锅糖粥，若加了红糖，风味更佳，也是深紫色的。

城隍庙的糖粥最早是由一个叫张志飞的小贩挑进来的，他每天一早天不亮就先在家里煮好，然后盛在红漆木桶内挑到庙前叫卖。他的粥担子里有两种糖粥，一白一红，白的是桂花糖粥，红的是赤豆糖粥，你可以单买一种，而老吃客往往选择对镶。张志飞响亮地应一声，便用铜勺子先舀半碗白的在蓝边大碗里，再舀半碗红的慢慢靠在白的旁边，两种颜色的粥互不混淆，泾渭分明，赏心悦目。高兴起来，张志飞还会给老吃客镶个阴阳八卦图。要是放在今天，小青年拍了照片晒到网上，肯定会引发暴风雨般的点赞。

糖粥，苏州也有行街叫卖的。一碗热腾腾的糯米白粥盛在莲心碗里，上面再盖一小勺红豆沙（也叫赤豆糊），红豆沙在白粥上洇洇地渗出一条红边，有点像瓷器中的釉里红，真是好看极了。苏州人还给了它一个雅名：红云盖白雪。

豫新点心店的糖粥里加入了红枣和莲心，那是另一种红白对镶了，端在手里即可领略同工异曲之妙。

我曾经听一老上海说，昔时张志飞的糖粥价廉物美，比同行有更大的竞争优势，是因为他的成本低。糖桂花是从苏州东山采办的，定点供应，赤豆是从山东、江西采办的，这个也没有问题。问题在哪里呢？喏，旧时砂糖是用蒲包装的，从福建一路水运到上海后，再由货栈分送各家南货店销售，张志飞就去南货店以低廉的代价收集蒲包。蒲包极易受潮，底部便粘着不少砂糖，他在家里架起大锅将蒲包底部粘着的砂糖煮成糖水，再慢慢熬成糖浆，用这个烧糖粥。亲们看到这里未免捉急：这样做很不卫生啊！但当时又有多少人知道呢？知道了又有多少人在乎呢？

城隍庙的糖粥就是这样熬成的，也许，这就叫风情。

一碗阳春白雪的面

　　阳春面对于上海人而言，是生命中最深刻也最生动的记忆，更像是一种社交密语。用"阳春白雪"来命名一碗"下里巴人"的面，这是上海人的斯文。你不懂阳春面的奥妙，就说明还没进入上海人的生活。

　　小时候，街上有很多面店，阳春面是主打品种，二两粮票八分钱一碗，往上走的话，有二两半一碗、三两一碗的，用稍大一点的碗装，宽汤。

　　阳春面滋味的好恶，取决于汤水。过去面馆的老板很讲诚信，师傅也很敬业，汤是用猪大骨、鸡壳子甚至蹄髈吊的，在规模大一点的老字号面馆里还专设吊汤师傅，天没亮他就奔走在上班路上，像个守时的更夫。无锡面馆则好用黄鳝骨，加蒜头数枚，用纱布扎成一只紧实包裹，投入汤锅内熬三四小时，极鲜。

　　制面也不敢马虎。每家面馆都有自己选定的面，或小阔面，或韭叶面，或龙须面，还有一种介乎小阔面与龙须之间的规格，就叫做"阳春面"，是阳春面专用食材。生意好的面馆与轧面作坊有默契，作坊老板会多轧一道两道，使之更有劲道。旧时镇扬帮的馆子还推出一种跳面，师傅擀了面皮后，码在厚厚的案板上，用一根粗壮的木杠插在胯下骑着，另一头穿入墙洞里，全身一耸一跳地将面皮层层压紧，然后切成细细面条。这种面的劲道特别足，吃在嘴里特别滑爽，尚留在嘴外的，则像皮鞭一样抽打你的脸——允许我稍作夸张。前不久在宁波路一家专营江阴菜的饭店里意外吃到了这种跳面，饭店老板请来一位江阴老师傅，每天做五公斤，卖完为止。

　　汤吊成了，面也制成了，葱花或蒜叶也切好了，猪油熬好了，满屋飘香，面馆就可以开门迎客了。且慢，阳春面分红汤白汤两种，似乎与地域有关，本地面馆倾向于白汤，苏州面馆多为红汤。

　　阳春面是最起码的早点。但上海人也有讲究，有硬面、软面、烂面之分，有些人就喜欢吃硬面，一入水就捞起来，面芯子还是白的呢，他图的是嚼劲。老人牙齿没了，就爱吃烂面。汤呢，则有宽汤、紧汤之分，还有"干挑"，一点汤也不要，一筷面码在碗底，整整齐齐赛过一只大包头，"头势"极其清爽。用筷子抖开，享受面条的嚼劲和滑爽，体贴的面馆还会附送一小碗清汤来给你润喉。葱或蒜，给阳春面增光添彩，故而有"香头"之称。老客人门帘一撩进来，高呼一声："重香头！"伙计就会抓上一把葱蒜撒上。忌葱的则关照一声："免香头。"

下面师傅手势利索，两尺长的竹筷将面条引进竹笊篱（俗称"观音兜"）后，得使劲地甩一下，以沥去面汤水，保持一碗面的纯正滋味。这一手看家本领，现在面馆里的小师傅恐怕都不会了。

再讲究一点的面馆，以"三热"立身扬名，近悦远来。所谓"三热"，就是筷子热，碗热，面热。数九寒天，西北风呼呼地吹，"三热面"一上桌，你浑身的血脉都打通了。

一碗简素的阳春面如此讲究，说明什么呢？

后来生活慢慢好转了，阳春面就升级了，大排面、糖醋小排面、辣酱面、咸菜肉丝面、焖肉面、焖蹄面、熏鱼面、大肠面、腰花面、三丝面、鳝糊面、虾仁面、羊肉面、咖喱牛肉面……招待客人，就来份双浇！我喜欢"红两鲜"——红烧羊肉加熏鱼。

沧浪亭是苏帮面馆，百年老店，每年立夏至端午这段时间，应市供应三虾面——虾脑、虾子、虾仁现炒一盆浇头，配一碗清清爽爽的阳春面，过桥制式。老吃客是这样享受的：再叫一杯黄酒，将炒三虾吃一半，剩一半倒在面碗里。有菜有酒有面，实在乐胃。暖风拂面柳絮飞，我每年要去沧浪亭吃一碗三虾面，年年涨价，小步不停，我对此绝对理解。但这些年来沧浪亭不再供应三虾面了，有一次请教了服务员，她说顾客还是嫌贵，其实即便卖到40元一碗也没有多少利润。

其实上海人最爱吃咸菜肉丝面，一般的家庭主妇也都会做，选那种腌后不久、黄里泛青的新咸菜，切成细末，猪后腿肉切成细丝，稍许掺一些肥肉丝口感更佳，旺火煸炒，白糖要多加些，黄酒也不能省。出国留学的人回到上海，直奔小面馆找咸菜肉丝面的也不在少数。化解乡愁，唯肉丝咸菜面为上。

上海的菜汤面也是一绝。粗面条煮至断生，用冷水过一下，分作一饼饼，在竹匾上摊凉。开市后，客人起叫，师傅就坐锅下油滑散肉丝，再加一勺高汤，抓过一饼熟面入锅，再抓一把鸡毛菜，煮沸后转小火煨五分钟装大海碗。这碗煨面软糯而有韧劲，汤鲜而暖胃，是寒冬腊月里老百姓的恩物。过去我家附近西藏南路的四如新做得相当地道，可惜现在菜汤面在上海几乎匿迹了。

素菜馆的面也另有一功，除了素汤阳春面，也有素浇面，比如素什锦面、上寿罗汉面、双菇面、金针木耳面。前几天在老城隍庙松月楼吃素面，在面汤里吃到一根黄豆芽，一起吃面的朋友不知所以然，我却知道这碗面用的是黄豆芽吊的素鲜汤。在味精、鸡精大行其道的今天，我辈还能吃到用传统吊汤法吊出的鲜汤，多少有点感动。

到了夏天，上海人爱吃冷面，面条煮熟后摊在宽大的台板上，浇上熟油后在电风扇下抖松，狂吹至冷，使之互不粘连，弹性十足。鳝丝、大排、辣酱、素面筋、炒三丝……浇头百花齐放，任人选择，且慢，脆生生的绿豆芽是不能少的！

今天市场竞争日趋激烈，阳春面利润太低，面馆若再卖阳春面，老板也要饿死了。浇头面于是成为面馆的基本配置，阵容强大。

不过凡事总有例外，有一次我在一家高大上的饭店吃到了久违的阳春面，棒骨吊的汤，面条在碗中一面倒排列，再淋几滴猪油，葱花那么一撒，上海味道！关键一点，小阔面是用标准粉轧的，筋道够足，给牙齿欲予先挡的弹性。回家路上，小麦的原香还在齿间萦绕呢。

老板是北大荒待了十年的插兄，他告诉我：面是用七五粉轧的。也就是说，面粉里有百分之十五的麸皮。过去我们吃过黑面粉做的馒头，表面上看得见点点麻子，那就是麸皮。我们现在吃的精白粉是八五粉，甚至九五粉。大型超市里还有长筋粉、短筋粉、脱脂粉等，做成糕点很好看，但缺乏维生素A，吃久了容易得病，所以现在欧洲人经常吃麸皮面包。我们家现在经常吃荞麦面和杂粮面，超市里有，比精白粉轧的切面香，建议大家试试。

我家吃面有点穷讲究，隔段时间太太就去轧面作坊跟老板娘商量：选标准粉，多轧一道，钱多付一点无妨。现在就是流行私人定制嘛，我家的面就属于这个。标准粉有小麦的原香，多轧一道后面的劲道也更加足了，吃在嘴里相当弹牙。但老板娘有规定，得买足五公斤她才肯开动机器。所以太太买来一次，总要分送亲友，留下来的分作十几小包，存在冰箱里慢慢吃。

张爱玲对吃面的体会有极端的描绘——汤当然要高汤，用老母鸡加蹄髈熬成，还要足够的宽，吃完了汤，就让那筷面条懒洋洋地躺在碗底吧。这种吃法也只有她想得出来。

馄饨有大小，功能各不同

北方饺子，南方馄饨。上海人对馄饨向来偏爱，在物资匮乏的年代，它是老百姓的盛宴，偶尔一天包馄饨了，孩子得着消息，高兴得如小狗蹿进蹿出，帮着择菜也成了自觉行动。买馄饨皮子还要预定，妈妈早早地到米店付了钱和粮票，捏着一块油滋滋的纸牌回来，吃馄饨的计划真正得以落实。十点左右，可以领货了，再差孩子去米店跑一趟，又得排队。这样一来，吃一顿馄饨怎么会不隆重呢？

第一锅馄饨煮好了，孩子照理是不能吃的，家中若有高堂，先敬老的，再送邻居张家姆妈、李家好婆。一幢楼里，因为有一户人家吃馄饨，会显得比平常更喧闹，更有生气，人情味浓得化不开。孩子面对难得的美食，眼睛发绿，一碗不够，再来一碗，吃着碗里，盯着锅里。这副馋相叫父母陡然生出些许伤感，于是让孩子们放开肚子吃到满地打滚，站也站不起来。

馄饨是江南稻作文化地区对小麦的礼赞。馄饨有一帮堂兄弟散落在五湖四海，比如四川的抄手、广东的云吞、浙江临海的扁食。张岱在《夜航船》里说，馄饨是西晋大富豪石崇发明的，但史料记载，馄饨的出现不迟于汉代。

有个外地人到上海，在一家饭店里坐下，开口就要一碗清汤，服务小姐很快把清汤端来了。客人用汤匙一搅，真是清汤寡水，不免生气了，认为上海人欺侮他。服务小姐也很委屈，你自己点的就是清汤嘛。这时一个老师傅来了，一听客人的口音，马上进厨房端了一碗馄饨出来："这是不是你要的清汤？"外地人这才转怒为笑。原来这位客人来自江西波阳，那里的人管馄饨叫清汤。这是发生在以服务优良著称的人民饭店的故事。现在大光明电影院隔壁的人民饭店没了。

清末民初沪上竹枝词里专有一段说馄饨的："大梆馄饨卜卜敲，码头担子肩上挑，一文一只价不贵，肉馅新鲜滋味高。馄饨皮子最要薄，赢得绉纱馄饨名蹂跷。若使绉纱真好裹馄饨，缎子宁绸好做团子糕。"这段曲子简略地描绘出当年上海滩上馄饨担子的生意状态：手敲梆子，肩挑担子。深秋的夜晚，星斗满天，年轻的贩子穿了一件青布短衫，精神抖擞地串街走巷是一种风情。

别小看了这副馄饨担噢，它真是一件工艺品！有竹子做的，也有木头做的，后者常常在关键部位雕了一些粗花，髹了红漆描了金粉，很讨人欢喜的。形状呢，如一座石拱桥，一头是锅灶，永远燃着炭火，另一头是放馄饨皮子和肉馅及佐料的小抽屉，赛过百宝箱。梆子声里，有人唤住，就卸下担子，一手往炉子里丢块柴，一手忙将抽屉打开包起馄饨，一眨眼工夫，紫铜锅里的水也沸滚了，马上下锅。碗筷是现成的，加了汤，加佐料，馄饨用竹笊篱捞起盛在碗里，再撒些碧绿的葱花，客人站在街头巷尾的风头里吃，非但不觉得冷，一碗下肚，额头还会沁出不少汗珠呢，因为汤里加了不少胡椒粉。

这种饱经风霜的馄饨担子，在陆文夫的《小巷人物志》里有详尽描写。前几天我在虹桥地区一个专门整理旧家具的工场里就见过一副，不知老板是从哪个角落收来的，以馄饨飨客的百年老店真应该买来供在店堂里让人凭吊。

馄饨绉纱，是一种美丽的形容，也是小贩们或市民对美食的感情寄托。如果要"学术"地说，绉纱馄饨似乎专指鲜肉馅的小馄饨。过去湖北人开的馄饨店，皮子是手工推的，极薄呈半透明状，覆在报纸上可以看清楚下面的铅字，划一根火柴可以将皮子点燃。以这样的皮子裹了肉馅，里面留了一点虚空，可以看到淡红色的馅心，煞是可爱。入锅后立刻捞起，盛在汤碗里，再撒上蛋皮丝和葱花，红的绿的黄的都有了。而这碗汤是大有讲究的，用肉骨头吊得清清爽爽，看不出肉渣骨屑，一口喝了，得摸摸额头，看眉毛是否还在。

在我的印象里，老西门乔家栅的绉纱小馄饨最好吃，一碗汤清澈见底，小馄饨在碗里就如一条条小金鱼，散开的尾巴都在动，真舍不得吃它们。这是我三十年前品味的记忆，今天同样在老西门，大富贵的小馄饨也是相当"绉纱"的。

过去外地人对上海人总有点酸溜溜的味道，小馄饨也成了外地人嘲笑上海人小气的题目。"哇，上海居然有半两的粮票，这日子过得多么寒酸啊！"但吃过小馄饨后，他再也不敢对上海人胡说八道了。什么叫品味？什么叫精致？什么叫生活的艺术？小馄饨就是最好的答案。

大馄饨、小馄饨，是一对同患难、共富贵的亲兄弟，他们长相有差异，个头有大小，分工却不分贵贱。大馄饨顶饿，两碗下肚，可以抵一顿正餐。有时候煮一锅老鸭汤，再加十几只馄饨分列老鸭两边，就成了老鸭馄饨，场面更加壮观。小馄饨汤水大，只头小，必须与生煎或锅贴等实打实的点心搭配才能体现自己润喉提鲜的价值。如今，市场繁荣，竞争也日趋激烈，商家绞尽脑汁吸引客人，点心店里供应的馄饨也在千方百计翻花头，馅心越来越高档，什么虾仁啊、鸡肉啊、三鲜啊，甚至有羼入甲鱼裙边的，但若论味道却并不怎样，价格倒拒人千里之外。上海人最中意的还是菜肉馄饨，而且是荠菜鲜肉馅的，荠菜中还要掺一点青菜，吃口才好。吉祥馄饨是一家遍布全市的连锁店，当家品种就是这种菜肉馄饨。

到了夏天，刚出锅的馄饨吃得人家一身大汗，有些点心店就供应冷拌馄饨，但馄饨离了高汤，犹如少妇春困懒起，来不及梳洗画眉。超市里也有各种速冻馄饨可供挑选，但冷冻过的总不如现包现烧的好吃。不过，家里包馄饨，聪明的主妇又会故意多包一两斤，煮熟了用水冲凉，到晚上下油锅煎至两面金黄，梅林黄牌辣酱油一蘸，再开一瓶冰啤酒，打耳光也不肯放。

而一百多年来，小馄饨倒一直保持原有的风貌特征，任凭风吹雨打，绉纱依然是不变的倩影。

许多打游戏通宵达旦的夜猫子认为，最好吃的小馄饨还是在夜排档里。入夜后，在一些十字路口可以看到外来人员推出一辆小板车，搁起一张桌子，卖起小馄饨。因为烧的是建筑工地上捡来的废木料，上海人就称这种馄饨为"柴爿馄饨"。路边摊头卫生条件差，一桶洗碗水从开始用到结束，比过去的苏州河还污浊，这样的碗上海人是不敢将嘴唇凑上去的。走南闯北的外乡人少些忌惮，所以端起碗来就吃的人大都是外来民工。其实上海人不要轻看了他们，几十年前，许多小吃就是这样进入大上海的。

有一次，北方朋友来上海，想吃上海的小馄饨，这不是小菜一碟嘛。我带他去城隍庙，北方人胃口大，上来三碗鲜肉虾仁馅的，一眨眼就见碗底了。我问："味道如何？"北方朋友吞吞吐吐地说，"好是好，就是没想象中的好。"

噢？那么你想象中的馄饨又是怎样的面目？

朋友快人快语：其实我更想吃那种从窗口吊下来的馄饨。

原来如此！我当即抚掌大笑。

是的，有一个关于馄饨的故事是美丽而伤感的，说的是有一对小夫妻开始了婚后的新生活，但太太不幸一病难起。每天晚上，先生陪她说话、读书以解烦闷，半夜时分，馄饨担子随着梆子声由远而近，先生就用一只丝袜系小竹篮吊到窗下，买一碗小馄饨喂太太吃。终于有一天，太太永远离他而去。他不能接受这个事实，每天半夜还是用一只丝袜系着小竹篮从二楼窗口吊下去买一碗小馄饨。我以为，在这个故事里，小馄饨是一个不可缺少的道具，但不是最重要的道具，最重要的道具应该是一只丝袜，一只太太穿过的、可能还有破洞的丝袜。这就是上海人在这种小布尔乔亚情调很浓的故事里所表现出来的聪明才智，丝袜实际上是一个有关性的隐喻。

在这个故事里，饮食男女都有了，一部电影的材料备齐了，接下来就由听故事的人自己去想象了。如果系小竹篮的不是丝袜而是一根寻常人家必备的麻绳，那该是如何的煞风景啊。同样道理，台湾作家三毛用一双丝袜结束了自己的生命，而不是用更具杀伤力的尼龙绳。三毛晓得如何死得凄美，并给她的粉丝们留下很大一块想象空间。由此我猜想，三毛大约是喜欢吃小馄饨的。

而朋友对上海小馄饨的美好想象来自根据巴金的小说《寒夜》拍摄的同名电影。是的，那里面确有这么一个镜头，潘虹从窗口探出身子将竹篮吊下去，只是系篮子的是绳子而非丝袜。那碗小馄饨倒是由潘虹一口一口喂许还山吃的——如果我没有记错的话。

烧卖的江湖地位

烧卖在上海，江湖地位一直比较尴尬。与鲜肉大包比，它的身坯明显单薄，退休老伯伯早起腹中空空，公园里打一套杨式太极拳，一口气吃上七八只也不觉得饱。与小笼馒头比，它又大上一圈，赛过《红楼梦》荣国府的烧火丫头，乱头粗服，笨手笨脚，白领小姐与两三个闺蜜吃早点，叫个三四笼，一吃就饱了，但味道还没有咂摸出来。拿它与满街都是的生煎比，大妈们肯定偏向生煎，比方说吧，你供应纯肉的，她会觉得吃不饱，你做糯米的，尽管你真心诚意加了肉糜、香菇甚至笋丁，大妈们还是嘴巴一撇：啊呀，吃不出一点肉味道！

灶头边的厨师其实心里也是一包气，天地良心，做烧卖一点也不省心，也要擀面皮，比生煎皮子擀得还要仔细，要有薄薄的荷叶边，用三只手指在头颈处一捏，顶上就像朵花，才会好看。收口呢，跟小笼也有一比，小笼收口要打十六只裥，收成鲫鱼口，卖相蛮好。烧卖收口，讲究松紧得当，收得紧了，吃口就僵硬，收口松了，里面的卤汁容易淌出来。要不松不紧，就跟当下央行控制货币投放量一样，学问大得很呐！然后上笼蒸，铁锅里的水突突滚，炉膛里的火呼呼蹿，大汗淋漓，真真辛苦！

唉，这生意做起来心里没底，干脆不做。

就这样，很长时间里，上海人一早起来就能吃到四大金刚，吃到生煎，吃到小笼，吃到鲜肉大包，但要找一家烧卖专卖店比较难。吃到了，是你额骨头高，吃不到也不要怨天怨地。

但是上海人是老会出花头的，你跟我躲猫猫对吗？我们就自己做！早三十年，不少工厂的食堂就有烧卖供应，大师傅从店里学来技术，自己做。因为对象都是工人阶级，必须价廉物美，所以厂里的烧卖一般都是糯米烧卖。糯米隔夜蒸熟，不能太烂，也不能夹生，冷却后再拌入酱油和猪油，再加葱花姜末，包起来也是实实在在的，包成小石榴一样，顶上绽开了笑口，内容一目了然。饭粒鼓鼓囊囊，几乎要将薄薄的面皮撑破，女职工吃一两只基本饱了。因为馅心拌得好，又舍得放猪油，吃上去就有肉香，赛过开荤。有家小的女职工一买就是一饭盒，带回去分给孩子吃，一家门欢天喜地。如果分送邻居，也体面过人噢！上海的国有企业福利好不好，在一只烧卖上就能看出道道来。

当然当然，"食堂制造"的烧卖也有软肋，趁热吃味道不错，冷了之后面皮就失去了弹性，变得僵硬，馅心呢，此时成了一团冷饭。上海人有"偷吃冷饭团"之谑语，要是被人看到，有失面子。那么可否回锅再蒸一下呢？也行，但弄不好皮子就开裂，饭粒纷纷爆出来，就像石榴爆开，吃起来相当不雅。

谢谢改革开放！餐饮市场风生水起，生煎、小笼招摇过市，锅贴、煎包也来分一块蛋糕，三丁包、干菜包、鲜肉包、香菇菜包、豆沙包等组成的包子家族仗着人多势众，在市场上拳打脚踢，抢占地皮，开连锁店。这个时候，潜龙在渊的烧卖再也不甘心退缩在阳光照不到的角落里，它粉墨登场，重出江湖！

重出江湖的烧卖，开始还有些犹犹豫豫，先以糯米烧卖打亲民牌，但富起来的老百姓不买它的账，糯米烧卖算什么里个东东，还当计划经济那会儿吗？要吃就吃纯肉的，或者鲜肉加春笋，或者虾仁，总之，在美学形式上要求一口一只，在味觉感受上要求提升档次，在售价上允许放开，合理竞争。

如果说鲜肉烧卖是虚的，糯米烧卖是实的，那么反映在大的经济形势上，就出现了一个有趣的反比，当统计数据虚晃一枪时，群众选择吃实的；当国民经济实打实地稳步增长时，群众偏爱吃虚的。

于是不少店家就尝试做鲜肉烧卖，与生煎或小笼一起面市，果然大受欢迎。一般消费者吃腻了生煎、小笼后来一笼烧卖调剂一下口味，不错。然而时间一长，群众的感情还是倾向于生煎和小笼，这让烧卖相当胸闷。而个体户看出其中的奥妙，要将烧卖做成一门大生意，就不能与生煎小笼混搭，单纯、专业、细分化，集中优势力量做好一个品种，在大数据时代就是致胜法宝。

所以你今天去吃烧卖，它就是当家品种，独子王孙，顶天立地英雄汉，自信满满，你爱吃不吃。群众都在耐心排队，你走好了。群众正在大快朵颐，你舍得离开吗？

当然，在激烈的市场竞争态势中，上海滩的烧卖是越做越好了。一招不慎，就可能前功尽弃，被淘汰出局，被群众抛弃。所以师傅们小心翼翼，和面、剁肉、切笋、拌馅、收口、蒸煮，每个环节都不敢马虎。

说起来，对上海这座移民城市来说，烧卖是外来者，是移民带进来的，落地生根后虽然屡遭波折，但最终还是融入了大都会，成为上海人的最爱。

从点心分类学上说，烧卖是一种以烫面为皮带馅上笼蒸熟的面食。饮食史专家经过考证，认为烧卖源起元大都，也就是北京，慢慢流行到长江以南地区，所以烧卖的资格不算老，不如馒头和包子，也不如馄饨。烧卖名称因地因时而变化，一会叫烧麦、捎卖、开口馒头、开口笑，一会又叫稍麦、寿迈、鬼蓬头、梢梅，在嘉定，一度叫做"纱帽"。有形容制售形态的，也有形容它顶端蓬松形状的，更有方言对它的影响。

不过，以我的阅读经验来看，发现一个有趣的现象，"中国古代第一吃货"袁枚在他的《随园食单》里记录了55种点心，有糕有饼有面有汤圆有粽子，却没有烧卖。有些红学家认为《红楼梦》其实也是一部中国饮食史，但里面也没有烧卖的影子，从贾母到林黛玉，都没吃过烧卖，蓬头垢面、张牙舞爪进不了富贵人家的门庭。

等等！在另一部反映市民社会生活的名著《金瓶梅》里，倒被我找着了有关烧卖的清晰记录，比如应伯爵等人吃过桃花烧卖，西门庆献给侯巡抚、宋巡按吃的则是大饭烧卖。前者是肉馅，可分猪肉馅、羊肉馅或者牛肉馅，后者就是糯米烧卖的祖宗，当然西门大官人定制的烧卖必须讲究，要加点肉丁、海参丁和香菇丁，比前者更讲究，否则养尊处优的巡抚大人筷子一掼拂袖而去，问题很严重噢。

现在，中国餐饮市场繁荣繁华，自北至南许多城乡都在热气腾腾地叫卖烧卖，各有秘辛，各有千秋，谁也不服谁。

在外地，我吃过的烧卖外观上五花八门，区别主要在馅心，比如牛肉烧卖，也吃过羊肉烧卖、虾仁烧卖。有一次在江苏某个县级市，还吃到了萝卜馅和白菜馅的烧卖，味道也不坏。北方城市的烧卖可能会加入蒜蓉，味道不咋的，有时加的酱油太重，也让人倒胃口。

还有一次，我与几位爱好收藏的朋友去南京夫子庙淘宝，起得早，走得急，关键是在市场上逛了几圈后都有收获，心情于是大好，然后来到秦淮河边一家茶楼里喝茶吃早点，老规矩，由收获最大者作东。老顾以两千多元入手一件明代崇祯年间的青花人物盘子，赛过吃仙丹，他豪爽起来就点了几套茶点，其中有翡翠烧卖，我大喜之余便搛起来一尝，不烫嘴，又是咸的，不由得皱起眉头。

翡翠烧卖是扬州名点，由富春茶社创始人陈步云首创，特点是皮薄馅绿，色如翡翠，糖油盈口，甜润清香。关键在馅心，用青菜泥做成，加蜂蜜、加猪油，再加蒸熟的火腿末提鲜，所以甜中带咸，咸不压甜。

唐鲁孙在《酸甜苦辣咸》一书中写到他在扬州月明轩吃翡翠烧卖的感觉：

"胡兄请我在月明轩吃早茶，一进门就告诉堂倌，我是刚从北平来的，做一笼翡翠烧卖，让我尝尝扬州名点。人家是吃过见过的，让案子上好好做。这一关照不要紧，这笼点心自然是特别加工细做啦，烧卖馅儿是嫩青菜剁碎研泥，加上熟猪油跟白糖搅拌而成的，小巧蒸笼松针衬底，烧卖褶子捏得匀，蒸得透，边花上也不像北方烧卖堆满了薄面（干面粉，北方叫薄面）。我有吃四川青豆泥的经验，它外表看起来不十分烫，可是吃到嘴里能烫死人。夹一个烧卖，慢慢地一度工，果然碧玉溶浆，香不腻口，从此对烫面甜馅儿蒸食的观感有了很大的改变。"

（引自《糖蜂糕和翡翠烧卖》）

这是唐鲁孙的体验，也应该是翡翠烧卖的技术标准。上世纪90年代初，唐鲁孙的书在大陆还没得见，我是通过台湾朋友才买了一套拜读的，也是按照这个阅读经验来期待的。

我把服务员叫过来问个究竟，服务员支支吾吾答不上，再叫厨师长出来，告诉他翡翠烧卖的来历：在万恶的旧社会，扬州这个销金窟里鸦片鬼挺多的，吸食鸦片的人终日苦口，需要甜食来调节，富春茶社由是推出了色泽悦目、现做现蒸、甜度很高的翡翠烧卖来满足这部分人的需要。今天大家都不吸鸦片了，但这个特色好像不能随意改变吧。厨师长诺诺而退，但后来是不是回归正宗，我就不知道了。

撇开感情因素，纯粹从出品考量，我认为上海的烧卖要比北方许多城市的烧卖好吃得多。我吃过娄山关路的龚记笋丁烧卖、大连路的鲜肉烧卖、灵岩南路的灌汤烧卖、原平路的红顶烧卖、人民广场的方家烧卖、陆家嘴的三鲜烧卖，色香味形都不错。

上海世博会那会我接待过几位北方朋友，我准备请他们品尝城隍庙的南翔小笼，但他们歪着脑袋想了半天，比画着说："想吃那个像小炸弹一样的东西。"到这个份上，烧卖已然成为上海的代言。

今天，上海人提及烧卖，言必称"下沙"。不错，康桥、召稼楼、七宝、新场等处的烧卖在网上名气很响，他们都称自己是下沙烧卖的正脉，被列入浦东新区非物质文化遗产名录。新鲜的猪肉丁加了笋丁，还有浓郁醇厚的皮冻，馅心的味道果然不差。

但正如李克强总理所言："高手在民间。"就餐饮业而言，民间就是江湖，江湖就是民间，山外青山楼外楼，不是高手不出手。前不久我去金山枫泾游玩，就吃到了可以与下沙烧卖比美的阿六烧卖。

阿六烧卖这家小店开在河边的文中路上，远远望去，水汽蒸腾，人头攒动，生意一定不差。阿六是老板，与员工一样穿白工作服，看上去为人厚道耿直。听阿六说：镇里的吃客和外来的游客都认他这块牌子，每天要卖出几百笼，节假日游客多，就要翻个倍。"做到下午一两点钟我们就收摊了，大家也要休息。"

　　阿六烧卖的特点是皮薄软韧，不呆不塌，馅心是纯肉的，人工斩成绿豆大小的颗粒，肥瘦根据季节调配得当，此法与扬州狮子头相似。趁热吃，一口咬下，汁液顿时四下喷溅，又烫又鲜，口感确实奇妙。烧卖一般蘸醋吃，而阿六烧卖还有自行调配的糟卤可供选择，老吃客都爱蘸食糟卤，认为味道更佳。我吃了一笼，确实别有风味。

　　唐鲁孙还是在他的这篇《糖蜂糕和翡翠烧卖》里写到："上海后来开了一家精美餐室，是扬州人经营的，什么豆沙碗豆蒸饺、野鸭菜心煨面、五丁虾仁包子、枣泥锅饼，凡是扬州面点，可以说应有尽有，而且做得精致细腻，滋味不输扬州几家面点馆的手艺。只有翡翠烧卖一项，虽然贴了翡翠烧卖不久应市的预告，可是始终没拿出来应市，究竟是什么缘故，虽然不得而知，据猜想大概不外师傅难请吧！"

　　老前辈提到的这家餐室要是今天还在，光凭他写到的这几样点心，肯定网红。

黄楚九和生煎馒头

　　有人说，上海人羁旅四方，闯荡天下，最不能释怀的就是泡饭。回家后第一件事就是吃一碗带镬焦的泡饭。还有人说最想吃的是咸菜肉丝面、油条豆浆等，而据我观察，游子最想念的是弄堂口小店里的生煎馒头。

　　泡饭、咸菜肉丝面当然构成了上海人的日常生活即景，成为一幅永不褪色的黑白照片，但最能传递上海都市风情的应该是生煎馒头。与泡饭、咸菜肉丝面等软不拉叽的食物相比，生煎馒头堪称活色生香。

　　生煎馒头是草根阶层的食物，不过比大饼油条来得高档，有点休闲小食的性质。旧上海，一般在老虎灶贴隔壁，开一家半开间门面的小店，店门口坐着一只由柏油桶改制的炉子，上面置一口铸铁平底锅，里面是一张长条形的作台板，两个伙计正低头包着馒头，不时吃吃地笑一声。再里面，靠墙角井字形地堆着一垛面粉，老板娘正在给孩子喂奶，另一个已经会走路的孩子则在吃饭，饭粒撒了一地。最有人气的当属老板——也是当灶师傅，只见他将一只只雪白的小馒头在锅底排列整齐，浇一圈菜油，然后泼半碗水。当口，只听得哧啦一声，一股香喷喷的蒸汽冲天而起，无数细小的油珠四处乱飞。得赶紧将油滋滋的木锅盖压上，再手垫抹布把住锅沿转上几圈。

　　做生煎馒头用半发酵的面团，这是关键之一。发得好，韧软适口，不死不松。关键之二在于拌肉馅，肥肉瘦肉按比例搭配，肉皮熬烂了，冷却后切成细末（现在是用绞肉机），再与肉汤一起煮透，待再次冷却后切成细末，方可与肉糜拌在一起。如此包进馒头里，理所当然地支撑起这一风味美食的基本审美框架。煎熟后肉馅就被一包溶化了的卤汁包围。咬破皮子，卤汁喷涌而出，又烫又鲜，欲罢不能，予口舌无比痛快的享受。凡欲罢不能的体验都是极具诱惑力的。

　　吃了皮子再吃肉馅，最后就吃馒头底板。这底板已经煎成焦黄，略厚实，硬得恰到好处，带了一点肉味和菜油香，一咬，嘎嘣脆。这是生煎馒头高于所有馒头的地方。煎得好，这是做生煎馒头的关键之三。

　　暴雨不期而至，行人纷纷躲到屋檐下，刚掀开锅盖的生煎馒头懒在锅底滋滋作响。做小生意的人有经验，刮风一半，落雨全无，所以老板急得用铲刀敲击锅沿：当得当、当得当……当得里格当……

老虎灶楼上有一家小书场，说书先生正在说《武松杀嫂》，茶博士蹭蹭蹭地下楼：老张，来三两生煎，底板要硬！

做生煎馒头虽然也算老板，却因小本生意，别人就不称他们为老板。这些人一般都来自丹阳、武进、无锡等地。

说书先生、暴雨、老虎灶、空空荡荡的街面上飞快地闪过一辆黄包车。师傅依然敲击着锅沿：当得当、当得当……当得里格当……

这声音，这画面，这气息，久久地凝固在老上海的回想之中。

生煎馒头上面顶着碧绿的葱花和牙白色的芝麻，下面衬着焦黄的底板，色泽悦目，味道好吃不容再形容了，声音也好听。所以我说生煎馒头是活色生香的美食。

后来，在稍具规模的点心店里，店家给生煎馒头配上了咖喱牛肉汤或油豆腐线粉汤，有干有湿，相当乐胃。上海人爱它，自有道理。

旧上海，做生煎馒头最出色的是"萝春阁"和"大壶春"。"萝春阁"原是黄楚九开的一家茶楼，上世纪20年代，茶楼一般不经营茶点，茶客想吃点心，差堂倌到外面去买。黄楚九每天一早到茶楼视事，必经四马路，那里有一个生意不错的弄堂小吃摊，专做生煎馒头。他也放下身段尝过几回，馅足汁满，底板焦黄，味道相当不错。有一天他经过那里，却发现生煎馒头摊打烊了，老吃客很有意见，久聚不散，议论纷纷。那个做馒头的师傅抱怨店主只晓得赚钱，偷工减料，他不肯干缺德事，店主就炒了他的鱿鱼。黄楚九一听，立刻将这位爱岗敬业的师傅请到"萝春阁"去做生煎。从此"萝春阁"的生煎馒头出名了，茶客蜂拥而至。后来黄楚九谢世，"萝春阁"易主，但生煎馒头这个特色被保留下来，再后来干脆成了一家专做生煎的点心店了。

开在四川路上的"大壶春"也是旧上海一家相当有名的生煎馒头店。1949年挤兑黄金风潮时，与中央银行一街之隔的"大壶春"生意奇好，因为轧金子需要打"持久战"和"消耗战"，饿着肚子就轧不动，就近吃点生煎算了。店里的小伙计头子活络，眼看混乱的局面里有发财机会，也溜出去做成几笔黄金生意，居然小小地发了一笔。这是曾在大壶春里吃过萝卜干饭的一位师傅告诉我的。

我老家弄堂口就有生煎馒头店，一两粮票买一客，四只，一角钱。四只一客的规格一直保持到今天。那个时候，上海的每条马路大概都能看到生煎馒头的影

生煎大王

子。最有名的是淮海中路上的"春江"，十年动乱时期，上海人也没有放弃对生煎馒头的热爱，特别是恋爱中的青年人，在对面的淮海电影院看了电影，穿过马路到这里心甘情愿地等上半个钟头。一到星期天，店门口排队的情况更加严重，与街上触目惊心的大幅标语很不协调。后来这里造了一幢外形蛮酷的商场，成了华亭伊司丹和第一百货淮海店，风光了十多年后，两家百货店都关了，现在一直空关着。

金陵中路柳林路口的金中点心店，生煎也做得不错。这家小店的另一特色是糟田螺，更另类的是这里还卖咖啡！

如今，上海人对生煎馒头的初心不变，店家越做越精，网点越来越多，网民为此还整理出上海生煎馒头地图。为了赚取更多的利润，有些店家还推出虾仁生煎、蟹粉生煎、鸡肉生煎、小龙虾生煎，但吃来吃去还是鲜肉生煎最实惠。"丰裕生煎"是一家连锁企业，全市有数不清的加盟店，出品也是相当不错的。我估计是统一供应原料，保证了它的馅多汁满，皮薄底脆。陕西路上那家我是经常去吃的，配一小砂锅油豆腐线粉汤，所费才十多元，直抵一顿午餐。

吴江路美食街上的"小杨生煎"是新生代，店面也直追传统风格，极小，极脏，极油腻，但因为生煎做得出色，皮子薄，馅足卤满，而且个头大，女孩子吃的话，四个就管饱了。渐渐地，小资们口口相传，加上小报记者的大肆渲染，小杨笑不动了，几乎一天到晚，排队吃生煎的盛况赛过美国领事馆门前等待签证的阵势。我办公室里几个小朋友去吃了，都说好，并带回来几次。我一吃，果然不错。老吃人家心里不安，有一回我摸出一张百元大钞，交给他们去买，谁想几个小朋友将一百元都换了馒头回来，一人手里拎两大袋。还说排在后面的顾客一见他们将几锅生煎都包圆了，气得快要哭出来了。

十几盒生煎吃了一整天还没吃完。

现在又有朋友跟我说，新闸路上原西海电影院对面有一家"蔡记生煎"做得比小杨还好，得抽时间去尝尝。哪里还有好吃的生煎，读者朋友快点告诉我啊。

最后，我们还是回过头来说说黄楚九吧。

长期以来，黄楚九一直被称为"滑头商人"，但是这个人对于近代上海商业和娱乐业的发展，其所起的作用是不容忽视的。研究上海开埠以来的奇迹和上海人的性格，或绮丽驳杂的海派文化，无论如何也绕不过这个人物。

黄楚九于1872年出生于浙江余姚，父亲是个中医，他少时随父亲行医，积累了一定的医药知识。黄楚九15岁那年，父亲去世，他就随母亲迁居上海，每天到茶楼兜售眼药水。后来他曾自制戒烟丸等一些药丸散丹在城隍庙内设摊出售。有了一定的资金积累后就在上海县城内开了一家颐寿堂诊所，专门治疗眼疾。1890年，黄楚九将诊所迁到法租界，改名为中法药房，除了中成药外还兼售西药。1904年，中法药房迁到汉口路后，他于次年推出了一种新药，这就是"艾罗补脑汁"，今天人们常拿此事来证明此人的滑头。

据说黄楚九利用上海人崇洋迷外的心态，取了这么一个洋名，并在药瓶上设计了一个洋人的头像，还冒充艾罗的"亲笔签名"。居然一炮打响，发了一笔大财。可以说，艾罗补脑汁是数十年后风行一时的人参口服液的前传。

此时有一个在沪行医的葡萄牙人，名字就叫艾罗，他认为黄楚九的艾罗补脑汁影射了他的名字，于是跟他打起了官司。而黄楚九的辩解是，艾罗是英文yellow的译音，代表黄楚九的姓氏，因此官司判黄楚九无罪。

事实并非如此。对老上海颇有研究的沈寂先生跟我谈起过，艾罗补脑汁是以中药为基，加了点西药的一种补剂。西药原液是从法商凯利士洋行定购的。它的主要功能可能有补气、定神的作用，价钱比较贵。沈寂儿时也服用过，"色呈浅咖啡，味道有点甜。一直到建国后，艾罗补脑汁还在市场上有"。

沈寂还跟我讲了一个故事。艾罗补脑汁行销一时，突然冒出了一个自称是艾罗儿子的外国人。他找到黄楚九后称其父临终前曾说过，补脑汁的配方交与你后，至今也没有得到他应得的那份红利。黄楚九吃了一惊，但很快明白过来，其时也，上海这座冒险家的乐园里有不少外国"瘪三"混迹其中，寻找发迹的机会，沙逊、哈同之流就是这样"大"起来的嘛！于是他当即口呼"小艾罗"，带他到处游玩，还领他到自己经营的中法药房去"考察"，逢人便说"小艾罗来了"。结果全上海人都知道艾罗的后人找黄楚九要钱来了。玩了几天后，黄楚九向小艾罗摊牌，郑重其事地拿出一张纸，是黄楚九与艾罗的合约，并有艾罗的"亲笔签名"。根据合约所示，黄楚九已将艾罗应得的那份红利按时交付了，以后任凭黄楚九使用配方。所谓的小艾罗一看，顿时傻了眼，他压根儿也想不到，在十里洋场混得滴溜转的黄楚九将计就计，凭一张纸就将他打趴下了。

从此，上海市民以为确有艾罗其人了，补脑汁于是更加热销。

黄楚九死后有人在《申报》上写文章说，黄楚九有两个特点，一是勇敢，二是厚道。黄楚九确实称得上勇敢，在他的事业中，无不充满了敢于开拓、积极创新的精神。他制销了龙虎牌人丹，与日本人的仁丹竞争，是勇敢；他在新新舞台上创办了上海第一家游乐场——楼外楼屋顶花园，是勇敢；他以少量的资金以边开业边扩建的方式创办大世界，也是勇敢——大世界最初的建筑还是请孙玉声和新文化运动健将刘半农参与设计的呢；他在大世界开创了男女同台演出京戏，是勇敢；在中国第一个租用飞机散发广告，是勇敢；他还创办了《大世界报》，天天出版，刊登娱乐新闻，力捧演艺界明星，在当时也是开风气的事。但要说到"厚道"，很多人不会相信，其实此说也是有根据的，比如黄楚九曾在1919年河南大灾时，派人前往灾区，认养了一千个婴儿。有人说他是为了提高社会地位，那也不值得到河南去提高啊，那里的人并不知道黄楚九和大世界嘛。有一次，大世界急报，有人要在大世界里制造爆炸案，他马上向巡捕房报了案，后来知道此人曾在他手下干过，但嗜赌成性，输光了钱，才铤而走险干出敲诈的事情。黄楚九一听，马上派人拿了钱找到他，嘱他在巡捕房来之前快逃走。旁人不解，他就说，"我已对他九十九分好了，为何要在一件事上让他记恨于我呢，何况，他也是无奈之下做了糊涂事。"

许多老艺人都是从大世界走出来的，小彩舞、姚周滑稽双星、杨华生，以及刚去世的笑嘻嘻，至于京剧界更多了。笑嘻嘻是九岁那年进大世界的，由苏滩演员王美玉领着先见了黄楚九，与妹妹对唱，黄楚九觉得不错，当场拍板在大年初一上台演出，每月给85元。当时一个学徒的月规钱才不过四五元啊。此事笑嘻嘻也撰文在新民晚报上谈起过。

此文是谈黄楚九与生煎馒头的，怎么一下子扯出这么些枝蔓来？打住。但容我再补充一件事，说明黄楚九与上海饮食业的关系。黄楚九发迹前曾在城隍庙卖过眼药水，对城隍庙的风情特别在意。那是在他建造了大世界后的某一天，再次来到城隍庙，并在春风松月楼吃素什锦面，觉得此面色香味俱佳，当场与老板议定，在大世界共和厅开设素菜馆，引进春风松月楼的风味，全部资金由黄楚九提供，素菜馆只消输出牌誉，负责经营。结果此举大获成功，天天门庭若市。春风松月楼的徐老板分得利润10%，但大大提高了城隍庙总店的知名度。

在这场合作中，黄楚九是有点"黑心"的。不过我可举一个例子，如果你在城隍庙买一块宝玉石饰品，假定售价是2000元，还价至800元，你以为自己捡了大便宜，而事实上出租柜台的商场——也就是业主——要从中抽取至少40%，商家缴税17%，刨去成本后还剩多少呢？你自己算吧。

油墩子上那只虾

　　油炸的小吃总是予人愉快的享受。吃口香脆不说，单说食物在油锅里慢慢由白转为金黄色的过程，就相当奇妙了。在锅边踮足期待的片刻，因为眼瞅着希望得以落实，也就不那么烦心了。进入社会后，屡遭挫折的我对希望二字有了更深切的体会，每遇不顺，就会想起儿时在油锅边等待的情景，自我安慰一番：时间正在过去，希望就在眼前。

　　油条、麻花、巧果、麻球、油馓子、粢饭糕……还有油墩子，都是值得期待的街头美味。

　　油墩子是消闲食物。消闲食物的风物性往往更强，我以为。油墩子做起来也不麻烦，支一口并不很深的油锅，用缚了筷子的汤匙将稀面浆舀进模子里，抓一把萝卜丝或荠菜末在里面，再浇一层面浆在上面盖住，最后安一只小河虾，入油锅炸。铅皮模子有长柄，顶端拐了个弯，勾住锅沿，不至于滑入锅中。油墩子在沸反盈天的油锅内很快结皮、变色，自行脱了模，像潜水艇一样浮起来。顶上的那只小虾先行变成珊瑚红，两根虾须也完好无损，像京戏里武将头盔上的翎子，威风凛凛地翘起。

　　小时候吃油墩子，最爱顶上的那只虾。后来，油墩子还有卖，顶上的虾却不见了，做油墩子的师傅在面浆盆旁放一碗肉糜，筷头夹了一点顶在油墩子上，那虚应故事的姿势，真像麻雀在上面拉屎。再后来，这滴屎也不见了，干脆纯素，价格倒一路上扬。过去是六分钱一个，现在要两元一个，生意照样很好，在旅游景点里绝对是一个亮点。

　　我这个人从小没什么大志向，看闲书、吃闲食倒一直抱有浓厚的兴趣。我也喜欢看师傅做油墩子，比如在脚盆里刨萝卜丝，打稀面浆，但最喜欢看弄堂口铅皮匠敲墩子的模子。老师傅用麦乳精或奶粉的罐头拆开来，剪剪弄弄做成模子，模子呈椭圆形，像只小脚盆，上口稍大，底部收敛，便于油墩子脱模。一头焊一根长柄。别看模子小，要敲出小巧玲珑的样子并非易事，没吃过几年萝卜干饭根本拿不下来。就在前几年吧，老家附近一家白铁作里的师傅告诉我，有出国留学

外国快餐的祖师爷——油墩子

的人在唐人街开了家小吃店，也卖油墩子，但那边没有模子买，更没人会敲，遂写信叫他老娘到这里来定做。你看看，油墩子的模子都出国了，都说咱中国是制造业大国，此话不假啊。

与所有油炸食品一样，油墩子也要炸透了才好吃。那么如何浇面浆就大有讲究了。正确的方法是将中间的馅心兜头罩住，如果浇得不得法，腰间露出萝卜丝或荠菜来，就很吃油，店家不合算了。我有个同学，中学毕业后在太平桥一家饮食店当学徒，有一次我到店里去看他，正遇到店里的两个胖阿姨在哇啦哇啦吵相骂，原来是吃午饭时，其中一个阿姨买了两只油墩想当菜过饭吃，请我同学炸得老一点。小学徒没有办法，只得照办，但她还嫌不够老，夺过钳子将油墩子截截坏，以便让滚油大面积地渗透，这样吃口会更好。这一犯规操作正好给另一个当经理的阿姨看到，当场指责她揩集体的油，但对方如何会买账？这种揩点小油的情况在饮食店里再正常不过了，生活在社会底层的人也只有这点小便宜可贪。

五一长假又去城隍庙，中心广场又在烈火烹油地举办美食节，大呼小叫间，人气着实很旺。众多美食中，油墩子也当仁不让地出场了，而且油锅边总是围着一群人，意外地发现，这里的油墩子倒顶着一只虾！我像见到睽违已久的老朋友，大喜过望，赶紧挤出去买了一只尝尝，不料吃到中间，发现面粉还没有凝结。生意太好，师傅心太急，油锅一旺，油墩子就容易夹生。

一对老夫妻，老头坐在轮椅上，老太推着他来到人群中，两个人合吃一只油墩子，你一口我一口，情深意笃。轮椅的扶手上挂着塑料袋，里面装着几只粽子。他们当然可以买两只吃，但不及这样有滋有味。一老外看到后眼睛一亮，悄悄地掏出相机。

马南一汤

　　要找到这家小吃店并不难，它在徐家汇路与马当路的交会处，你只要看到人行道上相对集中地停着数辆自行车，又有三五个大汉捧着粗瓷青花大碗在喝汤，就是了。听朋友说，这家店即将关门，得赶紧去喝一碗。于是，在一个阳光灿烂的早晨，我将自行车停靠在它门口，走上两级台阶，在售票台前买了一碗大汤（汤有大碗小碗之分），一两虾肉生煎，一只鲜肉糯米烧麦。我问售票的阿姨："你们要搬了？"她似乎被这样的问题问得有点烦了："不知道。"

　　这里所说的汤，就是上海人特别有意的油豆腐线粉汤。

　　旧时上海滩街头分布着许多油豆腐线粉汤小摊。经典的做法是这样的，从南货店买来价钱便宜的海蜒头，用纱布扎紧，扔进铁锅吊汤。油豆腐在沸水里焯过，使之发软，并去豆腥味，线粉在水里浸泡过盛在木桶里。俟开市后在灶头上置一口锅，中间用铝皮分隔，汤水沸滚着路人的食欲。堂倌一声叫，师傅即用圆锥形的铁丝漏勺装了一把线粉再烫一下，倒入碗中，另加剪开的油豆腐若干只，淋几滴辣油，撒些葱花，即可上桌了。而这家小吃店里的油豆腐线粉汤作了改良，增加了猪肉馅的百叶包，用纱线捆扎后扔进汤锅里吊汤，盛碗前一剪两段，油豆腐和线粉也如法炮制，另一个不同之处是不放辣油，而是加一勺深褐色的辣酱，再撒一把青蒜叶。红绿相间，风格粗犷，好看。当灶的阿姨作风豪放，主料辅料一律用手抓，倒也好看。也有顾客自己跑到砧板前狠狠抓一把青蒜叶的，阿姨就会叫起来："要死啦，叫我们吃西北风啊！"

　　我端了一大碗油豆腐线粉汤在店堂里转了几圈，好不容易找到座位。坐下后，四下望，二十多平方米的店堂里挤了四五张小桌子，撑足也只能坐十几人。有趣的是墙上的景观，贴着如今公共厕所也不屑使用的方块白瓷砖，对着店门挂了一个电钟，过去的老师傅都没有手表，靠电钟掌握时间。门口的作台板上方还张贴着营业执照的复印件。洗碗处的柜子边敲一枚钉子，挂了一本看样子有五六年没人翻过的顾客意见簿。最醒目的是一条王婆式语录：马南一汤，市优无双。

　　更值得欣赏的是店里四五个阿姨，胳膊粗，腿粗，脸盘大，嗓门大，当然也

此湯唯用海蜒熬成老湯才奇鮮

力大无穷。一阿姨用筷子揶了蒸笼里最后一只烧麦送至我面前，不小心滑脱在油滋滋的桌子上，又滚又弹，这情景真像冲到虞伟亮眼前的皮球，悬了。但阿姨从容不迫，照样给我，我连忙双手盖住盛生煎的盆子。她说：放心吃吧，不会生病的。最后在我的强烈要求下，她才换了一两粢饭给我。

"马南一汤"不如我想象的那般鲜美，但市面上好像也找不到比它更好吃的油豆腐线粉汤了，这就是它生意好的原因吧。粢饭也不错，又白又软，但不是捏成团的，而是挖了一勺装在盆子里。虽然每只搪瓷盆子的搪瓷都有不同程度的脱落，并不妨碍老顾客每人来上一盆，加一碗汤，所费无多，但肯定饱嗝连连。眼前的一切，包括桌椅、师傅们忙碌的身影及射进店堂的一缕阳光，都让我恍惚回到上世纪70年代。

回头客很多，几乎每个人都要问阿姨什么时候搬？搬到哪里去？怪不得阿姨要烦，轮到我也要烦的。最后，我听出来了，月底就要搬了，大约搬到一家菜场附近吧。这里是什么地段？隔一条马路就是刚开盘的淡水湾，每平方米要两万多元。再往北是华府天地，开盘价更高，华府天地东面是新天地。这寸金之地简直是女王王冠上的宝石，房产商宁可放弃老婆也不肯放弃这块肥肉。

吃饱后拜拜，隔壁烟纸店的老板娘在给一条狗洗澡，大红塑料脚盆就摆在"马南一汤"门口，泼出一地的水。老板娘与小乖乖面对面，掬起幸福的笑容。而在这一排房子后面，整片的石库门房子已经拆剩一副副架子了，风一吹就会倒的样子。

就怕你皮不厚

　　无赖的厨师总有十七八条歪理来对付顾客：好吃的东西总是龌龊的，蔬菜中有蘑菇，鲜吗？却是在牛粪堆里生长的。荤腥里有猪腰，切成薄片，酱麻油一拌，打耳光也不肯放，但它是猪身上的排泄系统，若不能剔清臊腺，一股膻味会熏死你。十三香小龙虾好吃吗？美眉视若性命，偏偏这厮是在污水塘里蓬勃成长的。

　　肉皮也是这个道理。以前在本帮饭店的厨房屋檐下，总能看到几块肉皮在风雨飘摇中。那是从腿肉上抨下来的，让它在半透明的状态下承接油腻和灰尘，到年底一起入油锅炸。炸肉皮其实是蛮有观赏性的。肉皮开始在油锅里躺着，随着油温的升高，便声东击西地起泡，然后用足力道伸腰踢腿，变戏法似的变成好大的一张。但肉皮积了一年的油污灰尘，每个毛孔都钻进了龌龊，炸好后还看得出它的出身。而且你要是看到老师傅在到处是油垢、屋顶上还时不时空降落一两只蜘蛛的厨房里翻来覆去地伺弄这玩意儿，肯定会发誓今后再也不碰肉皮了。

　　但是真的在饭桌上，金光灿灿的肉皮在砂锅里颤颤悠悠地亮相后，你就把曾经目睹的一幕抛诸脑后了。

　　这个肉皮就是现在很流行的大汤肉皮。一砂锅水发肉皮，嘟嘟地冒着气泡，上面撒了几根青葱，就这么简单，几乎所有的吃货都无法拒绝它。有的饭店做得考究点，加点火腿片、笋片、熏鱼，再弄几只香菇帮衬一下，但吃到最后，肉皮都没了，只剩下配角。浦东六里有一家类似农家乐的乡村饭店，建筑风貌接近乡镇文化站或兽医站，但有一个很大的停车场，一到吃饭时间就停满了私家车，如果事先不订位的话，根本别想找到座位，你向服务员塞香烟也没用。这家店的看家菜就是大汤肉皮，砂锅里还加了大块咸肉和春笋，烧得突突滚地端上桌来，那种大块吃肉的气氛已经赢得一片喝彩了。

　　过去本帮馆子里有三鲜汤，总拿肉皮和菠菜打底，把肉圆、鱼圆、蛋饺之类顶在上面，为的是卖相好看。还有炒三鲜，肉皮也扮演着打掩护的角色。早二十年上海郊区农家办喜事，肉皮是无远弗届的食材，什么汤汤水水的菜它都要轧一脚。我跟太太去她老家吃过一回喜宴，吃到最后还是忍不住开玩笑说，本地人大概都是皮匠师傅出身的吧。

我在中学里没学好物理，但也知道干肉皮经油炸后产生大量气泡，水发后变得软绵而有韧劲，入锅旺火一煮，无数小孔就会吸足汤汁，故而味道"交关赞"。但是没有气泡的新鲜肉皮也是美味的，因为有柔韧的劲道和丰富的胶质，胶质据说可以美容。虽然我对美容不抱希望，但口舌间的感觉还是一如既往地追求活肉般的跳动。所以我爱猪脚爪，爱猪尾巴，爱猪耳朵，因为按单位重量计算的话，它们是猪身上肉皮覆盖面积最广阔的那部分。最近几年医生老是警告我：血脂高了，血黏度超标了，不能再吃鸡爪、鸭爪、猪脚爪之类黏性的边角料，猪肉皮更要远离！我表面上虚心接受，一转身还是找肉皮吃，还专挑厚的那种。人的脸皮不可厚，而肉皮一定要厚，一厚就有充分的弹性，对牙齿来说是极大的满足。吃过肉皮的人肯定会赞成我的观点。

以前菜场里会出售一种剥皮蹄髈，价格比有皮的稍便宜些，家父常常买来改善伙食。但我总觉得没有皮的蹄髈不好吃，简直像剥皮老鼠一样令人恶心。我宁可吃肉皮上盖了一枚蓝色图章的坐臀肉，也就是接近屁股的那部分。即使浓油赤酱烧了，我还是辨认得出那枚美丽的图章，它不仅让我有一种身处工业时代的幸福感，还直接感受到政府的行政权力。

必须交代清楚一句的是，剥皮蹄髈在菜场大行其道的时候，正是全国人民从布鞋时代大踏步迈向皮鞋时代的年头，经典案例就是"765"皮鞋（每双售价7.65元）卖得最疯。所以我想弄清楚一个问题：如今蜂拥而至的水发肉皮所来何处？

三鲜豆皮八卦汤

三十年前，在淮海中路上有一家江夏点心店（就在今天百盛商厦这个位置），湖北风味，立身之本是三鲜豆皮八卦汤。

三鲜豆皮是典型的湖北小吃，吃惯蛋炒饭的上海人以为就是蛋皮包糯米饭，里面加一点"烂糊三鲜汤"之类的馅料，其实这款小吃并不简单。江夏点心店市口相当好，一口平底锅坐灶稳当，师傅就在店门口操作，人民群众走过路过看得刷刷清。三鲜豆皮出锅时香气飘散，行人莫不垂涎。

计划经济时代，豆皮的馅料算是相当讲究的了，有猪肉、鸡蛋、猪肚、冬笋、香菇、叉烧肉等，有时还用猪心和虾仁。这些原料都须切成丁煮成半熟，拌上酱油、白糖、绍酒等待用。为了悦目，有些店家还会加些青豆，这也不会增加太多成本。

糯米是主料，浸泡八小时后旺火蒸熟，晾一下，再用猪油加少许盐炒透待用。皮子是决定成败的关键，大米、绿豆浸泡后加水磨成浆，越细越好。

平底锅中央淋少许油，将豆面浆在锅中摊成皮，打入鸡蛋涂匀，烙成熟皮。再把颗粒分明的糯米饭倒入锅内徐徐铺开，在饼皮的半边，撒上馅料铺匀，最后将浆皮与糯米对折叠起来，就像上海人摊荷包蛋一样。进入最后冲刺阶段，沿豆皮边缘要淋些熟猪油，一边煎一边用紫铜铲刀分割成小块，分装成小碟上桌即可。这一块相当厚实，足以让胃口不大的上海人吃到撑了。

三鲜豆皮以汉口中山大道大智路口的老通城最为著名，那是一家石骨铁硬的百年老店。据说1958年毛泽东在武汉视察，曾两次亲临老通城。在品尝了三鲜豆皮后说："豆皮是湖北的风味，要保持下去。你们为湖北创造了名小吃，人民感谢你们。"

一把手去了，吃了，又发表了最高指示，理所当然地，刘少奇、周恩来、朱德、邓小平、董必武、李先念等领导人都去"豆皮大王"品尝"皮薄、浆清、火功正"的豆皮，也要表示赞赏，也要代表人民致谢。

据说后来华东局书记魏文伯也吃了豆皮，并且从政治角度来看问题，拍板将豆皮引进了大上海。

前几年我去过武汉，但属于组团考察的集体行动，大家乱哄哄地去了一趟黄鹤楼，独自溜出去的机会都没有，老通城的豆皮没吃到，连国民小食热干面也没吃到。

回想我刚工作那会，淮海中路的商业布局还是相当亲民的，饭店、点心店规模都不太大，但风味纯正。江夏的三鲜豆皮给我留下深刻印象，金黄色的浆皮内嵌了软糯适口的馅料，吃的当中还不断有笋啦、肉啦、猪肚啦等馅料供我辨识，味道确实不错。有一次还在那里喝到了八卦汤，乌龟切小块煲得浓浓的装入炖盅里，混浊的汤色一眼看不清底，与当下吸引民众眼球的八卦新闻倒也三分神似。不过乌龟汤为何叫八卦汤，这个八卦问题我到今天也没弄清楚。那次是带女朋友去领教荆楚风味的，一听"乌龟"二字，再一看汤色混浊不清，她顿时花容失色，额冒冷汗。我只得好言相劝，甚至拉出甲鱼来帮衬，说乌龟是甲鱼的同门兄弟，上海人吃得甲鱼，自然也吃得乌龟了。

但是乌龟在上海人心目中的形象实在差劲，在民间故事里，这爬行类家伙一不小心就成了精；在民间话语里呢，又成了影射男人的猥琐形象。任我再怎么编故事，她就是不碰。

再后来，江夏点心店消失得无影无踪，湖北风味在上海也烟消云散。本来，大上海的地皮上就少见九头鸟安营扎寨，建国后的户籍制度阻碍了他们的进入，再说武汉也不穷啊，不想跟在宁波人、广东人后面凑热闹。故而小几年前，发祥于湖北施恩的一张烧饼能在上海以土家烧饼的名义风光一时，蒙过了无数小资白领。

前些年，在淮海中路与原江夏点心店不远的沧浪亭里出现了三鲜豆皮。奇哉怪也，沧浪亭，苏帮面馆，百年老店，每年春暖花开，我必定要去吃一碗三虾面，一年四季不断档的焖肉面也让我食指大动，小苏州怎么做起了九头鸟的生意？当场要一客来尝尝，滋味果然不如从前江夏。还有一次在城隍庙小吃展销时看到有豆皮供应，现做现卖，但可能是生意太好，或许师傅是半路出家，看上去总觉粗糙，不过吃的人还是很多，一锅刚做成，一眨眼就光了。上海人的吃头势，在人轧人的地方表现得尤为充分！前几天与朋友在正大广场四楼一家湖北风味的酒家品尝冷水河鱼火锅，与老板闲聊时得知，这家名为楚炫堂的酒家在上海已经开了两家，在陆家嘴的另一家倒有三鲜豆皮与八卦汤飨客，过几天准备去尝尝。

上海之大，应该给"中部崛起"的九头鸟一席之地。

罗宋面包与罗宋汤

"罗宋"二字，从上海人口中说出来，总有一种亲切感，有时候不经意地带了三分轻视，但这种轻视是亲切感的衍生，包含了破船同渡、曾经沧海的同情。进而，老上海说起"罗宋瘪三"，最终也是抱着一份怜悯的。老上海对他们的底牌摸得刷刷清：这帮罗宋瘪三原来是旧俄贵族，十月革命后被列宁、斯大林赶出来，从彼得堡赶到冰天雪地的西伯利亚，然后再从海参崴调头南下，经过哈尔滨、长春、大连，最终落脚在一半是火焰、一半是海水的上海滩。世世代代，这帮老爷太太养尊处优，住华屋，穿鲜衣，坐马车，赏芭蕾，有一大群农奴供他们使唤，现在农奴翻了身，主人捡了一条性命后只得落荒而走。

白俄来到冒险家的乐园，但上海滩已是英国人、法国人和美国人的天下，连日本浪人也在虹口优哉游哉，乐不思蜀。白俄贵族手不能提，肩不能扛，再就业的能力很差，女的，到舞厅当舞娘，或到电影院领位，再不济的就到咖啡馆里做招待。男的呢，到舞场里吹拉弹唱算是体面的，混得差的，磨剪刀，做小皮匠，做面包，卖汽水，到公馆里看门、拉黄包车的都有！

罗宋瘪三在上海留下几样东西，一是罗宋帽，小时候还看到帽子店里有售，厚绒，烟灰色，顶上有小滴子，帽帮拉下来可以遮住整个脑袋，只露出两只滴溜溜的眼睛，酷似三K党，不过很御寒。旧上海的小店员都戴这种帽子。"文革"时，劳改农场里的人也戴罗宋帽，因为它挡风，还因为劳教人员不能戴社会上风行一时的海夫绒军帽。

还有就是罗宋面包和罗宋汤。

说到面包，上海是得风气之先啦。我在小时候曾看到一本连环画，上面说到鸦片战争后英国人到上海开洋行，但找来的中国厨师不会烤面包，烤出来的面包墨擦里黑，难以下咽。于是英国人编了一本书，翻译后的书名是《造洋饭书》。但中国的厨师大半是不识字的，得由翻译讲给他们听。有时候中国的大师傅与洋人闹别扭，卷铺盖走人，洋人只得自己开伙仓，结果烤出来的面包也是墨擦里黑的。事实上，面包进入中国要更早些，具体时间不可考，但有关史书透露，在明朝万历年间，意大利传教士利玛窦最先将面包的制作方法引入我国沿海城市。在上海，徐光启在"顺带便"引进西方风味方面立下了功劳，他在把意大利传教士郭居静等人引入上海时，就同时引进了西菜，当时叫做"番菜"。中国人一直自以为是世界中心，将别的国家都说成"番"。开埠后的上海，于1882年由中国人开创了第一家西菜馆，叫做"海天春番菜馆"。到上世纪初，先后出现了一品香、一家春、一江春、万年春、品芳楼、惠尔康、岭南楼、醉和春等二十几家西菜馆。不过上海的西菜一开始就实施本土化的战略，与所在国的本味有很大的不同。

在这些"番菜"中，稍后登场的就有罗宋大菜。

小时候我不知道罗宋大菜是何等样子，但罗宋面包是见识过的。不仅食品店里有售，老虎灶旁边半开间门面的面包作坊里也做。除了自产自销，还代客加工，你只要送去一斤面粉，付一角两分加工费，老板娘就会交你一块竹牌，约定下午四点过后来取。放学后，背着书包，攥着牌子向老虎灶走去，罗宋面包那种暖烘烘的香味已经在黄昏前的金色阳光中弥漫开来了。

交了牌子就能领到五只面包，五只温热而焦黄的面包。橄榄形的罗宋面包两头尖尖，肚皮中间划开一刀，有一种爆胀开来的效果。上海人也根据它的外形称之为"梭子面包"。

生意好时还要排队，顾客还要争吵，而老板娘总是大嗓门，捋着袖口，满面红光，头发总是花白的，那是面粉！老板则在昏暗的角落里揉面团，你永远只能看到他的背影，厚实得跟罗宋面包一样。

当时我记得食品店里一只咸味罗宋面包售价九分，二两粮票，甜味的要一角一分。而请作坊加工要便宜一些，而且是新鲜出炉。

罗宋面包表面很硬，因为用的是标准粉，也就是后来所说的黑面粉，咸味，吃口极香。春游或秋游，父母饶不过我的软泡硬磨，只得答应做一斤面粉的面包，那是极端的奢侈行为，预算外的开支。

罗宋面包的好处是慢慢啃，可以消磨很长时间。现在吃到的罗宋面包都用精白粉做，香味与韧劲都差多了。当然，面包作坊里是不可能给你放奶油的，如果你要做甜的也行，放糖精。当时食糖是凭票供应的。

面包作坊偶尔还会出售一些面包头子。据说附近住了一对从苏联留学回来定居的老夫妻，一个弹钢琴，一个唱歌，他们吃惯了面包牛奶，但要求去掉他们咬不动的头子。这些头子就成了孩子的零食，卖得很便宜。如果在冬天，经西北

厨部重地
閒人莫入

白天鵝麵包廠

风一吹，面包头子硬得像石头，能打死狗。有个同学买了带到学校里来，送我一只，看老师转过身在黑板上写字，赶紧摸出来啃一点。真香！

上海人对面包怀有一种复杂的情怀。十年动乱结束后，静安面包房出售法式面包，从早到晚要排队，此种风景生动演绎了社会的巨大变革。如果今天有谁策划一组文章，评比十个印象最鲜亮、最有持久记忆的上海新时期街头即景，静安面包房门前的长队肯定入选。

今天罗宋面包在淮海路的老大昌还有供应，但是与过去的相比，加了太多的发酵粉和黄油，高级是高级了，口味不够"罗宋"。

与罗宋面包携手而至的是罗宋汤。不过罗宋汤在上海的大面积出现，应该在居民食堂、职工食堂和幼儿园。上世纪70年代，供应开始丰富了，罗宋汤的原料容易备齐，无非是卷心菜、牛肉、土豆，但关键是梅林罐头厂出品的番茄酱在市场上成规模地显身，二角二分一小罐，砌砖似的摆在食品店的柜台上，买回家可涂面包，可烧罗宋汤，可烧茄汁黄鱼。上海人，逮着机会就想来点情调，尽管生活依然是那么窘迫。所以在上海版的罗宋汤里，通常专供回族居民凭票购买的牛肉是没法当作主料投放的，取而代之的是红肠，切丝。山芋淀粉取代了操作起来比较麻烦的油面粉。

内容庞杂、咸鲜带酸的罗宋汤热腾腾地来了。本土化吃法也不是与面包配套，而是当作汤来喝的。三两大米饭一碗罗宋汤，有万山红遍的视觉效果，相当丰盛啦。在单位食堂里谁都这么"西汤中喝"，不会搭配一只硬邦邦的罗宋面包。

直至二十年后，我才从一本菜谱里得知，正宗的罗宋汤辅料里还应该有洋葱、芹菜、胡萝卜。后来在芬兰喝到了据说是莫斯科版的红菜汤，红菜头唱主角，大块牛肉一声不响地帮衬着，汤色呈现晚霞般的玫瑰红，汤面上还冰山似的浮着一小坨老酸奶，喝一口，酸得眉毛直抖，胃口大开。一大厨跟我说，熬了整整四个小时啦。

直到今天，上海的煮妇都骄傲地宣称自己会做一流的罗宋汤，也时常在家里蒙一下丈夫和孩子，当然，中国版的味道也不错。

棉花糖与爱情

谁家孩子不爱糖？在我小时候，跟别家的穷孩子一样嘴巴也很馋，看到人家吃糖，口水就会像庐山瀑布一样淌下来。那时候也真没啥吃的，天可怜见，猛听到弄堂里传来一声沙哑的吆喝声："糯米——止咳糖……"马上扔下正在磨蹭的回家作业，跑到厨房或阳台上找鸡毛、肉骨头、甲鱼壳……电木的灯座也行，然后一阵风地下楼去。

糖担挑进弄堂里，前后各挂一只上圆下方的竹箩，一只是收纳破烂的，另一只才是真家伙，竹箩上搁一块木板，糯米止咳糖像一板豆腐一样铺在上面，罩了一块白布。我将鸡肫皮、牙膏皮等破烂交给卖糖老头，他慢条斯理地揭开白布，操起两根扁扁的铁条，一条的头子抵住糖块的边缘，再拿起一条在竖着的那条屁股上轻轻一敲，糖块就脱离开来。我接过糖块一口吞下，让它在嘴里慢慢盘，津液如潮。

糯米止咳糖的味道并不怎么好吃，比起大白兔奶糖来韧劲也要差许多，经不起嚼咬，三五下，就在齿缝间融化了，回上来一丝薄荷的味道，这也许就是所谓止咳的全部秘密吧。

一些大孩子在看老头敲糖块的时候不停地说：再大点再大点！

我还小，从家里偷出鸡肫皮甲鱼壳心里直打小鼓了，哪里还敢跟老头多要一点。

不一会，老头就有了不错的收获，挑起担子再喊一声："糯米——止咳糖……"扬长而去。

那时候，中学生都在唱一首歌："我有一个理想，一个美好的理想，等我长大了，要把农民当，要把农民当……"

我刚上学，不懂当农民的伟大意义，一溜嘴就唱成："等我长大了，要卖糯米糖，要卖糯米糖……"姐姐听了哈哈大笑，说我没出息。

我还自说自话地拿过妈妈的钱。那是在我偷鸡肫皮之前，也就五六岁样子吧，有一天早晨醒来，看到母亲的搭在椅子背上的毛衣口袋里露出一张五角钱的

票子，当时也没多想，拿了，紧紧捏在手里，蹑手蹑脚地穿了衣服，脸也不洗就下楼了。来到街角的文具店，踮着脚将钱递上："买……书签。"我分明记得当时的声音是打颤的，不仅因为天冷，衣服穿得少，还因为紧张，这是我第一次买东西。店里的阿婆拿出一套五枚给我，每枚书签上画着黄继光、邱少云、罗盛教等抗美援朝的英雄最后的光辉形象，是我一直敬仰的，虽然那时我还没上学，但从哥哥口中，我知道了他们的名字。我一直想要这套书签，现在如愿以偿了。

我又跑到一条弄堂口，那里有一家烟杂店出售蜡笔和铅画纸，我从小爱涂鸦，一直苦于没有蜡笔和好的纸，现在我能画画啦。接下来我飞快地跑到另一个街角，那里有好几个点心摊，麻球、香脆饼、汤团，都是馋人的美味，但我咽下口水，四下里寻找一直摆在这里的糖摊。

那个画糖老头是我最最佩服的人，我常在他摊头前一站就是小半天，只见他拿一只勺子，舀了一些褐色的糖液，在一块大理石板上那么一划拉，一只喜鹊就出现了。再那么一划拉，孙悟空翻起了跟头。拿一根竹签按上去，略微停一下，糖画就粘在竹签上，就可以拿在手里玩了，玩腻了就一口咬下，还嘎嘣脆。整个过程非常有情节性，而结局尽在把握之中。这简直太神了！就像神笔马良那样。

极具民间剪纸趣味的糖画插在草扦子上，被阳光照出一片金黄，天底下最美的图画就是它了。我非常想买一块糖画，但小鸟要五分一块，孙悟空最贵，一角，最最便宜的是哨子，可以吹响，也要两分，而我的口袋连一枚钢镚也没有。我知道向父母要钱是没有希望的，我从小也没有这个习惯。现在得着钱了，就可以大模大样地把孙悟空买回去。但是画糖人还没有来，他睡懒觉了，西北风嗖嗖地吹着，油炸食品的香气非常诱人。

过了很长时间，那老头的酒糟鼻子淌着两条清水鼻涕，终于晃着一副担子来了。等他摆好家伙，将燃着的小炭炉塞在石板底下，再将糖液搅匀，"你要什么？"他说。"孙悟空你会画吗？"我明知故问。此时，一只大手搭在我肩上，回头一看，正是走得气喘吁吁的妈妈。"好啊，你在这里。"

她收缴了我手里的钱，我准备挨打，但此刻她没空理会我，而是拖着我去找文具店和烟杂店，要将这些东西退掉。磨蹭了老半天，只退了蜡笔和铅画纸，书签怎么也退不掉，只能拿回去藏着。直到我上小学，考了个好成绩，这一套书签才算真正归我。

那时候，我家一天的伙食才五角钱啊。我这臭小子真的一点也不懂事。

吹糖人的手艺也是相当不错的，吹糖是三维的，与石板上的平面糖画不同。吹糖摊子下面有一只小炉子，烧的是木屑，坐一只小紫铜锅，但不能让锅里的糖液沸滚起来。手艺人从锅里揪出一坨糖液，冷却后结成小块，然后用嘴这么一吹，糖块就生出了一只空心的脚，成了吹管口子。手艺人吹着这根管子继续加工，在手的配合下，糖块就很听话地生出了脚和头，转眼间就成了一头空心的猪或一条狗。

前些日子与太太在杭州清河坊仿宋一条街上闲逛，意外地看到了吹糖艺人在表演，我又在摊头前看了小半天。那种形象一点没变！这门手艺经过了四十多年的蹉跎，居然纹丝不变，可见民间艺术的生命力是很强的。

还有棉花糖。小时候也是孩子们的恩物。我并不喜欢棉花糖的滋味，因为它就是白砂糖做的，但我喜欢看它的成形过程。手艺人将机器搁在路边，那是一个木架子，上面接一个铁皮圈，圈中央是旋转的离心机。用脚踏下面的踏板，踏板连着的皮带就带动离心机飞快地旋转起来，加一小匙白砂糖在机器中央的口子里，很快，离心机的边缘就有絮状物飘出来，手艺人拿竹签子沿着铁皮罩子边缘那么一刮，签子顶端就聚集起一团膨松的棉花团，付两分钱，就是你的了。

棉花糖吃起来其实是相当狼狈的，粘得嘴巴和手到处都是，这也是我不喜欢它的原因。不过我一直喜欢看它的生成过程，那是带一点悬念的，手艺人也有点卖关子的腔调。今天，棉花糖还有人在做，一团卖你一元钱，贵很多啦。在文庙前面我见过一个摊子，手艺人在白砂糖里加了超量的色素，旋转出来的棉花糖是红的、绿的，不仅艳俗，于健康也不利。

春节赶庙会时，机器旋转时的声音以及棉花糖被竹签挑出来的那一刻，充满了泡沫经济的快感，也是很有市井气息的，快乐的，世俗的，可以挥霍的，连空气中也夹杂了甜津津、暖烘烘的气息。大人小孩，包括好奇的老外都会忍不住买一团，吃一半，糟蹋一半。

涉世稍深后，糯米止咳糖让我想起男人对爱情的态度，而棉花糖让我想起女人对爱情的态度。

"炒米花响喽……"

　　小时候，饿不死、冻不坏，还能在弄堂口打打弹子飞飞香烟牌子，相当不错啦，还想兜里掖着块儿八毛的买零嘴？那是欠揍！话虽这么说，逢年过年的没个零嘴也说不过去吧。于是，妈妈从米缸里舀出一罐米，安安稳稳地放进篮底，再从一个小瓶子里抖出五六粒糖精片放在上面，掏了半天掏出一角钱："不要弄丢啦。"

　　我响亮地应声，人早已滚下楼梯，转眼又跟小鸟似的飞到街上。

　　杀牛公司前有一个摊头，爆炒米花，那老头姓赵，胡子拉碴外带一脸墨黑，像煞了猛张飞。张口说话时被我看到，连牙齿也是黑的，可能是被煤烟熏的。爆米花一定要烧煤，虽有烟，但发火。他坐在小凳子上，一手呼搭呼搭拉风箱，一手滴滴溜溜摇锅炉。铸铁锅炉像只黑萝卜，一头一尾的支在架子上，"萝卜"上该长叶子的地方成了盖子，盖子连着一个比它大一圈的圆框，框子边缘戳着一个摇手柄，盖子中间还安着一个气压表，一下子使这个黑铁墨托的家伙有了一种仪表仪器的神秘色彩。其实这个气压表的指针永远指向一个地方，纯粹是聋子的耳朵。"萝卜"尾巴优美地瘦削下去，使整体形成炸弹般的流线形，但尾部还是很坚固地撑住整个身体。

　　老赵一手作纵向推拉运动，一手作逆时针旋转运动，两只手要配合得默契并不容易。我试过，一上手就出洋相。老赵每天重复劳动，以一个不变的手势，已经到了靠意念操作的地步了。你看他，摇着摇着进入了老僧入定的状态，口水从他嘴角流出来了，渐渐拉长，最后滴在膝盖上，引起围观孩子的一阵哄笑。他一惊，睁开了眼睛，骂了一声，仿佛要报复别人似的，将"萝卜"的尾巴一翘，再将"萝卜"盖套住一个麻袋，那只麻袋也是乌漆墨黑的，叫人看着恶心。但老赵熟视无睹。他将一条腿踏住"萝卜"，一只手操起一根管子，套住手柄，大喊一声："炒米花响喽……"

　　孩子们早已散开了，将耳朵捂紧。但不是太紧，太紧就没有意思了。所以还能听得见那一声惊天动地的"嘭"！

上海老味道

盖子掀开了，在气流膨胀的一刹那，"萝卜"肚子里的东西被气流推出来，向着麻袋的腹部扑去。然后，老赵抓住麻袋的底部两角，将里面的东西倒在你的篮子里。这个动作，以及老赵的表情，就像变戏法似的。爆炒米花的全部乐趣，也就在这一声巨响以及倒出东西来的一刹那悬念破解。

临近节日，老赵就比平时忙多了，从早到晚，队伍拖得老长老长。一只只竹篮里，大多坐着一罐头米，上面顶着几粒糖精片。也有爆年糕片的，年糕片须切得极薄，晒得极干，细看之下表面上还有裂纹，有如哥窑的开片。这样的年糕片才爆得大，状如腰子，两头微微翘起，吃口松脆。炒米花是大路货，一把抓了往嘴里塞，没有什么悬念。黄豆也可以爆，爆黄豆吃起来很香，不过多吃要放屁，在课堂里突然一声响屁，就会引起哄堂大笑，叫老师很生气。偶尔也有人爆玉米花的，上海人称之为"珍珠米"。每粒玉米花如同一个黄金做的壳，突然之间胀开，绽露了里面的白玉。最牛的是爆大西米，论味道与爆米花没什么两样，未爆之前也貌不惊人，但爆开后有清水出芙蓉的效果，珠圆玉润，每颗的大小一样，像模子里刻出来一样，有一种工业化的色彩。比大西米更牛的还有，爆通心粉！通心粉在杂粮店里有售，价格很贵，有人告诉我，这是做意大利粉的材料，也可以爆。果然，爆通心粉横空出世，略带褐色的通心粉像一只只自来水管道的弯头，相当好玩，我也吃过这种洋玩意儿，味道不过如此。

年复一年，老赵旋转、推拉，喊"炒米花响喽……"。年复一年，他脸上的皱纹越来越深，肤色越来越黑，嘴角的口水拖得越来越长。

老赵在家门口摆摊，只在吃饭的时候，由儿子或老婆替他一阵，让他吃了饭，再喝口茶，此外，从早到晚就一直像机器人似的忙活着。天色暗下来了，还有几十只篮头排列在街角，排队的孩子不像白天那样活跃了，他们有点疲乏，惦记的东西也不那么有吸引力了。老赵的声音也哑沙了，只有刺眼的火苗更加快乐地舔着炉子，在孩子眼里，火苗仿佛在嘲笑排队的人们。

老赵的大儿子坐到老赵身边，从地上捡了一块年糕片扔进嘴里，"再让你干一年算了，明年无论如何也给我歇下来。"老赵呆呆地注视着又蹿又跳的火苗，"老二在黑龙江，老三在江西，隔三差五地伸手要钱哪。你娘的两条腿，看看吧，也越来越肿啦。你也要结婚啦，我们凑不足三十六只脚、三转一响，但也不能让人家笑话吧。"

父子俩的身影在金黄色的光影中摇晃，他们的眼睛在闪烁，路灯亮了，天上的星星也亮了。

爆炒米花一般用大米，大米在当时是计划购买的，每人八市斤。也有用籼米的，籼米爆不大。我们这幢房子里搬来一对夫妻，他们都在战斗食品厂工作，男的眼睛不好，但会做炒米糖。饴糖在铁锅里熬化，再加入一定比例的白糖，搅透后加入炒米花，然后倒在涂了一层色拉油的桌子上，压成一张饼，以尺子为依靠，用菜刀切条，切块，冷却后就可以吃了。那个女的会做粽子糖，饴糖熬化后加一点香精和干玫瑰花片，冷却到一定时候搓成细条，用剪刀剪，捏住糖条的那只手则一前一后以九十度旋转，剪下来的糖疙瘩就成了粽子糖。他们搬来后就以这两种吃食分送邻居，作为见面礼，味道比店里买的还好。

炒面居然称大王

　　小辰光，我常常在马路边发呆，最喜欢看有轨电车叮叮当当驶过。方头方脑的车厢漆成墨绿色，两节组成一列，前面一节是车头，后面一节也是车头，只不过后面没有驾驶员。两头都有驾驶室的话，晚上收工后进了停车场不必掉头，第二天一早驾驶员跑到后面一节，就可以开出来了。老人说，这些电车都是法国人留下的。老人还说，法商电车公司待遇老好的，卖票员都穿呢子服、戴大盖帽。但"文革"时听工宣队跟我们中学生忆苦思甜，说他在法商电车公司跟法国资本家斗争，最有效的方法就是将乘客的钱收下不给票子。那不是明摆着贪污吗？但我不敢问，暗想工人揩资本家的油大概也是阶级觉悟高的体现，反正损失的是法国人，把法商电车公司搞成破产才痛快呢！

　　3路有轨电车在淮海中路八仙桥往北一拐，就到了金陵东路，再一拐就到了浙江路广东路的东新桥。那时东新桥真是热闹极了，马路两边挤满了饮食摊店，烈火烹油，香气扑鼻。老爸有一次带我去看望一个亲戚，出了弄堂就在一家小吃店坐下。这个摊头是卖炒面的，柏油桶做的炉子旁边搁一块木牌，笨手笨脚地写了四个字：炒面大王。

　　霸气侧漏！

　　炒面是在平底锅里炒成的，那是个力气活，所以炒面的师傅一般都是大块头。一大坨煮至半熟的面条光是抖开它就不容易，还要拿着长长的竹筷和锅铲翻动它，炒匀它，让油与酱油滋润每根面条，最后等面条散发出一点点焦香，就大功告成了。不，还得抓几把菠菜放在锅底炒一下，浓油赤酱的炒面，顶着一只红嘴绿鹦鹉，肯定是挡不住的诱惑。对了，那时食油是很精贵的，师傅炒面时用一只小拖畚，在油罐里浸一浸，再在面条上抹几下，不是像今天煎生煎馒头，像水一样地倾盆而下。

　　即使油水不多，炒面还是一律叫做"重油炒面"，或者"重油菠菜炒面"。

　　卖炒面的店必定供应汤，鸡鸭血汤、咖喱牛肉汤、油豆腐线粉汤，都是炒面的黄金搭档。

老爸和我，两碗炒面，一碗汤。老爸为了省钱，自己就不喝汤了。我给他喝，他也不喝。炒面很香很鲜美，鸡鸭血汤也很香很鲜美，顾客涌进涌出，小小的店堂只放得下三张八仙桌，有人站在我们身边等位子，看我们吃。大汗淋漓的一次美食体验，值得一辈子记住。

出了店，我问老爸："为什么叫炒面大王？他是全世界最好的吗？"

老爸是工人作家，会写诗歌，写新民歌，经常在报纸上发表作品，赚点小稿费补贴家用。他告诉我："这个大王从解放前就叫了，炒面的人大约都称自己是大王吧。"

等于没说。但我又似乎懂了，这个世界上，炒面的人也不必自卑，是可以称王称霸的。

十年后，我在云南南路小吃街当学徒，认识了一个师傅，他是炒面的，正宗大块头，而且是光头，没有脖子，下巴倒有三道，走路时下巴一抖一抖的煞是有趣。每天下午他就要煮面条了。做炒面的面条是最粗的一种，煮的时间稍长一些。煮熟后，面条得马上用自来水冲凉，保持它的韧劲，然后分作大小适宜的一坨坨，摊在竹匾里，临炒下锅。

我喜欢听他讲旧上海的故事。他讲的所有故事，归根结蒂一句话：旧社会比现在好。他拿起一根煮熟的面条拉长，拉长，最后当然断了。"但是解放前我做生意的时候，面是用加拿大进口面粉轧的，拉到比这长也不会断。有劲道，炒出来的面当然好吃。现在你看，这面黑乎乎的，里面掺了不少六谷粉。六谷粉你懂吗？就是玉米粉，这东西掺在里面会好吃吗？"然后猛摇头，春花秋月何时了，往事不堪回首面条中。

师傅姓戴，老戴人缘蛮好的，炒面也是一把好手，老顾客看到他在炉子边摆弄，就会来吃一碗。他则说："急什么？再等等。"他要等锅里的面条所剩无几时才给人家装碗，因为这时的面条吃足了油水，还略有微焦，是最最好吃的。

有一次生意大好，食油居然用光，他心急慌忙从灶台下面摸出一瓶油浇在锅里，想不到顾客吃了当天就上吐下泻，送医院急救。后来一调查，原来老戴临时抱佛脚找出来的是一瓶桐油。桐油是用来刷木桶的，不能食用。这下子闯大祸了，老戴只得跟在领导后面去医院慰问病人，赔不是。这事要放在今天动静就大了，登报批评不算，还要赔许多钱呢。

从此老戴的名气更加响亮，人们走过他的炉前是这样打招呼的："老戴，桐油炒面！多炒点，大家吃了当神仙啊。"

当神仙，悠哉游哉，但在上海方言中的另一层意思则是"翘辫子"，所以老戴哈哈大笑："你先去吧，我后脚跟来。"

东新桥还有一家卖炒面的，号称"泥鳅炒面"。泥鳅怎么炒面？原来他定制的面条特别粗，像泥鳅一样粗，粗面条劲道足，打嘴。但面条越粗越不易炒入味，所以他敢打出这个旗号，想来身怀绝技吧。

现在有不少饭店也有炒面，但都用细面炒，浇头堆了很足，有肉丝、虾仁、香菇、干丝等，面条本身倒不入味，一般顾客过生日才会点来应个景。广帮饭店里还有炒粉供应，那是用米粉炒的，配料更讲究，急火快炒，讲究镬气。《舌尖上的中国》也拍到了广东炒粉，字幕上打出的是"镬"气，不过说成了"锅"气。

炒面的兄弟是两面黄，也是先将面条熟过，凉透后入油锅煎至两面黄，再炒一盆肉丝或虾仁浇头，兜头一浇，趁热吃，外脆里香，老少咸宜。两面黄以沈大成和王家沙最好，我以为。但现在两面黄也不行了，生意太好的缘故吧，来不及小火煎了，就干脆入大油锅炸，两面是黄了，油分也大了，不符合现代饮食理念。不过要求也不能太高，有两面黄供应，算是厚道人家了。一生气，两面不黄，中间又成了烂糊面，你对他也没办法。

来三两"葱开"！

　　上海的"面人口"是庞大的，为适应这个庞大的群体，全市小吃店一直在供应各色浇头面，比如鳝糊面、焖肉面、辣酱面、炸酱面、排骨面、双菇面、三丝面、素浇面等。最近几年苏州面馆在上海开了不少，熏鱼面和焖肉面是很值得一尝的。尤其是西北风一刮，一头扎进面馆，叫一碗焖肉面是理想的早点。面条细阔而有韧劲，面汤够宽，五花焖肉盖在面上，白花花的油脂如羊脂白玉一般凝冻，用筷子挑到面条下面稍微一焐，马上变得半透明了。不须咬，只消用嘴一吮，美味就直奔舌底。为了口福，我也不顾医生的警告，焖肉一来就是两块。苏州面馆在入冬后也有羊肉面应市，羊肉汤炖得浓浓的，切成薄片的羊肉做面浇头，味道极鲜。但我更爱吃白汤羊肉加羊杂碎，青蒜叶一撒，面一拌，香。还有一种羊肉面是红汤。红烧羊肉另盛一小碗，跟面一起上，有肉有骨有汤，咸中带甜。这种羊肉面被老吃客呼作"红羊"，若是羊肉有微辣，往往更可口。

　　但我对葱开面情有独钟。

　　葱开面是葱油开洋拌面的简称，一种点心有了简称，就说明它的历史悠久，民众认可度高。葱开面，首推城隍庙的湖滨点心店。在老上海的记忆中，至今还没有抹去。湖滨点心店在南翔馒头店隔壁，也是一幢黛瓦粉墙的明清建筑，曾是豫园的一部分，有一个典雅的楼名——鹤汀，后窗推开就是荷花池，与湖心亭隔水呼应。这里的葱油开洋拌面用的是定制的小阔面，在大汤锅里煮后仍有很强的韧劲，拌了店家熬制的葱油后就特别爽滑，弹性十足。开洋（北方人称虾米，粤港人称金钩）选用当年晒制的，够大，经黄酒浸泡后蒸发至软。葱油的熬制就别有一功了，青葱白和少许京葱白按比例投入油锅里熬，炉火不能过旺，得像小媳妇熬成婆似的慢慢熬，使香味恰到好处。每逢老师傅熬葱油时，窗外九曲桥上的游人都能闻到这股葱香味，遂有"湖滨葱开面，香飘九曲桥"的美誉。调料呢，取大虾米浸酒后与生抽一起煮透。这样的葱油与开洋调味汁拌了面吃，不鲜不香也难了。

　　由于湖滨点心店的葱开面出品道地，在上海老百姓中口碑极好，在此吃面

上海老味道

071

也是要排队的。老吃客进去吃面，言必称"葱开"。一说全称，就不算老吃客，会遭服务小姐白眼。有些人上班前特地赶到城隍庙吃了葱开面再奔单位挣他的饭票。我的一个亲戚，家住曹家渡，公司在外滩，每天一早骑着自行车来城隍庙吃了面再走，一年四季，无论刮风下雨，痴心不改，口味不变。我住在田林地区的那几年，也曾多次专程到湖滨吃葱开面配双档。双档——面筋百叶是也，此物容我另作介绍。有时赴黄浦区开会，宁可不吃早饭饿肚子，为的就是与葱开面来一次亲密接触，所费也不过十元出头一点，有干有湿，非常乐胃。但是现在湖滨点心店不供应葱开面了，我向豫园集团的领导也提过意见，没用。也许是游客太多，供应不及的缘故，也可能是做蟹粉小笼和蟹黄鱼翅灌汤包利更厚吧。

在家里我也经常做葱开面。外出开会或集体旅游，逮着机会我也会露一手，我做的葱油开洋拌面绝不输给正宗的点心店，事实上没有一个人吃剩的。做葱开面其实很简单，关键是葱要选得好，舍得用葱白，葱也不能太细，否则不香。开洋也要选大的，用上好的黄酒浸没，加白糖上笼格蒸透，然后加酱油味精调和。只是葱油虽香，熬的时候烟熏火燎，厨房里就像遭到美国飞机狂轰滥炸的伊拉克油田一样骇人，事后必定遭太太数落。

前几天读逯耀东的《寒夜客来》，里面有一篇文章专门谈到上海城隍庙的小吃，作者与太太在上世纪90年代初寻访美食于此，吃了南翔馒头，发觉"馒头色呈褐灰，心想卖相不好味道好，夹了一只送入口中，皮厚粘牙，馅粗有筋皮，但却无汁，距原来南翔小笼的体形小巧，折褶条纹清晰，皮薄又滑润，入口不黏牙，馅多卤重而味鲜的标准，相去甚远"。吃了两只，这位台湾美食家又转到隔壁的湖滨点心店，叫了一碗葱开面，先是抱怨一通桌子上留有油迹，后来又抱怨面里找不到一只开洋，并表示"比我自己做的火腿开洋葱油煨面，是不可相提并论的"。

逯先生的煨面做得好，那是他的本事，不妨自夸，但他在城隍庙寻访美食的时候，正赶上上海饮食业大举振兴之时。城隍庙的美食在十年动乱时也没怎么离谱，百废待兴时一定更加兢兢业业，南翔馒头皮厚肉少绝对不可能，我在这个时间段也是多次往访品尝的，断无此事。至于葱开面没有一只开洋，也不可能。服务员跟你没有仇，不会捉弄你这个台巴子的。我认为逯先生对大陆还是有成见。

不过今天湖滨不再供应葱开面，则叫我哀其不幸，怒其不争。前几日又特地赶去吃面，食单上依然不见葱开面的影子，只有肉丝炒面。炒面我是多年不吃了，就要一盆来尝尝。上桌后用筷子一挑，一丝热气也没有，再一尝，简直是酱油里拌一下而已，根本没有炒过，而且有一股生油的腥味。过去街头小店供应菠菜炒面，虽然价廉，做得一点也不马虎，炒好的面上盖一株碧绿的红头菠菜，看着开胃，面条中总有几根带一点焦黄，嚼起来有劲道，还透出香味，菜油也是事先熬过一遍的，断无油腥味。湖滨如此炒面，不仅糊弄了顾客，还大大辜负了窗外九曲桥下的一泓碧水。

城隍庙里过去还有两面黄供应，加上现炒的浇头，是典型的上海点心。现在游客多如过江之鲫，两面黄油煎起来颇为费时，只怕游客等不起，店家也耗不起，这道风味遂成绝响。

还有一次我和太太在淮海中路上一家点心店里发现有肉丝两面黄，马上叫了一盆。等上来一看，面的表面和边缘一点也不黄，更谈不上脆了，简直是油煎烂糊面，吃了几口就没有勇气坚持下去了。倒是左近雁荡路上有一家味香斋面馆，一开间门脸，挤满了小桌子，这里供应的麻酱拌面已有几十年历史了。银丝面骨子较硬，上浇麻酱、辣油、酱油，拌匀后每根面条上都沾上了调味，香辣鲜俱全，再配一小碗牛肉汤，不过六元钱，比湖滨十元一盆的肉丝炒面好多啦。不少老上海都在这里吃早点，门口一溜的自行车就说明了一切。

上 海 老 味 道

老大昌的碎蛋糕

每个人对故乡的美味总怀有难以磨灭的记忆，上海人大约更是如此，生煎、小笼、小馄饨、烘山芋……构成了上海人的味觉档案。当年知青回沪探亲，扔下积满尘土的行李就直奔弄堂口吃四两生煎，海外老华侨下了飞机也急着找烘山芋一解乡愁。对，还有奶油蛋糕！我一直固执地认定：奶油蛋糕当数上海最好。

在我小时候，奶油蛋糕自然是一份盛宴，难得一尝。一般家庭平时不会买一只来分而食之，非要等客人拎着它隆重登门，才有染指的可能。生日？能吃上一碗排骨面就很满足啦。所以，奶油蛋糕的存在价值首先是作为礼品流行于民间。

彼时，蛋糕还分鲜奶油、奶白和麦淇淋三种。前者最好吃，但一般食品店不常供应。后者最次，色相与味道均逊人一筹，但价钱便宜。奶白最为普遍，经济实惠，裱花也一样具有巴洛克风格，最难忘是那种毒药般的甜度，可以让你浑身发抖。奶白蛋糕还有一个致命弱点，北风呼号的日子，华丽的裱花就发硬开裂了，吃进嘴里味如嚼蜡。这三种蛋糕统称奶油蛋糕，在食品店的柜台里高高供着，构成了令人垂涎的风景，一到过年，它们身价倍增，成了紧俏商品。

奶油蛋糕要数老大昌、哈尔滨、喜来临、凯司令、冠生园等出品最佳，新雅、杏花楼等广帮饭店也不差，退而求其次，是老大房、利男居、高桥等专做糕饼的厂家。三十年前，抢购奶油蛋糕的情景绝对令人发噱，一手高举钞票和粮票，一手抢夺蛋糕。我亲眼看见一个时髦女郎抢了一只超大蛋糕挤出人群，整理鬓发之时，因绳子没扎紧，蛋糕啪的一声掉落在地，而且应证了西方一句俚语：蛋糕落地，总是有奶油的一面朝下。

轮到我自己做毛脚女婿时，曾为买一个奶油蛋糕，托人踏着黄鱼车到静安寺凯司令（当时还没恢复原名）去开后门，整整一下午我都在斗室窗前来回踱步，直到月上树梢才等来佳音，这个过程充满了悬念。

上海的奶油蛋糕最好，最好中的最好，应为老大昌。是的，这里有个人感情的倾注。我们读中学时，按照最高指示的要求须学工学农学军，有一年我们就在老大昌劳动。老大昌系旧名，"文革"中更名为红卫食品厂，车间在斜土路，我们被安排在二楼包装糖果，旁边就是一条糖果生产流水线，一阵奶香，一阵果香，熏得我们这班穷小子晕头转向，垂涎三尺。不久我与另一名女同学被安排到淮海中路、茂名路转角上的门市部参加劳动，不是当营业员，而是借了蛋糕车间一隅，给一部自动糖果机描图纸，具体的地址就是在今天的古今胸罩店旁边一条石库门弄堂里。描图纸是一件费眼费神、枯燥乏味的差事，我虽然情窦初开，但与那个做事说话一板一眼的女同学没有任何感觉。好在这里有一个谢了顶的老师傅在搅拌奶油，于是阴冷的房子里总是膨胀着甜腻的气息。老师傅早年在日本学习制作西点，他与偶尔登门的同事打打闹闹玩笑时会冒出几句日语，然后大笑。

老大昌是上海人信得过的老字号，据说最早由法国人经营，这一点在车间遗物中也得到了证实，我发现几只奖杯式的糖果瓶上就刻着我看不懂的洋文或长翅膀的小天使，一生气将玻璃盖子扔出几米远，它在墙角滴溜打转几下后居然毫发无损！一直堆到天花板上的纸质蛋糕盒子也是五六十年代订制的，我拉过一只一屁股坐上去学小和尚盘腿打坐，咿，坚如磐石啊。

我最喜欢看老师傅搅拌奶油，在一只铝桶里加鲜奶，加糖浆，加香精，如果拌的是蛋白，则将鲜奶换成蛋清，投料后塞到搅拌机下面匀速搅动，一刻钟后，它们就起泡了，泡沫慢慢顶到桶口，像制造了一场小规模的雪灾。老师傅用食指勾了一小撮抹在我腮边，温热的甜蜜。

吃过午饭有半小时休息，我就溜到门市部的工场去。工场设在店堂后面，是个放屁都无法转身的地方。看师傅裱蛋糕很有趣，两大块比报纸还大的蛋糕毛坯，中间抹一层奶油，合为两层，拿过一只秤盘覆在上面，用刀分割成六只正圆坯子。坯子放转盘上，表面与周边用奶油"上底色"，再将奶油填入一只布袋，从顶端的铜头子里挤出来时即呈花柱状，一抖一颤地给蛋糕裱花边。换一种浅绿色奶油裱叶子，决定成败的大概是做花，用蛋糕的碎屑搓成一只只"宝塔糖"，用浅红色奶油一瓣一瓣裱上去，比真的玫瑰还好看。花朵做成了就用镊子栽到叶子中间，蛋糕的空白处则用融化的巧克力裱四个字："节日快乐"，一律龙飞凤舞，也不管这天是否国庆或春节。一只蛋糕卖一元三角，六两粮票，每天下午三点蛋糕上柜，生意相当不错。

我在那里学会了裱花，做出来的玫瑰花与师傅做的也有几分相像，师傅忙不过来时就像模像样上场啦。有一次我突发奇想，在一小桶鲜奶里加了一点红，一点黄，希望调成橙色的，想不到色素与奶油的关系比调水彩颜料复杂得多，裱成的花朵像遭到了风霜的催残，"橙色革命"一败涂地。所幸师傅总有办法，找来一只打滴滴涕的玩意儿，调了一小罐纯红的色素液，喷在花蕊上，造成渐变效果，花朵立马有了精神，活转来了！这一天的奶油蛋糕在一小时内全部卖光。

奶油蛋糕我吃不起，但做蛋糕剩余的边角料允许开后门，两角一斤。我时常用饭菜票买一包回家，师傅还挑奶油多的给。出了门市部，先往嘴里扔一块，口腔内涌起如潮的口水。淮海中路上行人如织，梧桐树枝已经暴出鹅黄色的嫩芽，对面国泰电影院正在放映一部阿尔巴尼亚电影，散场后的年轻人穿过马路向老大昌走来，苍白的脸上写着欢悦与憧憬。

——那只蛋糕是我裱的花，字也是我写的，这一回我写的是"祝你幸福"！我窃笑着，朝家的方向快步走去。

"金中"的那一缕咖啡香

　　或许是曾经生活在租界的缘故，哪怕是祖孙三代挤在逼仄的亭子间里；或许是曾经从黑白电影里看到的情景，哪怕是对金焰、王人美、赵丹等影星的拙劣模仿。上海人对小资生活方式的追求，即使在"四海翻腾云水怒"的年代，都没有放慢过脚步。想起来了吗，朋友，你是否将军装的腰身收收小，凸显豆蔻年华应有的优美身材？你是否将藏蓝色咔叽中山装的纽扣剪掉，换上刺眼的橘黄色海员制服纽扣？你是否在布面的风雪大衣的领子上配一个自己编结的绒线领子，看上去仿佛平添了几分富贵人家的气息？你是否看了阿尔巴尼亚或罗马尼亚的电影，将自己的头发烫成爆炸式，将绒线衫结出"绞里棒"花纹……可爱的上海人啊，短缺经济时代的生活未免寒酸，但你们的心态总是那么乐观。

　　我想起了喝咖啡。那个时候，食品店里的罐装咖啡总是躲在角落里，蒙上厚厚一层灰，谁要是前去询价，营业员便会警惕地打量你几眼。如果在家里烧小壶咖啡，那可得当心了，房门必须关紧，窗帘必须拉上，就跟李白同志向延安发电报一样紧张。但是咖啡的香气总会穿过门缝，让邻居老太嗅到。"哼，又在追求资产阶级生活方式了。"

　　好几次，海上书法名家陆康跟我聊起著名画家谢之光先生，他说谢先生不会饮酒，有些回忆文章说他善饮，那是瞎说，但他喜欢喝咖啡。"文革"期间陆康就陪谢先生去中央商场喝过几次咖啡，那里以出售廉价小百货和日用品维修著称，大楼外面有一条长不足500米的沙市路，小吃摊店云集，烟火气极浓，除了大饼油条鲜肉大包阳春面，居然还有咖啡！咖啡是用铝壶烧的，客人坐定，服务员就倒在玻璃杯里，加了糖后用筷子搅拌，卖一角一分一杯。有些属于死老虎的"遗老遗少"经常去喝，顺便会会朋友，打听打听消息。天气好的时候，一老一少就坐在长条凳上呷一口，表面悠闲，内心沧桑。内急了，谢之光就转身来到小摊头的芦席棚后面，四面看看没人，就解开裤裆"嗞"地一下解决问题。老顽童回到座位上，一脸恶作剧表情。

　　有一次陆康陪谢之光在中央商场喝了咖啡后一起坐电车回家，谢先生在摸钥匙开门时，从兜里带出一枚硬币，叮叮咚咚滚得无影无踪。石库门房子的楼梯口简直暗无天日，陆康俯身去找，被他一把拖住："这只角子滚落了，是它的造化，再说它让你听到这么好听的声响，你还有什么不满足的吗？"

后来我才知道，虽然革命形势永远大好，但物资供应总是相当紧张，为了落实"发展经济，保障供给"的最高指示，饮食公司将咖啡也列入常年供应的品种，而且这样的网点多半设在旧社会的法租界和英租界，闸北、普陀、杨浦等区是没有的。比如我老家附近就有两家饮食店一直供应咖啡。

一家在金陵中路柳林路口，招牌上的名称叫金陵中路食堂，简称"金中"，这家点心店常年供应生煎馒头、小馄饨、鸡鸭血汤等小吃，夏天供应糟田螺、冷面和咖喱牛肉汤等。他家的糟田螺是一款令人难忘的美味。我常常看到师傅们将柏油桶改装的炉子抬到人行道上，架起一口大铁锅煮田螺，铁锅里浮着几块槽头肉，像老上海所说的"余江浮尸"，墙脚边有几个女学徒在嘻嘻哈哈地剪田螺屁股。大约在上世纪70年代初，小壶咖啡的香气夺门而出，逗得路人脚也软了。我有时从它的店面门走过，那阵突然逸出的咖啡香真的很馋人。

一杯清咖一角一分，盛在平时家里喝开水的玻璃杯里。下午两三点钟的光景，老克勒和老阿姨来了，每人要一杯咖啡，用一把铝质的小勺子轻轻搅拌，有一搭无一搭地聊着天。我坐在旁边一张八仙桌上吃糟田螺或冷面，他们喝他们的咖啡，表情不会大起大落，这是与酒鬼的本质区别。他们是无聊的，慵懒的，略带伤感的，突然又会闪过一丝神秘的表情，这表明他们在谈论敏感话题，比如某市革会头头与跳《白毛女》的演员有了故事，或者"九一三"事件。

店堂最里面的两张八仙桌是属于他们的。

"文革"结束后，这两张八仙桌敏感地体现了风尚的变化，老克勒、老阿姨们翻起了"很懂经"的行头，西装、领带和尖头皮鞋就在箱底下压着，拿出来刷一刷，一套就出门了。

"金中"的对面是一家新华书店，当时重版的外国名著要排队买，一次我排了一小时的长队买到了托翁的《复活》和高尔斯华绥的《福尔赛世家》，为了小小地庆祝一下，我就走进"金中"要了一碗冰冻绿豆汤和一盆冷面。旁边一位守着半杯咖啡的老克勒眼睛一亮："小阿弟，《福尔赛世家》蛮有看头。"我有点不屑地看他一眼，心里想：你也看过三大本《福尔赛世家》？这位秃头微微一笑："我在圣约翰读书的辰光就看过啦，这个辰光你还没有养出来呢。"一桌子喝咖啡的人都笑了起来，弄得我很恼火，几乎被一口冷面噎住。

另一家也供应咖啡的点心店在淮海中路、马当路的转弯角子上，早上有豆浆、油条、粢饭，中午、晚上有馄饨、面、生煎等，下午供应咖啡。价格、盛器、环境甚至老克勒、老阿姨的眼神都与"金中"一样，这家店被叫做"马咖"。"马咖"比"金中"听上去更加洋派。

　　现在这两家店都烟消云散了，前者的原址上建起了金钟广场，后者的原址上建起了瑞安广场，它们是商业街上的两颗耀眼的钻石，在中央商场以及"金中"、"马咖"孵过的人怕已是垂垂老矣。不过他们在上岛、真锅、星巴克等新一代咖啡馆面前，足可保持一份老前辈的骄矜。

八仙桌上的青花大碗

泡饭和它的黄金搭档

　　在上海人的食谱中，泡饭的定义很简单：隔夜冷饭，加热水煮一下，或者用开水泡一下，即食。有人从这个定义中读出了一个潜台词：寒酸。没错，上海人曾经寒酸过，但寒酸并不是上海人的错。相反，在上海人的记忆中，泡饭充满了温馨的细节，甚至可以说，一碗看似平淡无奇的泡饭，铸就了上海人的集体性格。

　　泡饭具有极强的草根性，是寒素生活的写照，是艰难时世的印记，但它与奶油蛋糕构成了一枚银币的两面。

　　银币的比喻，一定会招至外省人的讥笑：什么银币！充其量也只是"货郎与小姐"吧。其实，早就有人以泡饭为题嘲笑上海人了，比如梁实秋在《雅舍谈吃》这类文章中就写到，有一次他到上海投宿一位朋友家，早起后朋友请他与一家数口吃泡饭，四只小碟子，油条、皮蛋、乳腐、油汆花生米，"一根油条剪成十几段，一只皮蛋在酱油碟子里滚来滚去，谁也不好意思去撚开它"。上海人的寒酸，被梁实秋一笔写尽。不过，要是梁老前辈在世的话，我倒要告诉他：端出四只碟子来吃泡饭，排场相当隆重呢！放在今天，上海人请你下馆子是毛毛雨，请你在家里吃，并由老婆大人素手作羹汤，关系就进了一层，要是再请你吃碗泡饭，那就是铁哥们了！梁公，有呒搞错！

　　吃泡饭，并不是上海人的主动性选择。上海在从小县城向大都会快速膨胀的过程中，导入了大量移民，移民的涌入推动上海告别农耕社会，进入工业社会。在江南农村，像我的家乡绍兴，早上是吃干饭的，上海郊区的农民也是忙时吃饭，闲时吃粥。而在上海城区，工人阶级一大早赶着去轧公共汽车上班，根本没有时间烧饭熬粥，大多数弄堂房子里也不通煤气，老清老早生煤球炉不仅麻烦而且浪费，那么当家主妇就会前天晚上多烧点饭，第二天早起开水一泡，让一家老小匆匆忙忙扒几口，嘴巴一抹出门，该上班的上班，该上学的上学。

　　当然，上海的工人阶级也可以到街头巷尾叫一碗阳春面，叫两客生煎馒头，或者买一副大饼油条再来一碗热乎乎的豆浆。但事实上，还是吃泡饭的日脚多。

像周立波在脱口秀里所说的一根筷子串起十根油条的豪举，确实值得在弄堂里秀上一把。

隔夜冷饭直接吃，既伤胃也伤心，在秋冬天里必须煮一下。再讲上海人虽然穷，也不会吃冷饭团，那是瘪三腔。煮过的隔夜冷饭变得又软又烫，一碗入肚，浑身热融融。在夏天，冷饭可以不煮，开水一泡也相当烫嘴，米粒颗颗分明，入口无比爽利。我要说明的是，冷饭一泡就吃，最好是大米饭，黄糙糙的籼米饭还是要煮一下再入肚。所以在计划经济时代，上海自有一套生活密码，吃开水泡饭是值得小小夸耀的。那个年代，上海居民每人每月只有8市斤的大米定量，余下的定量只能买比黄脸婆的脸色更不招人待见的籼米（上海谓之"洋籼米"），谁家若是天天吃开水泡饭，要么他们家人人有只打不烂摧不垮的铁皮胃，要么他家有路道搞到计划外的新大米。

彼时上海人家烧饭都用一口钢精锅，煮开后收水，最后小火烘干，这个过程会产生一层薄薄的锅巴，上海人谓之"饭糍"或"镬焦"，烧泡饭的冷饭中带几块"镬焦"，特别香，也有助消化。

接下来我要说，泡饭之所以成为美食，是因为有过泡饭的小菜，上海人的花头经就出在这里。过去上海几乎每条小马路都有一两家酱油店，旧时称作"糟坊"，店里有酱菜专柜，玻璃格子内琳琅满目，走近，一股咸滋滋的香味扑鼻而来，这就是酱菜香。萝卜头、大头菜、什锦酱菜、白糖乳瓜、崇明包瓜、糖醋蒜头、子姜片、乳腐、醉麸等，还有一种螺蛳菜，长不盈寸，中有螺纹，小巧玲珑，微胖而一头略尖，像上海人爱吃的小江螺蛳，咬口极脆，是酱菜中的小精灵。白糖乳瓜是酱瓜中的"白骨精"，家里有人生病了，胃纳差，才会买点来过粥。每斤九角六分，经常吃是败家子行为。上海人家吃得最多的还是乳腐，豆腐发霉长毛后实现华丽转身。这一家族分红白两种，方方正正，表面沾有点点酒糟，酥软鲜香，老少咸宜。还有一种玫瑰乳腐，腌制过程中加入大量玫瑰花瓣，花香袭人，售价每块一角，而当时食堂里一块炸猪排也只卖一角，这也正应了一句老话——"豆腐肉价钿"。有一次我跟弄堂里的年长朋友登上一条海轮去看望他当了国际海员的同学，在船上蹭了一顿工作餐，每人一客饭菜，三荤两素，但更让我张口结舌的是每张桌子的中央放了一大盘玫瑰乳腐，无限量供应，当即起了坏心，想带几块下船。玫瑰乳腐在我家不常买，父亲偶尔买来后必定撒白糖、浇麻油，算是改善伙食，但每次都要被节俭的母亲数落一顿，弄得他好生没趣。当然，争议最大的就是臭乳腐，能吃臭乳腐者，必定能吃法国起士。我就是臭乳腐控，臭乳腐上桌，鱼腥虾蟹统统退居二线。后来吃到起士，别人视为畏途，我赛过老鼠跌进白米囤，哪怕味道最冲的蓝纹起士，抄起来就是一大块，法国人见了也甘拜下风。与乳腐异曲同工的是醉麸，也是用豆制品烤麸发酵后做成，切成小方块，加花椒盐、加白酒，酒香沉郁，价钱不便宜。现在有厨师用此物做菜，别饶风味。

在我读小学的时候，街头还留有一种简易小木屋，酱菜专卖，台板上整齐排列一只只钵头，上面盖一块厚玻璃，走过路过，就会带走一丝香气，每天早饭、午饭、晚饭准时开张。当时上海人吃泡饭是一种常态。

上海人午饭、晚饭也会吃泡饭吗？吃！有白米饭吃就很不错了！

后来生活改善了，首先在过泡饭的小菜上体现出来。除了酱菜，咸蛋、皮蛋也是泡饭的良朋益友，皮蛋以有松花者为佳，咸蛋以高邮出品者为上，夏天吃最爽口，磕出小洞，筷头一戳，红油吱地一下喷出来，好比打出一口微型的油井。什么叫幸福？这就是！上海人还会自己做点过泡饭的小菜，比如干煎暴腌带鱼、干煎暴腌小黄鱼，还有一种骨刺很多、身板极薄的黄鲏，油炸至两面金黄，连骨刺一起嚼碎，满口喷香！祖籍宁波的上海人家还喜欢吃龙头烤，此物就是今天在饭店里现身的九肚鱼，半透明，肉中含大量水分，中间穿一条龙骨。渔民收获后下重盐晒干，送到上海南货店里出售，油炸，极咸，手指长一条即可送一大碗泡饭。油氽花生米也是过泡饭的恩物，又是很好的下酒菜，上海人就此送它一个美名：油氽果肉。对了，花生米还可以与苔条一起炸，俗称苔条花生，那是相当高级的了，上酒席也很有面子！蚕豆上市了，剥出碧玉色的豆瓣，温油氽过，撒盐，松脆，滋润，过泡饭一流。

日子继续好过，就吃起了咸鲞鱼蒸肉饼子。去南货店挑一条身板硬扎一点的咸鲞鱼，斩成头尾两截，加猪肉糜一小饼，讲究点的再敲一只咸蛋，旺火蒸透，筷头挑开，有说不出的鲜香。泡饭搭档，此物当列前三甲。咸鲞鱼我喜欢吃"三曝"，邵万生里的货色最佳，三腌三晒，费时数月，售价是凡品的三四倍。肉色桃红，肉质微腐而不烂，是咸鱼的最高境界。至于宁波人须臾不离的清风鳗鲞、黄泥螺、醉蟹、醉螺、蟹糊、虾酱等，口味一个比一个重，均是绑架泡饭的"黑手党"。

能干一点的主妇还炒一些时令小菜犒劳家人，春天，笋丝炒肉丝加点豆腐干丝，莴笋上市时，凉拌莴笋浇麻油，生鲜而松脆。夏天胃纳稍差，榨菜肉丝就是开胃良方。秋天萝卜干炒毛豆子，毛豆子要炸至皱皮，萝卜干以浙江萧山出产最佳，切丁共炒，再淋一点点酱油，加一小勺白糖收汁，吃时咕叽咕叽响，令人欲罢不忍。冬天新咸菜上市，炒肉丝冬笋丝，鲜爽清香……

今天，上海人的早饭有N种选项，可以吃生煎、吃小笼、吃小馄饨、吃菜肉汤团、吃锅贴、吃面筋百叶汤配烧麦、吃咖喱牛肉汤配葱油饼、吃鸡粥配白斩鸡、吃葱开面配鸡鸭血汤、吃焖肉爆鱼双浇面、吃全麦面包、吃鲜奶蛋糕、吃……或者像周立波那样一口气买十根油条，但泡饭是永远不能背叛的。小时候特别馋，盼望过年吃大鱼大肉，初一早上吃宁波汤团，初二早上吃八宝饭，初三早上吃糖年糕，到了初四早上就吵着要吃泡饭了，这就是泡饭的魅力！早些年，有好几次我跟同事去旅游，坐在火车上，一路上那帮叽叽喳喳的上海女人，居然将数大盒冷饭带上车厢，饭点一到，开水一泡，再掏出几包榨菜，那还了得！大家扔掉面包蛋糕，抢来吃，十分乐胃。有些人很早出国留学，牛奶面包总吃不惯，回国探亲最想吃的就是一碗泡饭。有些大老板身价数亿，有时候还会叫保姆用开水泡碗冷饭解解馋。这是上海人的味觉基因。

虽说今天已经到了吃啥有啥的好时光，但上海人还是守住了吃泡饭的底线。吃泡饭不宜上大荤，不宜浓油赤酱，不宜汤汤水水，像干烧明虾糖醋鱼，走油蹄髈咖喱鸡之类都不适合。泡饭有自己的朋友圈。过泡饭的小菜应该简约清洁、干脆利索，以咸鲜味为主，这才能将米饭香衬得清清白白。如果要我列举泡饭的十大黄金搭档，按个人的嗜好程度应该是：油汆果肉、咸带鱼、咸鲞鱼蒸肉糜、乳腐、清风鳗鲞、咸蟹、咸蛋、油条、毛豆子炒咸菜、萧山萝卜干炒毛豆子。若有遗留者，请多多包涵！作为一个被泡饭喂大的上海男人，在此先鞠躬致歉！

最后我要告诉大家，我有一个朋友，入行四十年的糕饼师，在烘焙协会举办的各种赛事上摘金夺银，横扫一切，其气概不亚于当阳桥头的赵子龙。他做的奶油蛋糕无论巴洛克风格还是魔幻现实主义，都赏心悦目，吃口温雅，令人销魂，连法国、日本同行都要敬他三分。有一天我问他早上最喜欢吃什么？这位吃遍全球的糕饼师斩钉截铁地蹦出俩字："泡饭！"

看，泡饭造就了最好的奶油蛋糕！

咸酸饭

　　上海是一座移民城市，但在饮食这档事上，受本地土著影响无远弗届。所谓土著，一般指川沙、南汇、松江、青浦一带的原住民，而一水之隔的崇明就略显疏隔。在城市化的进程中，他们的饮食习惯还顽强地保留着，比如我太太祖籍在川沙，平时炒个青菜吧，也要放点酱油，等我大惊小怪时，她好像又突然明白过来。过去她家里炒青菜就是这样的，习惯了。再比如百叶包肉，川沙人俗称"铺盖"，城里人是白烧，他们习惯红烧，还要改刀上桌。真拿她没有办法。我跟她说过不止一次，鱼肉红烧无妨，蔬菜若放酱油，何以获得碧绿生青的色相？

　　我太太还将菜饭说成"咸酸饭"，还说川沙人一直是这么叫的。

　　菜饭在江南一带城乡，应该是家常的。春雨初晴燕双飞，菜畦新绿笋出泥。寡淡地等了一个冬季，自然希望亲近乡野的香蔬，于是割来水淋淋的青菜，在河边洗清，切小块，旺火快炒一下，再下淘洗过的大米，旺火转小火，大半个钟头就可煮成一锅菜饭。开盖一看，白的饭粒，绿的菜叶，黄澄澄的菜籽油渗透进了米粒与菜叶，那股香气实足而率性，真正的农家风情，若是切些隔年的咸肉丁，味道更好。用蓝边大碗堆得山高，可以连尽三碗。再过几天，菜苋（沪语音ji）新割，就可用菜苋做菜饭。此菜汁液充盈，帮子少而薄，菜叶就格外软糯，还有一股俊朗的香味。

　　再过几天，蚕豆成熟了。天啊，蚕豆是我的性命，但此时的蚕荚里的小豆豆们还水嫩着，宜旺火急炒，加葱花，图的是豆香。等到差不多落市了，豆荚生出点点黑斑，就剥成新豆板，加少许青菜和咸肉丁烧成豆板菜饭，那个滋味等于为温暖的春天做一次圆满的小结。

　　新秋芋艿上市，小颗芋艿子去皮后与青菜一起煸炒，烧成菜饭也有另一种香软味，窝在饭里的芋艿稍有弹牙，食之有清香。冬天莴笋时鲜，可以摘了莴笋叶，用粗盐抹一下去青涩味，烧成的菜饭有一丝丝不令人讨厌的苦味，其味不俗。

　　一年四季，菜饭都是受欢迎的。所以在有些饭店里，菜饭长销不衰，慢慢形成了专卖特色。比如云南南路上曾经有一家，环境简陋，生意却一直兴旺，一个市头要烧两三大锅，还有排骨、大肉、辣酱、素鸡、老卤鸡、素什锦等浇头。福州路上的美味斋是老字号，以菜饭立身扬名。米粒清晰、菜香浓郁，浇头品种丰富，红烧排骨、红烧猪脚、八宝辣酱最为经典。满满一碗菜饭，两大块猪脚，兜头再浇一勺肉卤，色香味都有了，再配一碗肉骨黄豆汤，吃完摸摸肚皮，相当结实。平民的生活是容易满足的。

菜饭要烧好其实不容易，大米要选涨性不大的那种，新米更佳，以获得弹牙的嚼劲。青菜要保持碧绿生青，最好还能有一点点脆性，蔬菜的香气就能在鼻尖萦绕。咸肉肥瘦兼顾，能带薄皮当然更考验火功。有人喜欢加香肠，我也不反对，但广式香肠有甜味，川式香肠有麻辣味，都会扰乱菜饭清鲜爽口的感觉。还有人放胡萝卜，也可能冲突本味。过去青菜供应紧张，有些饭店用卷心菜滥竽充数，味道就不对，因为卷心菜有老熟的甜味。

那么菜饭为何叫咸酸饭呢？事实上它并不酸啊。这个问题我太太一直回答不出来。

对了，浦东的老阿奶还会用粗盐擦过的草头做一种菜饭，香得有一点点野性。有时还会用腌过的金花菜做。这样的话，金花菜带了一点暗黄色，卖相不好味道特别，金花菜带一点点沉郁的酸味，很开胃。这也许是咸酸饭的由来吧。还有一次我吃到了用马兰头干烧的菜饭，带了几块又脆又香的饭糍，味道绝对乡土。

还有一点须强调，烧菜饭最好用农村的柴灶，灶膛里塞一块硬柴，火头旺，力道大，一会就开锅了，收火时改用小火焖，让锅底结成一大块薄薄的镬焦，那么这锅饭不香也难。现在大家都用上了电饭煲，烧菜饭只能"神与貌，略相似"了。

前不久在浦东一家饭店里，意外吃到了久违的浦东菜饭，米粒清晰，富有弹性，咸肉与菜的香味恰到好处，配一碗熬得浓浓的肚肺汤，顶饥解馋，经济实惠。据老板介绍，他们烧菜饭自有一套，秘诀在于青菜之外，再加鲜肉与咸肉。鲜肉丁中的肥肉丁先入锅煸炒使之走油结壳，再加瘦肉丁和青菜，煸透后加事先浸泡两小时的大米，大米选用江苏射阳所产，最后加入咸肉丁一起旺火烧，饭焖透后浇一勺香喷喷的猪油拌匀，致米粒温润如玉。

一大碗菜饭才卖九元，诚为暖老温贫的惠民措施。补充一句，菜饭一顿吃不完，隔夜一早加水煮成菜泡饭，也是上海人的至爱。如果带了一点半透明的饭糍，烧软后味道更香，大家抢来吃。

同门兄弟一道炒

研究上海方言的专家们都在收集童谣，不知有一首童谣听说过没有："炒——炒——炒黄豆，炒好黄豆炒青豆，炒好青豆翻跟斗。"同时还要辅以动作，两人一组，面对面手拉手，边唱边大幅度摇晃，唱到最后一句顺势将身体翻转过来，要求双方四只手继续拉牢，谁先松手算输，通常情况下没有一对玩家能坚持到底的。于是在嘻嘻哈哈中散伙，进入下一个轮回。

童谣虽然大多是无义的，但也是现实社会和儿童心愿的映射。上面这首童谣极具喜感，因为它涉及食物，无论炒黄豆还是炒青豆，哗啦哗啦的声响以及随之而在石库门弄堂里飘散的香气，都是令人垂涎三尺、难以忘怀的，也是值得为之翻一翻跟斗的。

我们家里炒过黄豆，那是在青黄不接的春季，菜场里的蔬菜供应不足，得很早就去排队，排队也不一定买得到，甚至每户得凭户口簿获得有限的配额。这时妈妈就会从缸里舀出一大碗黄豆，洗净，沥干，投入铁锅里炒至喷香微焦，空口当零食吃，嚼起来咯巴脆，香气扑鼻，但妈妈只能给我一小把，因为她接下来要将炒熟的黄豆在石磨里磨成黄豆粉，拌了盐就可以当菜送饭送粥了。一大早，妈妈烧好一锅粥，筷头粘上一点黄豆粉，吮在嘴里很香很香，很快就将一碗粥喝完了，暖洋洋地上学去喽，我不知道妈妈在身后望着我远去的背影叹息呢！

黄豆粉拌盐还有一个很幽默的名字：福建肉松。

青豆是小豌豆晒干后的形态，它是奢侈品，不常进门，若有，也须在水里浸泡一夜使之发软，沥干后炒熟，加盐，搁小碟子里成为佐茶小食，与青浦朱家角的熏青豆有异曲同工之妙。不过我们家连最次的茶叶也经常断档呢，哪有钱炒青豆？

经常炒的是麦粉和米粉。炒麦粉很简单，就是用小麦粉炒熟，拌上白砂糖，冷却后存在瓶子或铁皮箱里，吃时舀两勺在大碗里，沸水一冲，用筷子急速顺时针搅拌，眼瞅着它慢慢涨发成厚厚的糯糊状，吃起来满口香。放学后喊饿，妈妈就冲一碗给我点点饥。炒米粉稍许复杂些，大米洗净晾干，在锅里炒熟，呈微黄色，冷却后在石磨里磨成粉，但不必太细，带点粗糙的颗粒更佳。吃时也用沸水一冲，加糖。因为它的原材料是大米，涨性更足，口感更佳。我家邻居老太太还发明一种吃法，她小心收集起橘子皮，在煤球炉的炉膛里烘干后加在炒米里一起磨粉，这样的炒米粉冲开后就有一股香味。

炒麦粉或炒米粉，在上海人的口中，一律叫作"炒马粉"。这个"马"字没有另解，就是"麦"字。

还有一个邻居大叔参加过抗美援朝，跟邱少云还是一个师的，他跟我说："炒米可了不得，为抗美援朝立了大功。我们那时在雪地里打埋伏，一天一夜不能动，飞机在头上飞来飞去，你若一动他就扔汽油弹。饿了，吃一把炒米吃一口雪，天亮后军号一响，几百个人从雪堆里跳起来冲啊，硬是把美帝国主义打到三八线后面去。"

我妈有时也会奢侈一下，在炒米粉里加入黑芝麻粉，一冲，不仅香气浓郁，吃口也好多了。我们读中学时要下乡劳动，家长担心孩子吃不饱，就会准备一袋炒麦粉或炒米粉塞在行李袋里带走。其实到了农村，无论男生还是女生，饭量都出奇地大增，要吃满满一饭盒呢，挺个四五小时不成问题，所谓肚子饿，其实就是一个"馋"字。晚饭吃过，看过星星，吹过牛皮，偷偷地抽过香烟，三三两两回到寝室里，打开行李袋翻出炒麦粉或炒米粉吃。这情景，夜色温柔！

捱到下乡劳动结束，回上海的前夜，大家兴奋得横竖睡不着，突然想起行李包里还有存货，便一骨碌钻出被窝，每人将自己的炒麦粉或炒米粉统统倒在一个洗脸洗脚通用的搪瓷脸盆里，一热水瓶沸水飞流直下三千尺，搅成混合式糨糊。草屋里没有桌子凳子，七八个饿死鬼就跪在乱哄哄的草垫子上，围着脸盆大开杀戒。突然门被一脚踢开，是班主任来查房了。"老师，来一口吧！"班主任眼睛一瞪："看你们这副吃相，简直就是一群猪猡！"

骂归骂，他还是一把夺过我的汤勺在脸盆里挖了一勺吃："吃了就睡啊，明天一早六点钟就要集合，谁要是赖被窝，我就来拔萝卜！"

吃到脸盆见底，汤勺刮了再刮，舌头舔了再舔，心满意足地熄了油灯放平，有人还意犹未尽地放出大话来："等我当了学徒，领了第一个月的工资，请各位兄弟吃一顿猪油黑洋酥炒米粉，吃到爬不动！"

无论炒麦粉还是炒米粉，不管加不加糖或黑洋酥，都增强了同门兄弟的凝聚力，十年二十年后见面，酒酣耳热之际聊起那糨糊一般可稀可稠的美食，虽然有点难为情，但心里一直暖洋洋、暖洋洋。

后来，食品店里有一种牛骨髓炒面供应，是"炒马粉"的2.0版，价格老贵了，我家根本吃不起，最后还是在同学家里尝了一小碗，果然香腴至极！

　　昨天，与上海电影制片厂制片人吴竹筠兄一起吃晚饭，他正在经营一家特色面馆，生意不错，还想恢复儿时吃过的美味，比如炒麦粉。我一听就来劲了："炒麦粉档次太低，吃口也差，得做成炒米粉，涨开后在碗里加一把花生碎、五六颗葡萄干、一枚核桃仁，再用蜂蜜兜头一浇，就像卡布奇诺上面的图案一样。对了，浇成一个M，麦粉米粉打头就是这个字母，但不能跟麦当劳一样噢，我们是中国制造！"

　　"对了，中国制造！从牙牙学语的小毛头到七老八十的老头老太都爱吃，就这么定了。"竹筠兄大声应道。

面疙瘩与面条子

去年携太太去山西逛逛平遥古城，看看乔家大院，再上五台山烧烧香，再次品赏了山西的面食。上世纪90年代初与《上海文学》杂志社的编辑老师一起去潞安矿务局体验生活时，我就对山西的面食有过一番领教，此番重访晋阳，不管吃不吃得惯，每样都想再尝尝。刀削面是头牌，自然是看了当街表演再来一大碗。猫耳朵与杭州的同类大不一样，也要吃。莜面栲栳栳，听名称就觉得新鲜，也蘸着胡麻油葱花酸菜汤尝了。但让我觉得最最好玩的是拨鱼。

拨鱼其实不是鱼，也是一种面食，它还有一个别名：剔尖，又与刀削面、刀拨面、抻面并列山西面食的"四大名旦"。我们看过店家现场操作，面粉加水拌成软稠的面浆，一手拿碗向着锅子，另一手用竹筷子带棱角的那段在碗沿快速拨出溢出的那条边缘，一条条有头有尾的"小鱼"便在锅里快活地游动起来。稍煮片刻后捞起盛在粗瓷大碗里，兜头浇上一勺卤汁。平遥面食的卤汁大多是番茄炒鸡蛋，比较缺乏想象力。但拨鱼吃起来有相当的韧劲，口感滑溜，还有一种小麦的清香。

河北隆化县的拨鱼也相当有名，白荞麦去壳磨粉，加清水调成面糊，也用筷子顺着碗沿拨入锅内。唯卤汁比较讲究，老母鸡熬汤，加猪肉丁、榛蘑丁、黑木耳丝等。与平遥相比，隆化离京城近，面食做得讲究点也是应该的。

在浙江的临海我也吃过类似的面食，当地叫做麦虾，在小吃店里都能看到老板娘当着顾客的面手脚麻利地操作。做法也一样，不同在于不浇卤汁，它有小海鲜的底汤。

平遥、隆化、临海……从北到南，我相信拨鱼这条"小鱼"游过的地方一定不少，它是中原地区小麦文化的形象大使。在《随园食单》里，袁枚也记录了这种面食，不过名称更加好玩：面老鼠。游戏规则略相似，只是卤汁更为考究，用鸡汁加活菜心。随园老人吃后谈体会时用了四个字："别有风味。"注意，菜心是活的，也就是刚从屋后菜畦里割来的。

倘若阿Q地说，要是不怎么讲究卤汁的话，这种面食我在小时候早就吃腻了——上海人称之为面疙瘩。我敢说，跨过中年门槛的上海男人，一说起面疙瘩，必定先是大笑，紧接着是心惊胆战。那年头——三年困难时期，每人定粮二十多斤，强体力劳动者才有四十来斤。大米是配给的，每人也就两三斤，其余都吃面粉，而且是黑黝黝的标准粉。这对吃惯大米的南方人来说是比较痛苦的，自然，更痛苦的是黑面粉也常常吃不饱。有些人家子女多，为争一口吃食就会闹得鸡犬不宁。当家的母亲实在烦不过，只得将面粉平均称成几份，让孩子自己去做成吃食，摊饼、做面糊随你。我家兄弟姐妹有六个，母亲坚持让大家吃一口锅里的，于是面疙瘩就成了我家的主食，每人可以分到一大碗，撑个虚饱。

我是鬐发小儿，光知道饭来张口，衣来伸手，在母亲做面疙瘩的时候，就在炉子边看着玩，读不懂她额头深深的皱纹。面疙瘩的做法与拨鱼差不多，母亲一手端着一大碗拌匀的面糊，另一手拿着筷子快速地拨入锅里，锅里是草绿色的菜汤，一颗油星也没有。面团沉下去了，忽又浮上来了，母亲往锅里撒一撮盐，好了。

面疙瘩不像拨鱼那样讲究形态，在我眼里，它的审美价值体现在疙瘩的大小，所以我吃到鸽蛋那般大的就高兴，吃到黄豆大小的就拉长了脸。那菜汤也毫无色香可言，更遑论"活菜心"了，最难下咽的是"光荣菜"——黄绿中带一点紫红色的卷心菜老帮子，有一股怪怪的甜味，菜梗子有擀面杖那般粗，芯子里有粉质感，现在想起都会翻胃。母亲看我嗉小嘴，就将自己碗里的面疙瘩拨几块给我。后来——那是三十年后啦，我在电影《黄土地》里看到一个细节，那个会唱信天游的陕北老农将自己的半碗面糊倒给儿子吃，眼泪顿时喷涌而出，我想起了刚刚去世的母亲。

后来情况稍有好转，母亲也会做几顿面条子吃。面条子耗用的面粉稍多些，先揉成长而扁、稍紧实的面团，在砧板上切成一指宽的面条子，撒干粉后抖松，汤沸时投入锅内。此时锅里翻滚的是咸菜汤，油香扑鼻。面条子煮熟后再夹一坨熟猪油下锅，若以品鉴乌龙茶的术语来说就是："叶底肥厚，条索清晰"，筷头上的面条子仿佛被鱼叉刺中的黑鱼，仍在跳动，入口也有韧劲，比面疙瘩耐饥，再说开春后的新咸菜也是很鲜的。

很久很久不吃面疙瘩了，我们差不多要忘记了它。有一次在一家装潢华丽的饭店里吃饭，喝了五六瓶红酒，点心上来了，是每人一碗莲子疙瘩汤。主人说："用老母鸡汤煮的！还加了宣威火腿和南洋瑶柱。"大家先是一惊，马上又欢呼起来。我努力去寻找疙瘩里的滋味，却受到了鸡汤的干扰。按照今天的思路，疙瘩汤的重中之重在汤，而非疙瘩，谁要是盯着疙瘩吃，厨师心里就会犯疙瘩。

我又想起了母亲，她老人家仙逝已经整十年了。

后来我还在饭店里吃到以绿色食品身份闪亮登场的南瓜汤煮面疙瘩。南瓜在那个时候也是当粮食吃的，救了许多人。我家也经常吃蒸南瓜，以致后来很长一段时间里我一闻到熟南瓜的气味就想吐。可是那一回，我恭顺地用舌头去迎接南瓜与面疙瘩，只觉在淡雅的甜味中多少还保留着些许乡情。

我又想起了母亲。记得有一年跟母亲到故乡为祖父送终，有一天中午吃了两块热乎乎的蒸南瓜，还等着吃午饭，我以为南瓜是吃着玩的呢。母亲走进客堂，吹灭了蜡烛，从祖父灵位前的供盘里拿了一只熟鸡蛋塞进我手里，我蹦蹦跳跳跑到柴房里剥开了吃，谁想到一股恶臭冲鼻而来，蛋黄也已经发黑！我一屁股坐在柴垛上号啕大哭，委屈极了。

流清蛋

今朝是立夏。江南地区在这一天有吃蛋的旧俗，借着吃蛋的题目，小孩子也可以秀上一把。鸡蛋煮熟了，大人用五彩丝线编成一只小网套，将鸡蛋妥妥套进，下面收束打只结，垂下三四寸长的穗子，有飘飘然的美感，上面收口串起一根长长的绳子，往孩子脖子上一套，喜感也蛮强的。孩子挂了鸡蛋觉得神气，就在弄堂里腆着小肚皮显摆，与小伙伴比大小。在体量上比不过人家的不服气，就比硬度，手握鸡蛋与对方的鸡蛋相撞，最先碎者就算输了。按规矩，失败者要向胜利者献上战利品。那时候，一只鸡蛋的价值当然是极大的，被迫献出战利品后，受了委屈的小孩一溜烟地奔回家偷偷抹泪，情不自禁号啕大哭者也有，这就可能引起大人之间的口角。

不过多少年后，这样的故事不仅可让亲历者一笑，还是彼此增益感情的内容。所谓"赤膊兄弟"，就是这样炼成的。

"立夏蛋，满街掼。"并不是说中国人的蛋真的多到可以随便掼掼了，但江南农村向来较北方农村富庶略微，太平年景，风调雨顺，一般家庭都有能力养两头猪，圈一群鸡鸭，进入初夏，青黄不接刚刚熬过，蛋也就义不容辞地担当起改善伙食的重任。根据节令，立夏吃蛋源远流长，存在决定意识，这也可算农耕社会的遗绪余音。进入流通环节后，鸡蛋鸭蛋则成了菜场里的主打品种，蛋一多，价格就便宜下来了，满街掼的虚拟情景被老百姓渲染得相当幽默。

但在我小时候，鸡蛋的运载工具还比较原始，一般都装在板条箱里，一箱装十公斤，一箱箱叠起来，气势也蛮大的，不过搬上搬下，工人手脚较重，十只里厢碎它两三只在所难免。蛋一碎，蛋壳就会瘪，蛋清就会流出来，样子很难看。而且，苍蝇不叮无缝之蛋，蛋一旦有了缝，就等于向苍蝇发出邀请。苍蝇一叮，鸡蛋立马变坏蛋。所以，到了那时节，菜场的老师傅会沿马路搭出一两个临时的亭子，有点像东方书报亭的初版本，集中力量销售一种流清蛋。

其时也，我虽然刚背上书包上学校，但简单的汉字也认得不少，流清蛋三字，认是认了，但不解其意。后来再读亭子上张贴的白纸布告，上面写着流清蛋的吃法，强调买回家最好马上吃。又说，流清蛋并无大碍，营养还是有的。总之，话说得躲躲闪闪。回家问妈妈，妈妈只有扫盲班文化程度，但很能抓住事物的本质，她说："流清蛋嘛，就是流光了蛋清的蛋。"

为证实自己的观点，她还从竹篮里拿出刚买回来的几只流清蛋教育我这个懵里懵懂的儿子，先让我看蛋壳表面，有缝，还不止一条。再将蛋剥开，打在碗里，蛋黄还算完整，且黄里透红，但蛋清真的极少，有的甚至只剩一只蛋黄孤苦伶仃地躲在壳里。我平时吃肉烧蛋，是喜欢吃黄蛋的，流清蛋岂不对我胃口？但事实并不美妙。黄多清少的蛋做菜，就是先天不足。蛋不成形，无法与猪肉配伍烧成肉烧蛋。炒韭菜，鸡蛋吃口很渣。炖蛋汤，没有厚度，形聚神散。做蛋饺吧，两面并不拢，肉馅全暴露在外。而且当时老百姓家里都没有冰箱，流清蛋放不长，买回来就得吃掉。最后怎么吃，我一点印象也没有了。但按照唐鲁孙先生的说法，也算"慰情聊胜于无"了。流清蛋唯一的好处是便宜，也就两角几分一斤吧。

读中学时，我们学校的学工劳动联络点是老大昌食品厂，一个班的同学围在几张长桌上包糖，香喷喷的奶油味很刺激。包包糖，说说笑话，时间过得很快，趁师傅不注意，往嘴里塞个一两粒也不算什么。就是怕生产蛋黄奶糖，蛋黄粉投入搅拌机时，满车间弥漫开一股臭鸡蛋的气味，真要将人熏吐。老师傅说，忍一忍吧，等会加了香精，它就很香了。蛋黄粉是用流清蛋做的。

这至少说明流清蛋在上世纪70年代还在流。

现在，鸡蛋的运输工具得到了很大改善，每只蛋都被有格子的泡沫垫子严密保护着，想碎成哥窑瓷器的样子也不那么容易，流清蛋也就退出了历史舞台。后来我听一个营养学家说，蛋黄多吃并无益，唯含铁量较多而已，蛋白质主要在蛋清里。我至今很笨，也许跟童年吃流清蛋有关。但现在的孩子也要当心，一不小心就会吃到人造蛋，长大后就可能比我还笨了。

偷吃猪油渣

很长时间里，我一直认为世界上最香的气味来自一堆白花花的猪油，不管它在下锅前的外貌是如何的猥琐，比方说夹着比芝麻还细小的煤屑，洗也洗不干净，细嗅之下还有一丝令人不快的膻味。但你不妨将它切成麻将牌那般大小，放在铁锅里慢慢地熬。不一会，它滋滋地渗出了油，肥腻的气味令人欣慰地在昏暗潮湿的厨房里弥漫。然后，锅里的油多起来了，在猪油块的边缘兴奋地沸腾着。再然后，猪油块缩小了，变硬了，浮在透明的猪油上，像一条条小鱼那样灵活，并泛出赏心悦目的金黄色。这个时候，啊，脂肪的香味如同快乐的精灵在石库门房子里飘散。

西北风呼呼地吹，透明的熟猪油在窗台上凝结，情况正在发生变化。在碗里，中心部位稍稍凹陷下去成为盆地。它是那么的可爱，仿佛老天爷特别垂怜你，在你家的青花大碗中下了一场雪。

在我读中学时，四个哥哥全在外地工作，二哥在新疆，五哥在黑龙江，都是物资极度匮乏的地方，猪油成了他们改善伙食的恩物。那个时候买猪肉是要凭票的，每人的定量相当有限，根本不够安抚枯燥的肠子。但若是购买猪油，则可以多买一点。这个规定非常有人情味，菜场里的老师傅都知道买猪油的顾客多半家里有知青。

父亲非常小心地将熟猪油装进塑料食品袋里，为的是便于邮寄，或托人带去。留下来的猪油渣就成了家里的美味。

熬猪油是我的差事。我也喜欢做这项家务，因为熬的过程相当有趣，当然若不是可以偷吃几块猪油渣，这个积极性也会受到极大打击。猪油渣不要熬得太接近渣，留一点油脂，趁热蘸盐吃，外脆里酥，香气扑鼻。熬猪油的经验丰富了，我就会分辨猪油渣的质量。比如用板油熬猪油出油率高，但猪油渣吃起来没有什么嚼头。若用猪脊背上的肥膘熬，虽然不容易熬透，但这种质地稍硬的猪油渣更能抚慰小男孩的心灵，在牙齿的夹击下，一股温热的油脂会喷涌而出。猪油渣若是带点肉筋，吃起来特别香脆。

那时候，老酒鬼用猪油渣下酒，据说风味胜似火腿。在我家，猪油渣烧豆腐汤，是堪称经典的招牌菜，它的妙处还在于猪油渣是浮在汤面上的，捕捉起来很方便。猪油渣炒塌棵菜或与萝卜一起红烧也特别好吃。猪油渣与青菜一起剁馅包馄饨、包馒头也是相当不错的，别具一种本帮风味。

在"深挖洞，广积粮"的年代里，猪油渣是最接近猪肉本味的下游产品。不过要是母亲对猪油渣的深度开发迟缓一两天，就会发现美餐一顿的计划可能泡汤，因为我实在挡不住诱惑，一次次的偷吃，导致碗里的猪油渣严重流失。

在一些小饭店里，我说的是那种在路边搭个油毛毡棚棚，砌个灶头，急火爆炒家常小菜的饭店，猪油渣也是一种用途广泛的食材，与豆腐、线粉及菠菜等需要油脂滋润的菜蔬配伍，烧成价廉物美的汤菜，对草根阶层的肠胃是一种极大安慰。还有一些小饭店干脆就供应纯粹的油渣汤，在稀释了的骨头汤里再加点酱油，碧绿的葱花飘在上面，大约五分一碗。

那时候浙江路上有家饭店还外卖经过机器压榨的猪油渣，压成的油渣饼直径在一尺左右，厚约三四寸，得用点力才能掰开，是名副其实的渣。深受压榨的油渣与本质很好的豆腐结盟，不仅有欺人的用意，味道也相去很远啦。不过据说这种油渣饼特别受渔民欢迎，在海上作业时是他们获取猪油的主要来源。

我敢说，凡是童年吃过猪油渣的人，进入中年以后，只要看到猪油渣三个字，一定会淌口水。

现在有些菜之所以香气不足，与今天的厨师不敢用猪油有关。比如成都蛋汤，非得先用猪油将蛋煎过不可。烧菜饭，当然也是加了猪油的最香。冬笋菜心或塌菜粉丝用猪油炒的话更香更糯。炖虾皮蛋汤若搁一点猪油的话也能成为一道美味。许多人不知道河鲫鱼如何炖出奶白的汤色，其实锅内放一点熟猪油，将鱼身两面煎一下，加汤大火煮开后再用小火炖，汤色就如愿以偿地呈现奶白色。香港美食家蔡澜在上海开的那家饭店，猪油拌饭是吃客必点的，此饭装在小小的原木桶里，桶盖一开，香气夺人，美眉们也不管不顾地抢来吃。

有一富豪请客，我吃白食，当每人一盅由香港厨师做的蟹粉鱼翅上桌时，服务小姐发现少了一份。富豪笑着说：没事，我要一碗正宗的阳春面。并再三关照："一定要放猪油！"

据说这个富豪小时候家境贫寒，常常吃了上顿没下顿，进县城读中学时还穿了一双"前露脚趾像生姜，后露脚跟像鹅肫"的布鞋。

我突然想起猪油渣，就说本人也喜欢猪油，特别是猪油渣。他果然来劲了，叫了一碟刚刚熬出来的猪油渣，撒了细盐，在座的几个大男人吃得不亦乐乎，而且都承认小时候偷吃过猪油渣。

鱼干和鱼松

黄鱼暴腌，经过几个太阳的暴晒，或经过几天西北风的劲吹，肉质在坚硬与软绵之间，带有一点点微臭，无妨，喷点黄酒急火清蒸；下油锅，最好加一把毛豆子同煎。下酒，佐粥，佐泡饭，均是市井生活的无上妙品。暴腌后的黄鱼头没有多少肉了，不要紧，烧汤啊，一煮就见奶汤白，什么辅料也不要放，就加一汤匙米醋，打耳光也不肯放。现在野生黄鱼几乎绝迹，养殖黄鱼的肉头就是不紧，要是鱼贩子无良，用颜色粉替它化妆的话，吃下去性命交关。还有人用敌敌畏腌黄鱼，为的是增色防腐，结果苍蝇叮上去立马毙命，人见了还敢吃吗？养殖黄鱼如果红烧，肉头用筷子一夹就散了，不成块。烧咸菜大汤黄鱼吧，在有些饭店还成了头牌，也没有真本的鲜味。暴腌吧，任你太阳晒，西北风刮，肉头仍然收不紧，还不如青鱼暴腌，淋几滴上好白酒，蒸后或许能守住几缕香气。

我二哥在1965年去新疆生产建设兵团，那里哈密瓜和葡萄是很甜的，但不能当饭吃啊，蔬菜一类，西葫芦吃到吐，而且一到冬天更惨，盐汤就窝窝头，能吃上一顿大白菜就是过节了。每次，母亲看到二哥寄回来的照片，总要偷偷地抹泪，"瘦了，又瘦了"。

有一年，母亲托人买来几条中黄鱼，这种黄鱼的规格比小黄鱼大些，但与大黄鱼相比，更像轻量级的选手。母亲舍不得吃，就用花椒盐里里外外抹过，削几根竹签撑开肚子，搁在一张竹匾里，拿到晒台上去晒干。同时叮嘱我照看好这些鱼干，并讲清楚这些鱼干的去向，是准备越过长江越过黄河一直到塔里木河畔的。我使劲点头。那时候，我读小学二年级，在穷人家里成长，应该懂点事了。

开春的阳光有点妩媚，北风不再割脸，我坐在小板凳上翻看连环画《三国演义》，不时抬头看一眼搁在瓦片上的鱼们，还时时回忆着二哥临行前对我作出的承诺，"等我哪天回上海，一定带一只老大老大的哈密瓜给你吃"。

但过了不久，我咂着嘴就打起了瞌睡，小人书落在了地上。当我的脑袋磕到膝盖时，猛然抬头，糟糕，黄鱼没有了！

我惊得一身冷汗，左找右找，在瓦楞中间找到了半条，已经被咬过一口了，再爬到屋顶一看，不远处趴着一只虎皮纹野猫，正一脸满足地舔着前爪。看到我，它懒洋洋地弓起身子，似乎并不在乎我的愤怒表情。我抓起一块瓦片飞过去，它大叫一声逃窜了。

珍贵的黄鱼被猫偷吃了，向母亲嗫嗫坦白，她看了我一眼，再看一眼被猫吃剩的半条，一句话也不说。这叫我更加不安和痛苦，倒不如采取老办法将我一顿痛打或许会好受些。等她淘米烧饭时，我发现她故意背着我，在流泪呢。

后来，我一见这只野猫就用瓦片痛击它，它也认识我了，直到小半年后见了我还是末路狂奔。有一次被我看到这畜生在晒台屋檐下与另一只野猫寻欢作乐，就抓了一只煤球，蹑手蹑脚地摸上去，大叫一声击中它的头部。这次偷袭成功后，这只可恶的馋猫再也没出现过。

上世纪70年代初，带鱼在菜场里还是常见的，最宽的（约四指宽）每市斤五角一分，一般宽的（三指宽）三角五分，一般家庭基本上吃三指宽的。那时的带鱼真新鲜，银光闪闪亮瞎眼睛，加葱姜黄酒清蒸，上桌后再搛一朵熟猪油，趁热吃，厚实而丰腴！不过好日子总是消逝得很快，不久，菜场里的带鱼越来越窄了，最后连一指宽的小带鱼也摆上了鱼摊头！这种带鱼每斤才一角五分，被上海人称为"裤带带鱼"，怎么吃啊？别急，上海人自有办法，做鱼松！

小带鱼净膛洗净，上笼蒸熟，剔除龙骨，拆下净肉，留小刺无妨，坐铁锅于煤球炉上，加少许油，投入鱼肉，再加葱花、姜末、盐、糖，讲究一点的人家再加胡椒粉少许，然后不停翻炒，漫长的一小时后，鱼肉呈现微微的金黄色，再淋几滴米醋使小骨刺软化，这才大功方成。

上海人家自制的鱼松喷香，鲜美，微辣，也有巧媳妇做成五香鱼松或麻辣鱼松，美名一下子传遍街坊，阿姨爷叔纷纷上门来取经。

为了给二哥改善伙食，我们家也用带鱼做过鱼松。尽管我是做鱼松的功臣，却没有吃鱼松的份，我只能炒制过程中以尝味道的名义捏一小撮送进嘴里解个馋。炒好的鱼松摊开在长方形的木质茶盘里冷却，闪烁着金子般的光芒，那股香气对我的胃袋也是残酷的折磨。有一次我炒好鱼松，就看起了莫泊桑的中短篇小说集，随着小说情节的推进，我的左手像着了魔似的，慢慢地沿着桌面爬向那只装满鱼松的木盘，然后准确无误地捏起一小撮鱼松，再不慌不忙地回转过来，送进嘴里。呵呵，仿佛不是我在吃鱼松，而是小说中的若瑟夫在吃牡蛎。那个味道，牡蛎的味道，海水的味道，阳光的味道，莫泊桑的味道，简直叫人如痴如狂……天色渐渐转暗，妈妈回家了，她开了灯，看到了鱼松大面积坍塌的木盘禁不住叫起来："你，你，你看看，一大盘鱼松被你吃成这个样子了！"

我惊醒了，我惊呆了，鱼松被我吃去一大半。我站在妈妈面前，准备承受她的责打。但是这一次她仍然没有打我，她找出二哥寄来的家信，叫我从头到尾读上三遍。"读响点，再响点"，妈妈大声说，眼泪流下来了。

妈妈的眼泪比妈妈的巴掌更加厉害！

现在物资供应空前丰富，带鱼不稀奇了，但是上海人还是对它不离不弃，宠爱有加，干煎带鱼趁热上桌，蘸醋吃，是本帮小馆子里点击率很高的一道下酒菜。带鱼烧萝卜丝也有一种暖意融融的家常风味，糖醋带鱼虽然有点做作，但还不算离谱。如果带鱼足够新鲜，那么能干的主妇还是选择清蒸，鱼鳞不必刮去，就加一点蒸鱼豉油好了，肥腴鲜美，罕有匹敌。不过正宗的东海带鱼据说很少，市场上多是南非带鱼。

马面鱼的恩情永不忘

在买肉买蛋甚至买一块豆腐都要凭票的年代里，上海人只能通过吃鱼来补充蛋白质，否则，不光面有菜色，一听到别人说起吃的，淡出鸟来的嘴巴也会像关不拢的自来水龙头那样"飞流直下三千尺"。当然啦，菜场里的鱼也是有限的，想吃鱼的人又绝对胜似过江之鲫，所以吃鱼也不是一件容易事。

这个时候，马面鱼来救场了。

按照教课书的腔调来描述，应该是这样的：马面鱼，学名马面鲀。在上海菜场里出现的又分黄鳍和绿鳍两种，体长20至30厘米，椭圆形，侧扁。鳞细小，鳞面绒状。无侧线。口小，牙锯齿状。鳃孔小，位于眼下方。第一背鳍具二鳍棘，第一鳍棘强大，有三行倒刺。腹鳍只有一个，成为一短棘，附于腰带骨末端，不能活动。黄鳍和绿鳍的主要区别在于前者通体橘黄色，后者通体蓝灰色，唯鳍为绿色，但不是鲜亮的翠绿，而是幽幽的绿色，让人想起当时流行的民间故事"绿色的尸体"。坦率地说，马面鱼的相貌绝对吓人，海洋世界若是选丑，马面鱼小姐稳得冠军。因为表皮有点像破旧的汽车轮胎，上海的老妈妈就给它们取了一个绰号：橡皮鱼。在外省，它又被叫做羊鱼、迪仔、沙猛、羊仔、剥皮牛、孜孜鱼等。

相貌是爹妈给的，经过亿万年的进化，也只能如此了，不怨天不怨地，退一步海阔天空。从北部湾和海南岛一直到黄海及渤海，都是马面鱼的家乡。因为受大鱼欺侮，这一族群只能潜在海底。天可怜见的，光照少，海水压力大，就落得这副模样了。不过马面鱼性格好，素来与世无争，默默地在海底刨食，做梦也不敢有出人头地的想法。是渔民们用拖网船将它们捉上来的，一网就是好几吨。

自从人类发明了拖网技术，马面鱼的平静生活就被打破了。

上海人是这样整治马面鱼的：大剪刀准确地扼住鱼头，一剪，鱼头应声而落，剪刀挑起连带着的鱼皮用力向尾部一扯，就完成了剥皮、去头、去内脏的三部曲，学术上称之为"三去马面鱼"。如果进一步去除尾鳍、背鳍，则称"四去马面鱼"。留下赤条条的鱼身，叫做"白肉"。白肉闪烁着微微的银光，靠近背鳍的银线边缘有微红的"伤痕",所以,以白肉形态进入市场的马面鱼有一种悲剧的美感。

从菜篮子到厨房,马面鱼就进入烹饪流程。一般情况下,上海的家庭主妇采取红烧、清蒸、油炸这三种主流烹饪法。因为马面鱼有较重的腥味,葱姜老酒就要舍得投放。马面鱼的肌肉纤维较长,肉质较紧,再怎么烧煮也不会碎。暴盐油炸,过泡饭最为爽口。若是清蒸,再倒一小碟醋蘸着吃,味道与螃蟹可有一拼。不过在上海人最最落魄的年代里,也不敢拿马面鱼招待外地来的客人。

在饭店里,油炸马面鱼是酒鬼们的下酒菜,两角钱一盆。另一种方法就是投入绞肉机里轧成肉浆,无论龙骨小刺一律粉粉碎,做成鱼团,是三鲜汤和炒三鲜的原料。用马面鱼做的鱼团有一个优点,弹性足,咬劲足,鲜味也浓郁,加上眼不见为净,故而很受群众欢迎。

马面鱼救了上海人的场,给上海人莫大安慰。我们弄堂里就有一个老伯伯编了一段顺口溜:"上山下乡,五七干校,批林批孔,冷饭炒炒,老酒咪咪,橡皮鱼红烧。"前言不搭后语,但大家都能理解,觉得有道理。

不过也有些上海人不够厚道。有一种流传很广的说法是,马面鱼属于深海鱼,吃了会"发"。所谓"发",就是脸上长青春痘,身上长疮、疮等。上海人是蛮会发哕的。放在今天,大酒店里的左口鱼、多宝鱼、东星斑、老鼠斑都在海洋底层讨生活,都是马面鱼的堂房兄弟,照理说也是大发之物,为什么大家都独好这一口?是不是因为马面鱼的堂房兄弟都身价不菲,才对它们青目有加?

后来科技发达了,菜场里养殖的河鱼渐渐增加,大家有了更多的选择,马面鱼就心甘情愿地退居二线,在食品厂里被做成鱼片干,供孩子们嚼巴嚼巴,还做成鱼排罐头出口创汇,马面鱼的头、皮、内脏等做鱼粉喂养鸡鸭,它们为人奉献了一切,依然无怨无悔。所以我认为马面鱼是很厚道的,难看只在表面,心地是很善良的,像《巴黎圣母院》里的卡西摩多一样。

再后来,由于过度捕捞等原因,马面鱼的捕获量大大减少,现在菜场里很难见到它幽蓝色的身影了。偶尔在以海鲜为特色的酒店里还能看到它躺在明档的冰屑上,就像二十四孝故事里试图用自己的体温融化冰河捉来鲤鱼奉亲的孝子,身价陡然提升了不少。

马面鱼是厚道的,除了鲨鱼、章鱼、黑鱼外,所有的鱼其实都很厚道,墨鱼虽然会喷墨汁,但你不去惹它,它是不会拉黑你的。聪明可爱的海豚更是人类的好伙伴,是患了自闭症孩子的心理医生。就是捕鱼人不够厚道,拖网船一出海就狂捕滥捕，弄得许多鱼种快要断子绝孙了。卖鱼人也不厚道，用化学药水浸泡鱼身，冒充新鲜、漂白增亮、涨发充水，钞票赚得像"强盗抢"，不仅损人健康，而且迹近鞭尸。

修正主义的鱼

　　鱼被人食用，整条地上桌是一种优待，就好比皇上赐大臣以全尸而死，是一种宽大处理，大臣及他的家属得跪下，高呼"谢皇恩"。当然，鱼们知道这样说，一定会气得向我吐泡沫。但这也是实情，中国人做事，讲究十全十美，整鱼隆重登场，是符合礼仪之道的。过去祭祀，猪、牛、羊三牲有时倒只用一个脑袋虚应故事，轮到鱼，必定是整条，不然鬼神不答应，祖宗也不高兴啊。

　　从历史上说，我国北方比南方更注重礼仪，这从今天的社交礼节和敬酒的劲头上可以略窥一二。也因此，北方的鱼光荣地承担了执行礼仪的使命。粗略地翻翻咱们中国油垢满纸的菜谱，就可知道自春秋起就以整鱼为贵。比如伍子胥在流亡途中发现猛士专诸，推荐给准备搞宫廷政变的吴国大臣公子光。专诸花了三个月时间学会烹制鱼炙的技巧，在公子光设家宴时向吴国君主王僚献上整鱼，并躲过宫中卫队严密的搜查而进入正殿，趁王僚不备之时从鱼腹中掏一柄鱼肠剑直刺他的心脏，完成了早期恐怖主义的经典之作。后来有梨园文士据此编了一出戏《刺王僚》。如果当时没有吃整鱼的风气，刺王僚就要另谋高招了。接下来到秦汉唐宋，也是以整鱼为贵，裹蒸生鱼、镶炙白鱼、煨斑鱼、熏白鱼、酱汁活鱼（也叫潘鱼）等都是整条而治，清蒸鲥鱼连鱼鳞也不敢刮去。到了近现代，长江以北的地区也以整鱼为中华美食的形象大使。河北的金毛狮子鱼、河南的鲤鱼焙面、吉林的清汤白鱼、青海的干烧鳇鱼、山东的糖醋鲤鱼和醋椒鱼、淮北的奶汁肥王鱼，都是有头有尾地与食客见面。

　　到了南方，厨师技高手痒，爱出风头，一鱼在手，就要搞修正主义，好好的鱼偏偏要切成薄片细丝，千刀万剐，熘鱼片、炒鱼丝、水煮鱼片、鱼茸饺、鱼茸羹什么的，居然赢得一片点赞。

　　《武林旧事》记载了一则故事，有一天，偏安杭州的宋高宗赵构带着一班官员泛舟西湖，正是开饭时分，忽听得湖面上有小船叫卖鱼羹，而且是河南口音，马上令小黄门将小船叫过来。"时有卖鱼羹人宋五嫂对御自称，东京人氏，随驾到此。太上皇特宣上船起居，念其年老，赐金钱十文、银钱一百文、绢十匹，仍令后苑（御膳房）供应泛索。"原来此妇人正是以一碗鱼羹而闻名汴京的宋嫂，风雨飘摇，徐娘半老啦。但因为有了皇帝的嘉许，宋嫂鱼羹后来成为杭州城里的名菜之一，至今已有八百多年的历史，老字号楼外楼、知味馆以及餐饮新秀张生记的菜谱上都有。

在苏锡菜里有松仁鱼米，四川菜里则有小煎鱼米，广东菜里还有炒生鱼丝，似乎一条完整的、修长的、俊俏的鱼被碎尸万粒，才能证明厨师艺高胆大。即使宴会需要，一定要整鱼唱大轴戏，也要做成松鼠黄鱼，让鱼的尾巴翘得高高的，其实鱼并不乐意在盆子里倒踢紫金冠。让人哭笑不得的有青蛙黄鱼，让平时畅游的鱼死后像癞哈蟆那样趴在盆子里，脑袋高昂作企盼状。同样搞笑的还有广东菜里的菠萝黄鱼，在鱼身剞刀而成鱼网状，翻过身来入油锅炸成一枚大菠萝的样子，淋上糖醋汁，甜不甜酸不酸的味道，最讨老外的欢喜。

但玉碎的鱼还是有坚贞不屈的刺，而且专爱在人的咽喉要道驻扎下来，给食鱼者以悲壮的报复。于是恃才逞能的厨师和嘴巴很刁的美食家就狼狈为奸，将鱼治得更加不成模样。比如温州人做敲鱼，将鱼拆骨后敲成薄饼，切粗丝后爆炒，别有风味。有人敲成半透明的薄面一张，横竖切片，包猪肉馅馄饨，称为燕皮馄饨，是一款不错的小吃。广东人也常做鱼面，不过手法更加细腻，在鱼茸中加少许淀粉后擀成薄饼，然后切细丝与火腿丝、青椒丝炒，更加爽口。鲅鱼是一种比较粗鄙的鱼，难以整条上桌，广东人就做成鲅鱼饺，成功地实现了东施效颦。相比之下，杭州的巧妇更加敬业，草鱼去皮剔骨，用刀背剁成鱼茸，加水，不加淀粉，然后用毛竹筷拌至起韧劲，一个个从虎口摘下后汆进热水锅里，少顷浮起，再加几叶豌豆苗盛碗上桌，这就是鼎鼎大名的杭帮清汤鱼圆。

据说鱼圆的发明与暴君秦始皇有关，这厮爱吃鱼，但又不善吃，常被鱼刺卡住。凡食鱼时遇"刺"，烹鱼的厨师必定拉出去斩了，宫中的厨师无不为烹鱼而心惊肉跳。有一日，一个姓任的厨师领命为皇帝烹鱼，情急之中将鱼肉剔刺，剁成泥，做成鱼圆献上，秦始皇吃后大加赞赏。

有关美食形成的传说多半带有强烈的民间故事色彩，只可一笑，不可相信。同样关于鱼的一则传说，关于扬州拆烩鱼头的来历，说的是有一盐商请工匠造房子，每天给工匠们吃红烧鱼头，但又怕鱼骨头太多而耗费吃饭的时间，遂令厨师剔去鱼骨而一锅烩，没想到这鱼头酥而不烂，非常可口，从此成了扬州的一道名菜。这两个故事明显带有阶级斗争的印痕，突出了地主阶级的凶残和愚蠢，劳动人民的聪明才智也表现无遗。但细细想来，会发现此说不合情理，鲢鱼之美在鱼头，哪有这么傻的盐商，让一帮干粗活、吃粗粮的师傅吃鱼头而自己吃鱼身啊！

　　母亲在世时，家里也做过清汤鱼圆，小时候遇着此时既喜又怕，喜的是又可解馋，怕的是打鱼茸的活必定摊派到我身上。一大碗鱼茸，加水后用四五根竹筷拼命搅动，还讲究顺时针，不能间断，一直捣到竹筷在碗中站立不倒才算过关。这时候我的手已经酸得不能动弹了。然后母亲烧一锅水，抓起一团鱼茸，从虎口挤出一团，用汤勺顺势一刮，就是一个鸽蛋大的鱼圆。因为付出了劳动，这鱼圆吃起来特别珍贵，一口一个，入口即化，嫩过豆腐，鲜过整鱼无数倍呢。

　　潮州人做的鱼圆另有一功，他们是用海鱼做的，剁成鱼茸后加适量籼米粉、调味料，再使劲地拌揉，醒透后就摔打至起韧头。这样的鱼圆成后弹性十足，据说扔地上后可以反弹至半腰上。以前延安东路上有一家名为大华饭店的潮州馆子，每年到春节前必定要做一批潮州鱼圆，久寓沪上的潮州籍居民必定蜂拥而去争购一二斤，一解乡愁。

　　温州人的手不够灵巧，做鱼圆实在太粗糙，就将鱼茸用竹筷沿碗边刮进汤锅里，形状好似面疙瘩，大小不一，长短各异，居然也好意思号称鱼圆。前不久在温州吃到，大失所望。也有福建厨师别出心裁，将猪肉茸嵌进鱼圆里，希望增加一点味道，殊不知这样一来，修正过度，反而失去真本。

热热闹闹炒三鲜

这几年本帮菜越发受到食客的青睐，私心以为，倒并非本帮菜有何起色，而是"上海宁"意识到问题的严重性。你看中华大地上的各帮各派菜肴都纷纷抢滩大上海，连过去闻所未闻的傣家菜都来轧一脚，菜不咋的，但一群傣家姑娘露出肚脐眼载歌载舞逗你一乐，生意居然也火得不行。"外国宁"从来是红眼睛绿眉毛，改革开放三十年，就是西餐大举进入的黄金岁月，最后连墨西哥夹饼、巴西烤肉、印度咖啡饭、摩洛哥塔塔锅以及尼泊尔饺子也来了。本帮菜再不伸拳踢腿，将来恐怕连插锥之地也没有啦！

本帮饭店，除了一些老字号还在坚守城池，新开豆腐店打着本帮大旗争抢地盘的也多如过江之鲫，有的力推虾子大乌参、八宝鸭、蟹粉鱼翅，规模小点的则祭出"老八样"。"老八样"指八宝饭、扣走油肉、炒三鲜、三鲜汤、白斩鸡、家乡咸肉、红烧河鱼、蛋卷等，它的底子就是上海川沙、南汇等"乡下头"红白喜事筵席的基本模式。但依我的经验，这"老八样"是没有定规的，有时候小葱肉皮就颇受欢迎。但列位食客看清楚了，炒三鲜与三鲜汤占据老八样席位的四分之一，可见"三鲜"是本帮菜中不可或缺的角色。

在我小时候，跟着大人去饭店打牙祭，炒三鲜或三鲜汤是少不了的。三鲜比喻庞杂，内容丰富，炒三鲜里有鱿鱼、小排、爆鱼、肉圆、猪脚、肚片、水发肉皮以及少量作为配角的蔬菜，闹哄哄地一大盘上桌，大家吃得相当开心。我认为炒三鲜是最具农家乐风格的菜。为何？因为它热闹啊，大杂烩啊，像一部七大姨八大姑济济一堂的肥皂剧。

三鲜汤的思路也突出一个"杂"字，主料辅料相仿，只不过多加一点粉丝和绿叶蔬菜。一锅煮，吃了这样吃那样，你还有什么不满足的？

过去有些饭店做三鲜汤，材料不够了，就到冷菜间里随便斩点卤鸭或白斩鸡等凑数，所以上海人形容一件事情办得差强人意，也叫"烂糊三鲜汤"。

我老家弄堂里有一老克勒，过去是煤球店小开，他上馆子从来不点炒三鲜和三鲜汤。为何？他说在旧上海，这路菜都是给黄包车夫吃的。"老西门有家小毛饭店你知道吗？以前专门去大饭店收集冷羹残炙，回锅后卖给他们，也叫炒三鲜。开锦江饭店的女老板董竹君，她也将剩菜卖给小饭店，小饭店回锅后再当作包饭卖给穷学生吃。"

我们是穷人家，不忌讳这种臭规矩，家里来了客人，老爸就差我去淮海路上的一家小饭店买一只三鲜汤，只需五角钱，主客一桌吃得其乐融融。

除了炒与汤，浦东还有蒸三鲜：鱼圆、肉圆、蛋饺、爆鱼、猪脚、肉皮等一起排列在大碗里，碗中心塞大白菜，上笼蒸，蒸得白菜没骨酥烂，覆扣在大盘子里，碗里的浓汤兜头一浇上桌，巨无霸风格让浦东人民眉开眼笑。

三鲜汤还有豪华版，那就是什锦砂锅，材料相差仿佛，下料或再猛些。但砂锅一上桌，场面就格外隆重起来，没有一个不大快朵颐的。建国中路有一家砂锅饭店，在我读中学时就有了，毕业后与同学去打过牙祭，水牌上写着砂锅大鱼头、砂锅老豆腐、走油肉砂锅、大白蹄砂锅、砂锅老鸡、砂锅老鸭，最最经典的当属什锦砂锅。我们四个人，四只冷菜，一只什锦砂锅，六瓶啤酒，四碗饭，吃得爬不动。三十多年一晃而过，这家砂锅饭店还在！

前不久与礼旸、予佳、琦华诸兄到浦东吃饭，在崂山路近浦电路处有一家饭店名叫"三两春"，似乎是老字号，其实是新开张。崂山路在二十年前是浦东新区着力打造的商业街，现在人气很旺。"三两春"的店堂布置"很本帮"，八仙桌，骨牌凳，墙上贴着月份牌，其中一张出自谢之光的手。我刚写完一篇关于谢之光的文章，画中那位楚楚动人的美女是不是他的第二任娇妻方慧珍呢？更让人倍感亲切的是，青花瓷的筷筒里插着久违的天竺筷！

这里供应"老八样"，还有咸肉菜饭，粒粒分明，油光锃亮，味道交关赞！我们点了红烧鱼头螺蛳、蒸蛋卷、扣三丝、清蒸鳜鱼加咸肉菜饭，再开一氅加饭，予佳身高马大，酒量极好，一个人要喝掉半氅。半夜十一点钟意犹未尽，所费不过两百出头。

当然还有久违的炒三鲜！

三鲜的风格就是大杂烩、大团圆、大联合、大一统、大家乐！人民群众的至爱。

夜色浓重，凉风习习，店堂内外依然食客盈门。又一锅生煎馒头出锅了，香气扑鼻而来，忍不住每人来一客，黑白芝麻撒得慷慨，底板煎得焦黄松脆，猪肉馅心加了点生抽，味道真鲜！这里还有阳春面，肉骨汤、葱花、猪油一样不少，只卖三元一碗！可见老板不以善小而不为，阳春面的利润，在今天物价高涨的背

景下，能有多少呢？但他为周边的老百姓考虑，坚持卖到现在。怪不得店名就叫
"三两春"：三两阳春面或三两咸肉菜饭，就能吃饱。打着饱嗝推门而出，满面
春风上班去，回头一看，老式石库门的门头竖在那里，恍惚回到了童年。

黄豆的团队精神

生物学家告诉我，我国是大豆的故乡，早在神农氏时代，先民已将大豆的原始种——野生大豆驯为家生田植。如此说来，中国的大豆栽培史大约也有七千年之久了。如今，全世界的农学、历史、考古学等专家一致认为，大豆的栽培历史以中国为最早。

大豆，是黄豆、青豆、黑豆的统称。秦汉以前，并无"大豆"一说，大豆被称作"菽"。《广雅》："大豆，菽也。"《左传》中有"不能辨菽麦"的句子，专门讽刺当时的统治者连豆苗跟麦苗也分不清楚。在《诗经》、《荀子》、《管子》、《墨子》、《庄子》里，菽往往与粟一起被拿出来讨论。《战国策》说："民之所食，大抵豆饭藿羹。"就是说，用黄豆做豆饭，用黄豆的叶子做菜羹，是清贫人家的主要膳食。

大豆作为一种食物在文学作品中出现也不算晚，比如东晋的陶渊明就有一诗："种豆南山下，草盛豆苗稀。晨兴理荒秽，带月荷锄归。"对呀，还有更加有名的七步诗："煮豆燃豆萁，豆在釜中泣。"不过，菽字入诗比较有古意，一直到今天还常见，比如毛泽东有"喜看稻菽千重浪"。

大约在公元1世纪前后，当时还称大豆为菽的西汉末东汉初，中国这颗响当当的大豆开始流浪至北洋和西域，继而传到欧洲。所以，大豆在俄语中称为"cor"，在英语中则读作"soy"，都是"菽"的音译。大豆传到美洲的时间倒不长，只有一百年。现在美国是大豆高产国，向中国出口多多，但他们不少改良品种的大豆都是中国大豆的子孙。小小大豆遍布全世界，这是我国对世界农业的一大贡献，其意义不亚于四大发明吧。

在其他国家，大豆一般用来榨油或做汤，在欧洲五星级宾馆里，早上的自助餐会有茄汁黄豆，连汤带汁，不甜不酸不咸的味道数十年不变，严重缺乏想象力。而在遍地吃货的中国，黄豆入菜后就呈现出多样性。以一碗上海人爱吃的家常菜——黄豆芽炒油条子为例，老外绝对想象不出同一种原料可以有如此奇葩的变化。

我们来看看：黄豆芽，是黄豆种子的初生状态，因为其中有一种什么"素"，味道特别鲜美。油条子，是豆腐做的，划条，入油锅至金黄色，皮厚而中空，与黄豆芽共炒。做这道菜要放少许酱油，酱油最好的当然是黄豆酿制而非配制的那种化学品，如随园老人在他的食谱中常言："秋油三杯。"这个秋油，就是秋天出缸的头道酱油。做菜，还须放一些油，而豆油被营养学家认为是最健康的油脂。老一代上海人也认为豆油比花生油来得香，也较肥。你看吧，一碗再普通不过的黄豆芽炒油条子，由出身不同的黄豆齐心协力打造而成，或水里发芽，或点卤再生，或千锤百炼，或反复酝酿，为了满足人类的口腹之欲，历经艰辛，殊途同归，充分体现了黄豆的团队精神。

此外，在美食领域，黄豆还能做成豆豉、黄豆酱、黄豆粉、豆浆、豆汁、豆腐脑、豆腐干、豆腐衣、百叶、腐竹……就连经过压榨后弃留的豆渣，在艰难时世也一声不吭地救了成千上万的灾民啊。吃了黄豆芽炒油条子的中国人，真应该向黄豆学习、学习，再学习。

再往深里说啊，豆芽菜，真的平易近人，是老百姓尴尬时刻的救命稻草。想当初——原谅我又在回想往事了，阶级斗争一抓就灵的火红年代，菜篮子工程却还没人搞，台风一刮，大雨一下，菜场里的绿叶菜就断档了。要不在三九天，霜打过的青菜也万众瞩目，但那真叫是紧俏商品，想吃青菜得顶着呼呼直吹的西北风排长队。眼看着鼻子冻得通红的妈妈挎着大半篮子青菜回来，全家人是又喜又悲。

当鸡毛菜彻底成为一种梦想后，妈妈就从一口粗陶缸里抓一把绿豆出来，在茶缸里浸一夜，然后撒在竹淘箩里，上面盖一块旧毛巾或纱布，下面有一只钵头垫着。郑重吩咐我：每天浇半杯水。

竹淘箩搁在门背后，那是全家阴暗潮湿的所在，我每天按时浇水，清水透过毛巾流到钵斗里，叮咚作响，很是悦耳。忍不住要掀开毛巾看一眼，绿豆们如小人国的精灵，呼呼大睡着。过两日，绿豆们的小小脑袋顶破绿色的小帽，又像是长了鼻子一般，长长地拖着躺倒算数，一派无赖相。又两日，鹅黄色的嫩芽从豆瓣里钻出来了，那种黄是非常纯粹的，没有一点杂色，俯视的时刻非常激动人心。又两日，毛巾似乎被顶高了，掀开一看，小精灵们齐刷刷地站了起来，鹅黄的芽叶朝一方向吐露，如千万条小蛇听到了印度人的笛声，舞蹈起来，并吐出信子。再看淘箩底下呢，密密麻麻的根须就像爷爷的胡子！再两日，妈妈就将淘箩倒在桌子上，说：摘绿豆芽了。

上海老味道

切点榨菜丝、香干丝，再来点猪肉丝，旺火炒炒，好鲜的一盆菜。

因为每天浇过水，咀嚼时，我体味到豆芽特别清鲜爽脆。

当时有歌唱道：大海航行靠舵手，万物生长靠太阳。而绿豆芽的生长并不需要太阳，相反，要是见光了，小豆芽就会变红，吃口就不好了。但这个被我在生产实践中"发现"的道理，不敢对人家说，那是很反动的噢。

美国兵是很"老爷"的，海湾战争时，我看到过一篇介绍美军装备的文章，说是美军一个师开到沙漠，就需要一百多辆装备车在大兵屁股后面跟着，车队里有活动澡堂、活动录像厅、活动理发店，还有孵豆芽的——沙漠里不长蔬菜，而美国大兵没有蔬菜似乎也不能活——真是武装到牙齿了。只是我至今还不知道美军的炊事员是怎么做豆芽菜的。后来，我的一个朋友就不知从什么渠道采购了两辆淘汰下来的孵豆芽车子，准备为上海的菜篮子工程作贡献。但后来他也没有发财，道理很简单，用美国军车孵豆芽成本太高。

除了绿豆芽，母亲还孵过黄豆芽，道理与绿豆芽相同，只是时间长些。

周末清晨，我常与几个朋友去上海老街藏宝楼觅宝，然后去城隍庙吃早点，有一回在松月楼吃素浇面，在面汤里吃到几根黄豆芽，心里一热。因为我知道素菜馆里有用黄豆芽和冬笋头吊汤的传统，看来这个传统现在还没丢。只是听说如今孵豆芽都用激素了，茎粗而根须短就是一个证明，故而味道也大不如前了。

黄豆是寻常食材，价格便宜，有人就不把它当回事，以此为食材做菜做点心就比较马虎。但是我要告诉大家，上海有一家口碑很好的素食馆叫"大蔬无界"，他们从2012年起在上海、杭州、苏州等地开了好几家"菽水小馆"，这是以豆腐制品为特色的简餐店，规模不大，装潢方面强调干净朴素，出品极其认真。

主持豆腐制作的师傅是来自东北豆腐世家第五代传人刘玉国先生。他做了一辈子豆腐，把制作豆腐的全部工艺流程浓缩成三十六字口诀，他的愿望就是要让千家万户都能吃上安全美味的豆腐。

有一次我看了一个视频，刘玉国的一番表白让我十分感动。他说："我每天就在想怎么把豆腐做好，不断在总结经验，每次做都有新的感觉，每次做的时候都感觉又不一样，都像第一次做那样，不敢马虎，不轻易相信自己的经验。所以每天又能悟出点东西，甚至在每天睡觉之前都得过一下，看看有哪些方面需要改进。"

这位师傅还经常跟他的徒弟们讲："做豆腐是个苦差事，首先要抱着一种吃苦的精神。即使现在机械化了，但在思想上你得抱有吃苦的精神。豆腐是中国对世界的伟大贡献，老祖宗传下来的这个好东西不能毁在我们这代人手上。我们要凭着良心去做，把它发扬光大。"

我们要学习黄豆的团队精神，更要学习的是将黄豆点化为美味的师傅。

风干茶干

喝茶喝到一定份上，就想着来碟茶点。这对味觉是一种调剂，于精神来说则是一种慰藉。于是茶干就在林林总总的茶点中脱颖而出。作为佐茶妙品，它远胜于冬瓜糖或泡姜丝。百十年来，老茶馆的气息丝丝缕缕不绝于我们的记忆深处，其中就杂夹着茶干的味道。想象一下吧，一个浪迹天涯的游子，在风雨如晦的下午，拖着疲惫的脚步走进某江南小镇，找一家茶楼歇脚。叫上一壶粗茶，外加一碟煮得发黑的茶干，光是这股热烘烘气息，就足以让他想起故乡，想起母亲，两串热乎乎的泪珠就会滚落在衣襟。

当然，更多的时候，茶干在粗瓷碟里以木讷谦逊的姿态向茶客致敬。

施康强先生在一篇文章里有声有色地忆起夫子庙前秦淮河畔的五香茶叶蛋摊子，但他更着意与蛋一锅煮的豆腐干，认为比茶叶蛋的味道更好。烧得久，入味，嚼起来有劲。只有深谙茶中三昧的人才会这么细心。汪曾祺也在文章中忆起好几种茶干，有一种是他故乡一带的界首茶干，一只比手掌略小的蒲包做一块，煮时加酱油、大小茴香和八角等香料，蜕出来的茶干才银元大，可以清楚地看到十字形蒲包纹和竹篾的印子。儿时我看过老城厢里豆腐作坊的光头伙计做这种香干，舀一勺豆浆在蒲包里，小心团拢，大力压实。一块块做，丝毫不马虎。也吃过几次，比方块的香干略贵，皮色深褐，香气却足多了，捧在手里有厚实感。

我家乡在绍兴柯桥，柯桥的豆腐干驰名遐迩，甚至比茴香豆更受人欢迎。有一种薄薄的香干，色深如檀，紧压密致，特别是它的边缘，嚼咬时弹性十足。每次去绍兴探视祖父，返沪时父亲都会买上几块香干供我们兄弟几个在火车上解馋，慢慢磨牙，满口喷香。三十年后读知堂老人的散文，得知他年轻时在南京水师学堂求学时常去长江边下关码头的江天阁吃茶远眺，对茶干异化为干丝不以为然，并入墨三分地描述了穷学生们被堂倌捉弄的窘相。那是自然的，因为他记忆深处还是咬嚼着故乡昌安门外三脚桥一带周德和的茶干。"小而且薄……黝黑坚实，如紫檀片"，知堂老人在一篇题为《喝茶》的散文里如此描述。

近年来，本市的新式茶坊开了不少，但很少有茶干飨客的。传统茶馆中也许只有湖心亭还可见此物的影子，但只是作为鹌鹑茶叶蛋和火腿小粽子的陪衬，窄如麻将牌，味道也差强人意，牙签戳戳，两三口就没了，再想要，得捆绑供应。

南市豆制品厂有小包装的香干供应，有一款蘑菇香干做得雅致，夏天佐热茶，温文尔雅，我一买就是几包，但稍嫌水嫩。原因也许是现在的豆腐干都是机器做的，不如过去作坊师傅手工压得坚实。

青浦朱家角有几款名物，比如熏青豆、糯米糖藕、葛老太的肉粽，但我留恋的是赵家香干，白煮，压得薄，咬劲足，咸中带鲜，回味的清甘犹如深巷雨后听卖花，佐茶允胜熏青豆一筹。其实此物出产于青浦金泽镇，在青浦的姐姐和姐夫曾去金泽探过根苗。今年五一节，姐姐邀我们全家去青浦度假，次日我们就去金泽踏访十几座老石桥，顺便看看赵家作坊。这个作坊在河边，一座老桥的脚跟，一开间门面，从侧面的砖墙估计，应是极深的。但杉木门紧锁着，门上贴着一张白纸，告诉客人：作坊已经迁至公路边了。一邻居老太太说，因为生产规模扩大，这个小小作坊就不适应了。回上海时，姐姐在青浦城里买了十包让我带回过瘾，但没有亲眼看到赵家的作坊，这香干吃在嘴里总觉隔了一层，与前番在朱家角买的略有不同，人的心理作用就是这样怪。

还喜欢到耀洲兄府上做客，听京戏、玩旧瓷、赏雕花板之外还有一乐，就是大啖嫂夫人李老师亲手烹制的茶干。我不擅皮黄，荒疏丹青亦久矣，于是趁几位朋友逗乐之时狼吞虎咽。耀洲兄是孔府后人，阙里人家，茶干中自然积淀着齐鲁古风，阔大而实足，可以吃饱。

内子知道我好这一口，常煮茶干供我佐茶。取超市供应的香干一切为四，与五香茶叶蛋一锅煮透，儿子剥蛋，我独吃香干。今年春节我偶尔发现香干见了风后嚼劲更足，香味更浓，于是发明了一种风干法。香干煮透取出，用线串起后挂在北窗缝口，吹一个晚上就成了。吃时在微波炉里加温至四成，香味突出，咬劲更足，不亚于牛肉干。当然豆腐干的质地要好，煮得要入味，不然风干后一嚼，如同咬碎了一只软木瓶塞，那是很煞风景的。

茶干的硬度与韧劲，似乎就是生活的缩影——通俗地讲也许就是这样，给牙齿一点有力的反馈，但最终还是获得了朴实的耐久的滋味。

一般人煮五香茶叶蛋加香干用的是普通绿茶，我发现用西坪乌龙茶烘云托月，有兰花香味，唇齿间的留香也持久些，在此贡献出来，供同好的朋友参考。

金圣叹临刑前有一秘方传给儿子：豆腐干与花生米同吃，有火腿味。如果这不是黑色幽默的话，就是至情之言。金圣叹之后，大约有不少人按"金法"尝试

过，但都不能得火腿味。这是可以理解的。因为豆腐干已不是清朝的豆腐干，花生米也不是清朝的花生米了。而我发明的风干茶干可以撕着吃，与花生米同嚼，似乎有那种感觉。当然，再补充一句，得在看京剧时。

含盐菜汤的象征意义

上世纪80年代出生的小青年，肯定不知道含盐菜汤是什么东东，也无法理解这碗汤对于一线员工的重要意义。

如果用辞典的腔调来解释含盐菜汤，它应该是这样的：企业在高温期间作为一种福利，用防暑降温专款烧煮的一大锅汤，发放给一线员工喝。因为汤内含有充分的盐分，喝了之后可以起到防暑降温的作用。如果再蛇足一句，可以加上："含盐菜汤体现了社会主义的优越性。"

含盐菜汤的象征意义在今夏连续十几天37°C以上高温天气中得到了凸显。一位奋战在老掉牙的、没装空调的巴士的司机对我抱怨说："现在的领导只晓得躲在办公室里孵空调，哪会想到水深火热中的一线司机。想当初，虽然大家都是三十六元万岁，却天天有含盐菜汤喝。"说完，跟了一句嘎嘣脆的国骂。

其实，我对含盐菜汤也是有感情的，甚至很深很深，我在相当长的一段时间里曾经烧过含盐菜汤。那会儿，我在一家饭店当仓库保管员，领导让我挤出时间为大家烧含盐菜汤。看到厨房里的老师傅干得满头大汗，衣衫湿透，我没有理由说不，当即系上围裙上了灶台，不就是含盐的菜汤嘛？

但当了几天伙头军后我发现，这锅汤其实不好烧。首先，含盐菜汤是专款专用，分摊到每人头上只有可怜巴巴的三分钱。而老师傅们对汤的要求还挺高的，不仅仅是含了一点氯化钠就能过关，还要有点可磨牙的东西。光让他们喝菜汤，朴素的无产阶级感情就要转化为牢骚，不利于形成"大战高温五十天，实现利润翻一番"的氛围。

于是我在降低成本、提高质量上动足脑筋。

降低成本，就向厨房挖潜力，占用属于生产成本的油盐酱醋等调味品。反正那会儿厨房也是一笔糊涂账，每月的毛利率并没因此有大幅下降。提高质量呢，除了虚心向厨师学习，在短时间内掌握一手过硬本领，将肉丝切得整整齐齐，根根赛火柴梗；将猪肝批得赛纸薄，还不带一根血筋；将鸡壳子斩成大小一样的块，分起来比较公平。同时，还得靠一个"偷"字，比如趁厨师长不注意，跑到大灶台前将汤罐里炖得浓浓的高汤舀到自己锅里。这样一来，我烧的汤就实现了质的飞跃，连每周一次来店里劳动的公司干部喝了我烧的含盐菜汤后也啧啧有声地说："三分钱的汤能烧出这个味，够格了。"

含盐菜汤原则上是每人一碗，分汤的时候我真有一种黑社会老大的感觉，大家对我点头哈腰，希望多分一片猪肝或三片番茄。夏去秋来，我已与大家建立了深厚友谊。

有时候，公司干部下基层慰问一线职工，也总是踏准午饭前分发含盐菜汤的时间节点。领导们捧着一碗碗汤送到火火热的灶头前、血淋淋的案台旁和油滋滋的店堂里，师傅们也非常配合地在脸庞上挤出一团憨厚的笑容，以一碗汤为道具的戏码，完美地体现了上世纪80年代企业干群关系的主旋律。

时过境迁，我们昂首进入了风起云涌的市场经济时代，我则进入了新闻界，单位里的高温费一再提高并及时打入银行卡，小青年用它来买哈根达斯，老职工用它来支付物业管理费。总之，二十年来，含盐菜汤逐渐演变为盐汽水、盐水棒冰、冰砖，最后彻底退出了生产现场，也退出了一种特定的语境，就像泼向沙漠的水，眨眼间无影无踪。

但是，含盐菜汤的象征意义是不容忽视的，它是一碗有点混浊的汤，更是管理者向草根阶层表达一种人文关怀的载体，在工人们梗起脖子大口喝汤的时候，实实在在感受到来自"上面"的温暖。而现在，我们所获的高温费已大大超过昨天，但形而上层面的慰藉却少了许多，卡里的数字不会自动演变成一句贴心贴肺的问候。

霉干菜情结

　　上个月初，我与妻子阿娟去了一趟绍兴，带回一袋干菜笋。大约在十七年前，我们去过一次。那时，二哥刚按有关政策从新疆生产建设兵团调到祖籍绍兴，在一所师范学校当语文教师。二嫂则回到她的祖籍上虞，也吃起了粉笔灰，教的是英语。两人每隔十天半月鹊桥相会一次。那时的绍兴着实陈旧，甚至有点颓废的情状，路很窄，桥很小，河水迟疑不前，商店的排门板和民居的门窗都有些年份了，深深木纹犹如老婆子脸上的皱纹。我们在城内外逛了逛，两千年的越国废都无语地透出古柏森森的沧桑感。

　　傍晚，我在二哥的学校里看到学生吃晚饭，好几个人站在宿舍的阳台上，一碗堆得尖尖的白米饭，托碗的指缝里夹着一根霉干菜，扒一口饭，低头咬一口霉干菜。我很吃惊，仿佛看到了越王勾践坐在柴堆上舔猪胆。对二哥说，你的学生将来会有出息的。现在，这些学生果然在各个方面做出了成绩。但那次我们没来得及去柯桥，那里才是我真正的故乡。

　　好了，这次我们终于成行了，二哥在几年前调至杭州广播电视学院任教，有个学生的父亲是开出租车的，他又正是柯桥人，就开了车到杭州来接。很快，上了高速公路，很快，柯桥在望。在学生的家里歇息时，我看到一对邻居夫妇在客堂里洗切毛笋。女的蹲在一个大脚盆边剥洗，男的骑在长凳上负责切成很厚的笋片，这些笋片将与干菜一起晒成干菜笋。我用故乡方言与他们聊起来，眼睛一直没有离开象牙色的笋片。重新启程时，学生的母亲从家里拿了两袋自己晒的干菜笋塞进车里，我就不客气地拿了一袋。

　　接着就到我阔别了三十八年的老家去，那个地方叫后梅。小河依然，石桥依然，穿过狭小而昏暗的弄堂，在比记忆中局促的天井里盘桓片刻，干草和牛粪的气息叫我激动得想哭。老屋居然还在，尽管只剩下摇摇晃晃的两间小间。小时候挖过竹笋的竹园和磨过糯米粉的柴房都被人家盖起了新房，祖上的老屋越发显得风雨飘摇。

　　远房亲戚引领着我们兄弟俩和阿娟进了天井，进了客堂，上了楼，一步一景，童年的事桩桩件件涌上心头。甚至，那梁上的燕窝还在，是不是我用竹竿捣过的那两个？微微闭起眼睛，怕失态。祖母睡过的那张架子床还在，很想拆两块雕花板带回上海留作纪念，但又怕损坏了原物。拍了照，穿过从前停轿子的台门回到河边，长长地舒了一口气，仿佛故乡的概念压迫我已久，此刻总算卸下了感情的重负。事实上这是不可能的，因为我看到以前清澈见底的小河变得发黑，乡人游泳、摸螺蛳的景象将在记忆的底片中模糊，河埠头上也已不见浣纱杵衣的妇人，一种惆怅又如丝如缕地缠绕在阵阵抽紧的心尖。

回到上海，当晚就泡了干菜笋烧汤，扔几只大虾干，再切几片夜开花，装碗后再淋些麻油，一口送进嘴里，赛过喝了窖藏已久的美酒，大大地解了一次乡馋。又回想起故乡的一草一木，还有老屋，干菜笋的味道似乎是从开裂的门板里散发出来的。

母亲在世时，我家是常有霉干菜和这种干菜笋吃的。霉干菜是柯桥的名物，霉得正巧，绞成拖畚头的一把，细闻有一点点陈宿气，但正是妙处所在。普通人家烧饭时将一碗霉干菜放在饭镬里，等饭焖透，霉干菜也香气四溢了，上桌时浇几滴油算是慷慨的了，和猪肉一起蒸，非要逢年过节不可。干菜笋又比霉干菜上一等级，烧汤最佳，夏天吃能消暑利尿。但后者不为外省人所知，更遑论吃福了。母亲去世后，我买过几回霉干菜，吃起来总有如咽木渣的感觉，无论加多少肉，仍是不争气。

吃光了干菜笋，就有点后悔。在柯岩游玩时，曾见商店里有一种淡干菜出售，色泽青鲜，晒得又干爽。我猜想这种淡干菜烧汤也是不错的，但阿娟竭力反对，因为以前我从外地带回的食品总是扔掉的比吃掉的多。她不是绍兴人，难以体会霉干菜对于绍兴人的意味。

又想起少年时，我不愿意吃没有油水的蒸霉干菜，母亲就举着筷子教训我：过去出门找事做的绍兴人，行囊里总要塞一把霉干菜，要是吃光了还没有找着事做，只有死路一条了，你今天有霉干菜吃，还不知足？

找到知堂老人的书来看，没看到他谈霉干菜。他只忆及周德和的油炸豆腐干，那也是绍兴的名物。鲁迅笔下倒提及霉干菜，但他憎恨霉干菜竟然甚于绍兴师爷和刀笔吏。他说他想去查查绍兴的县志，看绍兴到底遇着过多少回大饥馑，竟这样吓怕了居民，仿佛明天就是世界末日似的，专喜储藏晾干物品，有菜，就晒干，有鱼，也晒干，有豆，又晒干，有笋，又晒得它不成样子，菱角是富于水分的，肉嫩而脆为特色，也要将它风干，简直是不忍卒睹。

鲁迅对霉干菜如此憎恶，我想一是出于对新鲜蔬果的偏爱，也是顺于自然之道的态度，五四时期的文化人都这样。二是可能在寄人篱下的日子里，咽下了太多的霉干菜，不免大倒胃口而至厌恶。但他老人家对霉干菜的声讨，不能改变故乡人晾晒食物的热情和大啖霉干菜的嗜好。霉干菜或许与大饥馑有关，但它的美味却可以成为温饱生活的点缀和调剂。特别是今天，温饱问题解决后，霉干菜吸收的丰富滋味是过去不能想象的。

干菜笋的味道是长久的，绍兴与柯桥已经充塞着现代都市闹哄哄的气息，但故乡山水意外地黯然失色，村里只有老人与小孩留守，中年人都外出寻梦了，他们的行囊里会不会有霉干菜的碎屑？

咸菜卤不怕颜值低

如果给咸菜卤扣上一顶大帽子的话，我认为"颓废主义"对它来说再合适不过了。咸菜的味道地老天荒，仿佛一路跋涉了数千年，晒得浑身黝黑，累得满头大汗，还披了一肩的风霜雪雨。作为咸菜腌制过程中的废弃物，咸菜卤一直得不到足够的关注，活得相当憋屈，不免自暴自弃，有时候它干脆咸得一去不回头。如果在碗底沉淀的话，我们还可以看到些许残渣和泥屑。这也许是有机物的本质特征，但对于一种食物来说，任何残渣都可能成为令人恐惧的余孽。

老家附近有一个马路菜场，摊位有统一规格，钢管框架，油毛毡顶棚，一路逶迤，煞是壮观。我小时候很没出息，回家作业草草完成后就出门去看菜场的师傅们杀鸡宰鹅、斩排骨、剥茭白，还有就是腌咸菜。

据说腌咸菜的最后一道工序就是踩踏紧实，而且最好由脚底生癣的师傅来操作，脚癣触到盐粒那是相当的痛啊，也可能是钻心的痛，那么他就只能一刻不停地踩踏，在一次次避让中画上圆满的句号。这样，碧绿生青的雪里蕻就在木桶里被压得非常服帖，几天后，腌成的咸菜会非常好吃。而无意中呢，老师傅的脚癣也好了。

一个癣字，去掉病字头，就是一个鲜字，看来中国人造字不是没有道理的。所以沉淀在碗底的或许还有……呵呵，你懂的。

再说咸菜卤的颜色，跟治理前的苏州河极为相似，暗绿而近黛黑，那应该是穿过泥城桥杀向陆家嘴的那一段。仔细看，还夹着一点点土黄，好像一个画家刚将画过一篱菊花的毛笔伸进去洗过。

咸菜是百搭，跟谁一锅炒都很好吃。在台风来袭，蔬菜一时供应不上的紧张关头，它简直就是大家的救命恩人。而咸菜卤，就不一定能引起大家关注。不过咸菜卤虽然颜值低，情商却很高，有亲和力，乐于助人，跟谁都合得来，这一点就赢得了人民群众的深心喜爱。

有几款用咸菜卤打理的小菜，我一说包你淌口水。土豆在中国安家落户后跟在它的家乡一样，逃不脱一代不如一代的命运，科学家管这叫物种退化。末代土豆比鸽蛋还袖珍，它有点害臊地躲在家庭主妇的篮底。但宁波人爱用咸菜卤提升它的品级，一锅煮透，然后摊在毒日头下暴晒。晚上乘凉时当休闲小食嚼巴嚼巴，弹性十足，回味也很鲜。咸菜卤爆花生也是一道下酒菜，湿滋滋地堆在粗瓷盘里，剥出嫩白的肉，欣赏一眼后送进嘴里，抿一口酒，山南海北地胡聊，那就叫生活。吃光了花生，十根手指也可依次吮过来。咸菜卤与墨鱼共煮，是一道浙东佳肴。如果与墨鱼蛋（注：俗称乌贼鱼黄，黄字读去声）共煮，更有一点山村野店的风味。咸菜卤烧老豆腐，再丢一把白米虾进去，也是颇为馋人的，趁烫吃，味道压倒红烧走油肉。咸菜卤烧鸡蛋，方法与茶叶蛋相同，但意趣大相径庭。咸菜卤烧香干，时间越长越入味。咸菜卤炖蛋汤，味道鲜到讲不出！

最近还在一家饭店吃到一款冷菜：咸菜卤浸鸡。鸡肉赛过村姑，皮色稍黑而肉质软嫩，尤其是鸡骨，嚼碎了细品，有异香，可以大口欣赏。咸菜卤与别的食材相辅相成，有提鲜的作用，这原理与一个笑星深入群众一样，走到哪里，哪里就充满了笑声。所以说咸菜卤入菜，可化腐朽为神奇，化大俗为大雅，体现了民间的大智慧。

按照不成文的规矩，咸菜卤是不卖的，只能送。小时候妈妈差我去菜场讨咸菜卤，我这个人脸皮薄，拿了碗走近咸菜摊怯怯地不敢开口，最后横下心来摸出三分钱说是买咸菜，待那个阿姨从木桶里拿起一小把咸菜绞去咸菜卤欲称分量时却说只要咸菜卤不要咸菜。那个胖胖的女人将咸菜一扔：为什么不早说？夺过我的碗就舀了一碗黛黑的卤汁，没收一分钱。捧着碗回家，我怎么也收不住一脸傻笑。

咸菜卤对味蕾的刺激是终生难忘的。我至少有十次恳求太太去菜场讨一碗咸菜卤来，她坚决不肯，理由是现在的咸菜大都是民工在地下工场腌制的，时间短而求成色好看，故而加了做家具的黄钠粉，吃进肚里对健康大大有害，严重的话，两三天后眼珠子都黄了。

那么，咸菜卤与土豆、与花生、与豆腐、与乌贼鱼以及它的蛋共煮一锅的美味就只能在童年的回忆里呷嘴了。但我心不死，我就不相信咱们的人民政府连苏州河也治好了，难道就治不好小小一碗颓废的咸菜卤？

以怀旧的名义纵欲

红烧肉是上海人家一等一流的家常菜。所谓一等一流，倒并非就口味或营养，更非精致程度而言，而是由它的代表性所决定的。也因为代表性广泛，这块红嘟嘟的肉就敏感地反映了平民百姓的生活水准的沉浮。比如本人，小时候虽然也吃过几回红烧肉，却有一个尴尬不知可否与小姐女士一说。吃着吃着，一不小心吃到猪的一个奶头。因为家父贪便宜，买的不是肥瘦相间的五花肉，而是上海人俗称的"奶扑肉"。那时候读书少，更不知道弗洛伊德他老人家，否则真会想入非非的。

回头再说当下吧，常看到报纸上说，某贫困家庭的孩子有多少年不知肉味了；或某苦孩子毕业后找到一份工作，第一次领了薪水，家里得以痛痛快快地吃一顿肉；再或者，某建筑工地的外来务工人员三个多月没吃过一次肉。这里的肉，通常就指红烧肉。在民间语系中，红烧肉的指向性十分明确，可以作为考评生活质量的硬指标。

与欧洲国家民众爱吃牛羊肉不同的是，中国人对猪肉有着久远的认同。当初仓颉老先生造"家"字时，就将一个豕字圈在一个大屋顶下，这说明中国人对野猪的驯化已经成功并达到很普遍的程度。今天我在西南兄弟民族的简易楼房里还能看到数千年前的民居格局，在坡度稍缓的大屋顶笼盖下，底层养猪羊等家畜，上面住人。对啦，在北京猿人的洞穴里，考古学家还从厚厚的灰烬中挖出了猪的颌骨呢。

不过也怪，到了宋代，东坡老人谪居黄州，意外发现那里的猪肉很便宜，"贵人不肯吃，贫人不解煮"。也就是说，在长江流域楚文化曾经盛行的地区，家猪一直没有得到很好的开发利用。于是落魄的政治家和具有世俗趣味的文学家、书法家苏东坡自己动手，丰衣足食，加酒、加酱油，少加水，用文火焖烧成了传诸后世，并发扬光大的东坡肉。历史学家一直认为楚文化是中国文化的另一个源头，长江流域也是当时经济文化很发达的地区之一，更是巫医乐师加上诗人各色人等集聚、浪漫色彩浓郁并喜好白日梦游的地区，然而，至少在猪肉的加工与食用这一小儿科问题上，暴露出楚人煮肉的能力很差。

好了，这个话题点到为止。但说某些上海人对红烧肉的态度，确实也有点矫情，程乃珊在她的成名作《蓝屋》里写到一个旧上海工商界巨子的后代，就从来不吃红烧肉这类粗物，要开荤也只吃竹笋炒肉丝，筷头笃笃而已。我还看到一篇由文坛老前辈写的小说，背景在五七年反右，一个差点被打入另册的知识分子心怀感激地在食堂里吃了一块红烧肉，以示与革命群众打成一片。好在上海百十年来的市井风情，是由草根社会的市民书写的，红烧肉的存在自有广泛的群众基础。比如说，在国有企业的食堂里，红烧肉就是一年到头也不能断档的看家菜，它的同门兄弟是红烧大排。在国营农场里，红烧肉是改善生活的"硬货"。农忙时给知青们打气鼓劲，最见效果的不是空洞的口号，而是一块二肉重的厚膘红烧肉。在家里，红烧肉当然挑起安慰"淡出鸟来"的那张嘴巴的重任，偶尔还会加一些百叶结或者鸡蛋，以求多吃几顿。

从中华美食的庞大菜谱上看，红烧肉的地位也一直不明确，没有一个帮派的菜谱将它收编在册。所以二十年前乍浦路和黄河路两条美食街上的小饭店将红烧肉编进菜谱时，打出的旗号是"码子菜"，而非本帮菜。个体户走的是曲线救国的路线，先抛出梅菜扣肉。一坨黑黝黝的霉干菜上面，铺一层风也吹得走的猪肉，肥瘦相间呈五花之态，另带狭狭一条半透明的猪皮，只不过常常会有数根猪毛作怒发冲冠状。为心理抚慰计，饭店有时也会跟上一碟面饼，让客人夹来吃。在花费不多的便宴上，它庶几充当了垫底的角色，刚从贫困线下爬上来的上海市民也没有理由拒绝它的祝福。

梅菜扣肉试探风声后，红烧肉可以粉墨登场了。特别是杭州菜馆的东坡肉当了一回偏锋，并没有遭到上海市民的厌弃。湘菜馆的毛家红烧肉紧紧跟上舞弄了一番花枪，也被上海人好奇地接受，红烧肉的压轴大戏似乎到了开锣登场的时候。而且，此时的红烧肉是以私房菜的独门秘技推出的，眼观六路耳听八方的老板娘在厨师的帮衬下，貌似贴心贴肺，兼卖三分皮笑肉不笑。加之红烧肉最能唤醒儿时回忆，承载窘迫生活体验，是商场官场里"英雄不问出身"的最佳注释，倘若有人故作清高忸怩作态，怕有数典忘祖之嫌，遭到全桌同胞的愤怒声讨。于是，红烧肉迅速红遍上海滩，成了最具上海精神的怀旧金曲。

如今红烧肉做得出色，也成了酒家的骄傲。上海动物园附近的程家桥阿山饭店，菜单是用油漆写在小竹片上挂在墙上的，坐在凳子上得提防戳出来的钉子勾破裤子。但生意实在是好，其中一款红烧肉为它赢得了口碑。虹桥路上的和记小菜，由台湾老板经营，一款红烧肉经过改良后，以粉色的艳姿亮相，下面垫了软塌塌的京葱白，酥而不烂，回味甜鲜，成了中产阶层的宠爱。我还在一些酒家吃到坛子肉，同样是红烧，装在紫砂小坛子里，有点藏拙的意思。圆苑的红烧肉是后起之秀，据说五花肉是在油锅里炒过的，肥而不腻，色泽文雅，芡汁包裹紧密，虽然边缘楞角相当清晰，却是入口便化，很符合袁枚在《随园食单》里对红煨肉的期待："上口而精肉俱化为妙"，值得再吃一次。

在这一形势下，红烧肉做得不甚出色，也不妨自吹自擂。服务小姐常在竭力推销鲍鱼、鱼翅碰钉子后就将红烧肉拉出来示众。有些饭店将红烧肉呼作外婆红烧肉，尽管外婆已然作古，但外婆永远是大众的长辈。外婆的品牌内涵，明确了传家宝的角色，一上桌，也就透出一种自家人的亲热劲和不妨撒娇的情怀，纵然火候上有所欠缺，色泽上有所偏差，也不妨在吮指之乐的同时一笑了之啦。

上海的本帮饭店里以前是没有红烧肉的，只有走油肉和走油蹄髈。取五花肉或蹄髈，煮七分熟后入油锅炸至皮色金黄，在水里冷却后让它起泡，再复入锅内加佐料烹至酥烂脱骨。取大碗，垫碧绿青菜心数株，盖上走油改刀的肉，上笼屉蒸透，覆扣盆内上桌，卤汁勾芡兜头浇上，浓油赤酱，咸中带甜，尤以起皱的肉皮最佳，有腐蚀雕刻的效果，筷子一撅就"皮之不存"了。

在朱家角、同里、西塘等作为景点喧腾的江南古镇里还有扎肉，红烧近乌黑，一根稻草扎起一块，在铁锅里排列整齐，农家本色，古镇风物。上海人还不能忘记酱汁肉，红米上色，甜味很重，北方人根本消受不起。这块肉从苏州而来，在本埠扎下根，一个多世纪里滋养了许多上海美食家，过去在熟食店里也是当红小生，数陆稿荐里的出品最为著名。这里还有一个传说呢：一流浪汉来到陆稿荐求宿，好心的主人收留了他，给饭吃，又给了一张草席让他席地而眠。第二天流浪汉不辞而别，主人家看到流浪汉睡过的草席上留下斑斑脓迹和血迹，当即扔进灶膛里烧了。谁想这一把火，将锅里的酱汁肉催得恰到好处，酥软适口，香气四溢，从此陆稿荐里的酱汁肉暴得大名。后来主人才发现，流浪汉是赫赫有名的吕洞宾啊。

我老家附近南阳桥有一家杀牛公司，老上海告诉我，过去是杀牛杀猪的屠宰场，建国后成了食品加工厂。我在小时候还经常看到有马车嘚嘚到此，车上有一只巨型木桶用来装肉汤，每当贴墙壁的管子里放肉汤时，热气腾腾，场面颇为壮观，但我们只能在远处掩着鼻子观看，因为那肉汤的膻味太重。在枯肠瘪肚的年代，"肉汤"两字足以引发孩子瀑布般的口水，不过这肉汤据说是拉去喂猪的，

陸稿薦

真正老牌

老店

姑蘇遷此真正老牌陸稿薦醬鴨肉店

人不能喝。

虽然杀牛公司的肉汤不能喝，酱汁肉却是公司门口那家熟食店里的大戏码，价钱最贵，我经常去那里买几角钱猪头肉、夹肝、糖醋小排或者后来走俏的方腿边角料。酱汁肉每斤索价一元，约有十块，相当贵啦。有一次看到一交警买了一元钱的酱汁肉，站在路边一块接一块地吃了，完了还有点恋恋不舍地抹去嘴角的油脂，精神抖擞地回到十字路口指挥交通。这一天肯定是公安系统的发薪日吧。

前几天与朋友在淮海西路的致真酒家品尝本帮菜，看到一盆红烧肉上桌时，又奋不顾身地攫来品尝。一入口，出乎意料，居然有猪肉的本香与本味！黏性也足，差不多要将舌头与上腭粘住。

朋友与饭店老板相熟，请他来包房叙谈。老板一脸自豪地说："你知道这碗红烧肉的成本吗？"不等我回答，他便细说从头：有一次看到中央电视台播出一档节目，说湖南一个偏僻的农村还有人在用"古法"养猪，给猪吃的是水葫芦、糠、藕等，吃饱了满山跑，这种土家猪肉特别香。于是派采购员坐飞机去购买了几十斤，飞机往返，加长途汽车和食宿等费用，加起来要一千出头，核算下来每块红烧肉的成本就要七元。烧了红烧肉后一试味道，比过去用的金华"两头乌"更胜一筹。

"现在我们在浙江南部一个生态保持很好的山沟沟里，养了一千头猪、一万只鸡，还有一年四季不断的蔬菜，从而确保了饭店的原材料不受污染，有营养，有本味。"他还强调，"我们的猪要养四百天，吃谷物饲料，出栏时一百斤重。人家给猪吃复合饲料，养一百天就有两百斤了。"

老板年逾六旬，靠做翡翠生意致富，然后凭兴趣开一家饭店"白相相"，因为强调精益求精的理念，比有些业内人士更懂得烹饪之道。为了达到理想中的色、香、味、形，他对每款菜肴的成本是从来不计较的，安全与原味是他追求的终极目标。

我问："成本如此之高，你还能赚钱吗？"

答："宁可少赚一点，但质量一定要好。偌大的上海滩，还有几家饭店能烧出有猪肉本香的红烧肉呢？"

现在红烧肉是得宠了，走油肉、酱汁肉反倒没人理会，大约是厨师嫌麻烦吧。扎肉也只是"到此一游"的衍生，味道如何似乎并不重要。

都说要振兴本帮菜，想不到红烧肉却不动声色地揭竿而起。以怀旧的名义纵欲，红烧肉是首选。

槽头肉升级版

小时候，妈妈跟我讲过一个故事：从前啊有个穷秀才，娶了大户人家的烧火丫头做老婆，婚后一直想尝尝大户人家做的菜。老婆说：相公你想吃什么呀？秀才想了半天说：韭黄炒肉丝。老婆答应了，但是第二天秀才没吃到，第三天也没吃，第四天第五天……一直等啊等啊，穷秀才等得头颈也长了，一个月后总算吃到了。一尝，哇，真是又嫩又香又鲜——妙不可言哪。秀才酒足饭饱后问娘子是怎么做的。秀才娘子说：这道韭黄炒肉丝是取猪脸上的一块肉做的，一个猪脸上面只能取得拇指那么大一块，做这盆菜一共用了七个猪脸呢。家里穷，一个铜板一个铜板地积攒，害得相公要等一个月后才如愿以偿。

这是关于中国美食最有说服力的一个故事。中国人对吃的讲究，往往在于对原料的挑剔，加之对火候的掌控，一款美味的成就，就有了悬念，有了艺术性，还有得之不易的幸福感。

前几天被朋友拉到一家饭店，意外地吃到一款美味，与上述的故事有异曲同工之妙，那是一款炭烧猪颈肉。朋友隆重推荐时我是有点恐惧的，所谓猪颈，是不是上海人望而生畏的槽头肉？此处积淀着大量脂肪，白花花的一坨。三年困难时期，人人肚子里少油水，才动脑筋通路子买来这坨颤颤巍巍的大肥肉解馋，让堵满山芋梗和光荣菜的肠子们滋润一下。记得我父亲就买过一回，比一只山芋大不了多少的一块，厚厚的猪皮上还长着浓密的黑毛。好不容易弄干净，加桂皮茴香红烧，那真叫香啊，我猜整幢楼房里邻居都在流口水。至今思之，那顿晚饭的情景犹在眼前，我用肉汤淘饭吃，那米粒似乎不是吃咽下去的，而是自个儿争先恐后奔进肚里去的。

第二天，吃剩的那半碗结成冻了，上面白花花一层油脂，多么美丽的"雪景"啊！妈妈就将猪油刮下来做面疙瘩，那碗里的菜皮帮子史无前例的滋润，又是一顿难忘的美餐。只不过才隔一小时我就拉稀了，母亲说我吃多了，其实我也明白，细细的肠子如何经得住六合彩中头奖一般的强烈刺激呢？

在我工作后，供应还是很紧张的，我曾看到一家饭店的老师傅将槽头肉塞进绞肉机里绞，挤出来不是一粒粒的肉屑，而是大而化之的肥肉瀑布，不过跟腿肉混在一起，加大把淀汾、葱姜料酒，搅出劲来做成肉圆，倒是三鲜汤的上好食材呢。我甚至还在一家小酒店里看到三个酒鬼围着一张油滋滋的八仙桌喝小炮仗——两毛钱一瓶的劣质土烧，桌上唯一的下酒菜就是一碟洁白无瑕的槽头肉，照样被大师傅切成极具观赏性的薄片，他们也照样蘸着酱油吃，细嚼慢咽，从容不迫，一派大将风度。如今日子肥得冒油，减肥都来不及呢，谁敢如此倒行逆施？该打！

回头再说炭烧猪颈肉，想不到一上来就香气四溢，先声夺人。再一看，并非肥嘟嘟、白花花地叫人恶心，倒是蛮含蓄地伏在细瓷盆子里。一尝，外脆里嫩，微微透着一股焦香，跟大名鼎鼎的北京烤鸭有一拼，而且入口就化，没有脂肪也没有肉渣，吃了一片，筷子不由自主地伸出去了。我还说呢，要是蘸着面酱和京葱丝、裹着荷叶饼吃，那味道更胜一筹了。

槽头肉有了升级版，可喜可贺。

朋友幽幽地说：这道菜也来之不易啊，一头猪身上才一小块颈肉，半公斤也不到。它并不是想当然地长在猪脖子后面，而是长在前面，就在喉管前的部位。猪平时喜欢用鼻子拱地刨食，一会儿用力，一会儿收缩，那块肉就成了活肉，而上海人最相信活肉了。做这道菜，我估计至少用去200克宝贵的猪颈肉，这家饭店以这款招牌菜吸引人，不少吃货专程跑来解馋，每天该用掉多少猪颈肉啊？二师兄若是知道了，恐怕也要拖着钉耙夺路狂奔。

从厨房里请出厨师，问这道菜如何做法，大师傅看我们不像开饭店的主，就很爽快地透露了秘密。主料：猪颈肉250克，辅料：京葱、洋葱等。操作方法：将猪颈肉放在由生抽、蚝油、生粉、香料等特制的酱料里腌制一二小时，然后放在烤箱里烤几分钟后即可，切成一分厚的薄片上桌，蘸着由柠檬汁、苹果酱等特制的调味酱食用，味道甚佳。

打着饱嗝回家，钻进被窝看刚买来的《蔡澜谈吃》，这位香港美食家在书中写到猪颈肉，有两点我记住了：一，猪颈肉切薄片，在开水锅里一滚就可吃，多滚几滚也不碍事，依然很嫩，不比涮羊肉差。二，香港过去没人吃猪颈肉，是他在报纸上写文章炒热的，现在成了香港一大美味，价钱上去了，卖猪肉的老板都舍不得自己吃。

现在禽流感闹得很厉害，大家都不敢吃鸡，香港人更怕死，看到肯德基的招牌就觉得触霉头。春节快到啦，无鸡不成席嘛，我希望蔡澜铁肩担道义，写一篇吃鸡的文章。我代表大陆的养鸡农民感谢他，用本文稿费买一只鸡腿送他啃啃。

石库门桂花肉

　　三十年风水轮流转，近年来本帮菜似乎有卷土重来的势头，还频频向外省辐射，据说一座城市如果没有本帮菜馆，说明那里的经济还没有搞活。在本埠，浓油赤酱之外，有进取精神的厨师也不会死守几只经典老菜，晓得从民间挖掘资源，比如外婆红烧肉，喜感浓浓，加蛋加百叶结两可。干煎暴腌带鱼，整齐排列，下酒妙品。荠菜百叶包肉再用鸡汤一煨，家常风味，老少咸宜。前不久与朋友在淮海中路"阳光527"四楼孔家花园酒家吃饭，居然吃到了一款久违的桂花肉，一时泪奔！

　　桂花肉，中年以上的上海人是不会陌生的。想当初，单位食堂里常有供应，每当桂花肉三字在小黑板上出现，排队买饭的朋友忍不住食指大动。价格与一块红烧大排相差不多，但口感似乎更加豪华。桂花肉空口吃味道一流，就是不大送饭，凡是不送饭的菜，总显得高档。有些女工买了一份，自己却只吃一两块，大部分带回去给孩子吃，这就是上海女人！熟食店里有时也供应桂花肉，但一般都是冷的。冷的桂花肉徒有其形，软皮塌里，遑论松脆。

　　孔家花园的总经理杨子江是个怀旧的上海男人，他花了好几年时间整理挖掘了不少民国名人菜，比如大千子鸡、谭家鱼头、蒋氏花雕鸡、美龄甜橙蟹粉、霭龄牛肋骨、梅兰芳贵妃鸡、张爱玲鸭舌等。淮海中路什么市口？开饭店没有几招鲜，根本别想招徕客人，所以，他打名人牌并非有钱任性。

　　有一天酒店午休时分，急匆匆地闯入一位中年男子，他问服务员："你们这里供应桂花肉吗？"服务员回答没有。这位男子相当失望，对服务员说："我妈妈因病进入弥留之际，她非常想吃一口桂花肉。我差不多已经跑遍整个上海，饭店里没有，熟食店里也没有，我不能满足妈妈临终前的这点小小愿望，真是难以尽一分孝心了！"说完，不由得仰天长叹。

　　正在店里巡视的杨子江听这位男子这么一说，就马上安慰他几句，安排他坐下喝茶。杨子江在学生时代吃过桂花肉，印象深刻，也非常喜欢，并知道桂花肉怎么做，于是他转身进入厨房，指导厨师如此这般地做了一盘，让那位男子赶

快送到医院让妈妈尝一尝。

几天后,那位男子再次来到孔家花园,紧握杨子江的手说:"我妈妈品尝了你们做的桂花肉后,非常高兴,说跟当年的味道一模一样。小时候,妈妈经常从厂里食堂带回桂花肉给我们兄弟几个吃,而她自己总舍不得吃。妈妈的养育恩情是我一辈子也报答不尽的!"

于是杨子江想,名人牌要打好,老百姓的亲民牌也要打好。桂花肉难道不是另一种经典吗?后来这道桂花肉就列入菜谱,群众吃了都说好。

桂花肉是这么做的:选上好的五花肉,去皮后切薄片,挂蛋泡糊入油锅炸两次,最后一次须用高温,以确保外表松脆。上桌后,桂花肉色泽金黄,牙齿一咬就会听到咔嚓一声,香气即在口鼻间盘绕,细嚼之下,无筋无渣,吃了还想吃,这就是一道好菜应有的吸引力。

不久,杨子江还挖掘出一道金必多浓汤。老上海一定还记得金必多浓汤吧,它的食材以鸡丝、鱼翅、火腿丝为主,再加适量鲜奶油,不中不西,亦中亦西,爱赶时髦的上海人就是喜欢这个味道。上世纪20年代,唐鲁孙在上海时吃过这道汤。"上海南京路虞洽卿路口有一家晋隆饮店(今南京东路、西藏中路转角处),虽然也是宁波厨师,跟一品香、大西洋,同属于中国式的西菜。可是他家头脑灵活,对于菜肴能够花样翻新,一只金必多浓汤,是拿鱼翅、鸡茸做的,上海独多前清的遗老遗少,旧式富商巨贾,吃这种西菜,当然比吃血淋淋的牛排对胃口。"

1922年11月13日,爱因斯坦夫妇在福州路"一品香西菜馆"出席上海社会团体为他举办的欢迎午餐会,黄浦档案局保存的一份当年"一品香"套餐菜单,就有这道"鸡丝火腿鱼翅汤"。

美食家沈宏非在一篇文章里说:"金必多"在上海的流传,一直延续到上世纪50年代。前几年,淮海路红房子西菜馆搞过一次"世纪回顾、经典展示"活动,其中50年代的代表菜,除了培根鹅肝酱,就是"金必多浓汤"。1949年以后,这道汤开始漂流到台北、香港以及各国华人聚居地的"豉油西餐"店(如香港湾仔六国饭店西餐室),不过延续的时间比上海长,至今仍有余温。

淮海中路在上世纪二三十年代叫霞飞路,是两万多名白俄登陆上海后的避难之地,人称"东方的涅瓦大街"。白俄在法国租界当局的庇护下开了二十多家俄菜馆,今天连个影子都不见了。而杨子江居然有本事从一位老克勒家里翻出一张发黄发脆的菜单,那是当时规模最大的一家特卡琴科兄弟咖啡俄菜馆的遗物,然后以炸猪排、罗宋汤、俄式色拉、面包、咖啡等凑成一套简餐，以满足周边商务楼小白领的需要，让他们在咀嚼美食时将老上海的故事怀想一遍。

"阳光527"这幢商厦前身是锦江国际购物中心，今天成了餐饮场子。我还记得以前这里是一长溜巨幅标语牌，上世纪70年代末那种百废待兴的气氛中，还出现过一幅题为《你办事，我放心》的油画，上海人还记得否？标语牌东侧还有一家春江生煎馒头店，香飘街坊，天天排队！春江后来不知所终，标语牌的位置就是今天的"阳光527"。

于是我就跟杨总建议，何不供应生煎馒头，并将"春江"的老品牌复活？他一听两眼放光，但马上挠了挠头皮：点子倒是好的，可是谁来做这个老上海味道的生煎馒头呢？

其实杨子江也不必费力去找民间高手了，入秋后，"阳光527"整幢大楼因为招商情况不佳，北京来的二房东亏了一个亿后灰溜溜地退出江湖，大房东是上海的国企，资本雄厚，破点小财赛过被蚊子咬一口，根本无所谓，只是苦了开饭店、开面馆、开咖啡馆的十多家小租客。孔家花园是整幢楼里生意最好的，至此，也只能拾起碎了一地的民国名流名菜故事，辗转去了偏远的莘庄重整河山，几百万的装修费用就留在墙上了。

现在你再去淮海中路看看，就在重庆南路到陕西南路这一段，回到二十年前，嗬！不夜城，灯火辉煌，人潮涌动，香槟美酒，长乐未央。现在呢，二十多家商铺关门歇业，就靠光明邨、长春、哈尔滨和全国土产在撑市面了，一到晚上八点过后，黑灯瞎火，落叶遍地，行人匆匆走过，那叫一个凄惶！

值得偷吃的大肠煲

小时候，有一支搞笑风格的童谣在我们班里流传，用苏北方言说则更加诙谐：猪猡身上全是宝，猪猡的皮，做皮鞋；猪猡的毛，串牙刷；猪猡的血，拌老粉；猪猡的肉，红烧烧；猪猡的肠子味道好，打你耳光不肯放。

须说明的是，熟猪血拌老粉成为腻子，用于家具油漆前的填缝剂，相当好使。读中学那会我还鼓捣过家具，水平实在搭浆，就得劳驾这玩意儿来遮丑。但熟猪血不好买，一直要跑到苏州河边的大通路桥堍才能买到，每天的供应量还相当有限，迟了没货。

猪大肠，是我的最爱。同时兼爱的还有猪肺、猪耳朵。私心以为这是猪身上的三样宝。有人说，一个人的品位，从猪身上可以体现出来。这话说得拗口，但意思都明白。你如果只吃猪排，品位高！啃猪脚，就低一档了；吃猪鼻冲呢，再低一档。像我这类猪下水的忠实粉丝，品级当然要低到尘埃里了。要是你从来不碰猪肉，大家就对你高山仰之了！

但是，猪大肠、猪肺以及猪耳朵——也叫顺风——的味道实在好，为它们放低身段是值得的。

回到小时候，那时我家虽然穷，但大肠肺头是很少进门的。妈妈说过，我们从来不碰这种东西。为什么？她不肯说。我家对面有户人家，人口众多，当家的男人经常拎一挂猪下水回家，女主人在弄堂里洗大肠洗肺头时动静很大，红漆脚盆一只，大肠翻过来用盐擦过，肺头用橡皮水管插进去，自来水龙头一开，灌了水的猪肺一下子就胀得又红又大，毛细血管清晰无比。整个过程充满了娱乐性，让我看得出神。看到我如此没出息，妈妈非常生气。

老家在卢湾区，菜场里极少有大肠肺头，猪肝猪腰猪肚是有的，这个比较抢手。菜场里的老师傅说，大肠肺头这路东西要过了苏州河，在药水弄、番瓜弄这种地方才有人抢来买。这句话的含义，上海人是听得懂的。什么是阶级，这大概也算吧。

后来，我几个哥哥去外地"修地球"，父亲要不时地寄点食物去补充他们的营养，那么家里景况越来越糟。我还在读中学，吃闲饭，这是我们家最艰难的阶段。终于，大肠也躲躲闪闪地进门了，妈妈偷偷地洗干净，下超量的姜葱老酒做成大肠汤，好吃！再做红烧大肠，也好吃！但肺头呢，则一直不让进门，这似乎是妈妈的底线。我下乡劳动时，兜里有几个小钱，就与同学一起上馆子，总算吃到了大肠肺头汤，那真是天厨异味啊！

及至工作后，出差去外地，我也经常寻找大肠肺头做的菜。有一次去珠海，朋友陪我到郊外一屠宰场旁边的饭店里喝猪肺汤，用刚从腹腔里掏出的猪肺、大肠和夹肝等下脚料煲成的汤，汤色乳白，猪肺香糯，连喝两碗，通体舒泰。

去济南，我吃到了鲁菜中久负盛名的九转大肠。此菜其实就是红烧大肠，不同之处在于油里炸过，香气四溢，吃口肥软，弹性适中。

在西安，我还专门找一家老字号吃过葫芦头泡馍。此菜大有来头，在宋代叫做"煎白肠"，流传至今号称没走样。与羊肉泡馍相似，馍也要用手掰开，但大汤的原料是肥软的猪大肠，而且取头部最厚肥部分，呼作"葫芦头"，大火烧，小火熬，酥而不烂，略有嚼劲，越吃越香，带着浑身的微汗出门，有风迎面吹来，痛快淋漓地连打三个喷嚏，爽！

至于本帮菜里的经典名菜草头圈子，直取猪大肠的精华"段落"，浓油赤酱烹之，成菜油亮，垫底的草头嫩叶碧绿生青，大红大绿，老少咸宜，连一些从来不吃内脏的老外也忍不住撩来品尝。这里悄悄透露一下，这是西郊宾馆主厨亲口告诉我的：中央领导来上海视察，入住西郊宾馆，经常工作到凌晨，工作人员准备宵夜的时候，领导会提出吃一碗大肠面。

如今我在广帮饭店吃饭，坐下后点菜，第一句就是：你们有北杏猪肺汤吗？若有，先来每人一碗，然后再问乳猪烧鹅。

自然，大肠一定要整治到位，软酥而略有弹性，吃得出丝丝缕缕的纤维。煮得失败的大肠，对牙齿绝对是可怕的折磨，像在咬啮自行车内胎。

另外——我与不少大肠爱好者持同样观点：大肠再怎么洗，难免有一丝臊气。而这，正是大肠的本色与风格，就像男人不妨有一点点脚臭。否则，大肠不好吃，男人也没脾气。

前几天与朋友去淮海中路淮海公园对面的麦记茶餐厅吃饭，在一百多道菜点中我发现了"性命"——生啫大肠头，马上点来一尝。厨师直取大肠精华段落，焯水后煮至九分熟，改刀待用。砂煲坐灶，下洋葱、青椒、南姜、蒜子等煸炒，下广东出产的煲仔酱，最后将直肠片覆在上面，盖上盖子煲一刻钟，将绍酒沿着盖缝浇上一圈，上桌后当着食客的面才揭盖，一股香气冲天而起。尝一口，直肠表皮带了一点脆性，肥厚而带嚼劲，经煲仔酱提鲜增香后，味道好极了，吃了还想吃。这里还有一道老干妈肠头蒸茄子，也不知所为何来，广帮菜谱里肯定没有原始档案。朋友介绍说，此为经常在电视里教观众做菜的周大厨独创，烹制时加了老干妈豆豉酱料，旺火蒸，稍有麻辣味，盘底的茄子因为吸足了汤汁，使风味层次变得丰富起来。这盆菜差不多被我一人独吞，哈哈！大肠当前，谁还顾得上吃相！

乳腐的血色黄昏

可能是因为欧洲的美食，特别是被民间文学传为经典的法国大菜对于刚刚踮起脚尖看西洋的中国人来说，过于精致，过于铺张，过于仪礼，过于奢华——过于昂贵，那时候我从报章读到中国人撰写访欧归来的文章，都对法国乳酪表示不敬。简直太不可思议了，太难以下咽了，甚至破口大骂"臭不可闻"。或许是真的吃不惯，或许是"草食动物"的胃一时不能适应凝炼的油脂，但我总从字里行间读出一种阿Q心态。在外头转了半天，也只有这乳酪可以被我们大中国嘲笑一下。

十多年后在北欧，在再三关照"必须穿晚礼服"的场合邂逅正宗的乳酪，以富有想象力的思路在长餐桌上排列出欧洲园林的图案，因为受到阅读经验的影响，我踌躇不前。后来心想，再怎么，也得亲口尝尝梨子的滋味。于是先目测一下卫生间的方位，再用颤抖的手拿起一小块，闭起眼睛送入口中，舌尖极谨慎地迎上去……细嚼，并非如他人所说那般"不是个味儿"。或许北欧的乳酪不臭？接下来我就敢领教法国的乳酪了，甚至有一种被视为最最正宗的带绿点、钻孔的乳酪，我也吃得津津有味。有时候，乳酪与饼干结伴而来，是下午茶最隆重的点缀，经过红茶的洗礼，通过喉管徐徐滑下，一直暖到胃袋里，很久才返上一股不那么芬芳的气息，但也不至于让我却步。在品尝了乳酪后的几天里，甚至会想念它，就像在路边与一个美女擦肩而过之后。

也许有一个理由可以解释：我是一个天生的逐臭之徒。我的祖籍在绍兴，老屋的厨房里一直弥漫着一股好闻的、逗引食欲的臭味。在上海，家里也从来不乏臭霉的美食：霉千张、霉干菜、霉毛豆、臭乳腐。我是闻着吃着这些臭东西长大成人的，法国乳酪与故乡的臭乳腐相比，可谓小巫见大巫了。有这样的家庭背景，谁与争臭？

其实，与欧洲的乳酪相比，中国乳腐优势明显。前者是动物脂肪，后者是植物脂肪，更有利健康。前者价昂，后者便宜，能节省开支。欧洲的乳酪据说有上百种，中国的乳腐也不赖啊，过去我们常吃的除了白乳腐，还有红乳腐，就像白玫瑰红玫瑰永远是情场的致命道具一样，它们是中国贫寒人家餐桌上的压饭榔头。还有臭乳腐，比乳酪更具爆炸力。小时候，酱油店——俗称糟坊——有臭乳腐供应了，也会惊动一条街，小孩子们就捧着碗在酱油店门口嬉笑排队。臭乳腐小如麻将，一角钱可以买一大碗，白肉黑皮，表面还附着一点点石灰质的硬粒。闻着臭，吃着香——"文革"时形容资产阶级法权就用臭乳腐打比方。也就在这清贫岁月，臭乳腐别无选择地成了老百姓餐桌上的美味。如今"臭名远扬"的有北京王致和，在淮海中路全国土特产商店里是长销品种，路过那里我总要捎一瓶回家。雅驯一点的则有虾米乳腐、麻油乳腐，玫瑰乳腐是豪华版，辣乳腐就像辣妹一样另类。我在臭乳腐之外还很心仪故乡的糟乳腐。

也是在我小时候，会有挑担的乡下人串街走巷来到弄堂里，他们从不吆喝，但坐在石库门外闲聊的老太太们知道他是做哪路生意的，很快传递消息。母亲也会拿一个碗，再塞给我几个角子，"照这点钱买来，碎的不要"。我下了楼，弄堂口的过街楼下已围着一些婆婆妈妈，卖乳腐的浙江人——他们说的方言我能听懂——打开白木桶盖，白玉般的乳腐放射状地排开，很整齐，表皮沾了酒糟，一股馥郁的香气缓缓地升上来，小贩用紫铜铲将乳腐铲进碗里，再加点卤，老少无欺的诚信。这种土制的糟乳腐总有一种淡淡的香味，但细闻之下又有一丝臭味，这正是乡土气息的特质。现在绍兴糟乳腐还有供应，买回来，开瓶后有一股浓郁的酒香扑鼻而来，点筷品尝，细软糯滑，回味悠长，诚为洁齿隽永的清粥小菜。

但是作为豆腐的衍生产品，乳腐太渺小了，一般美食家不屑推荐它，还是袁子才有人文情怀，在《随园食单》里记了一笔："乳腐，以苏州温将军庙前者为佳，黑色而味鲜。"这位老吃客还透露，"广西白乳腐最佳，王库官家制亦妙。"广西的白乳腐至今还是"佳"的，以清代乾隆年间素面朝天的形象在超市货架上等你。

可是现在谁还经常吃乳腐呢？即使早餐吃粥，也有肉松、皮蛋、油氽果肉、海蜇皮，吃乳腐实在是太寒酸了。可是有一个医生告诉我，乳腐中含有丰富乳酸菌，有健胃、助消化之功效，远胜于某些从大豆中提取乳酸菌的保健品呢。尤其是红乳腐，此物在酿造过程中加了红曲米，而红曲是寄生在红曲米上、发酵提取的活性生物菌。红曲米中富含红曲酵素，能够降低血脂，降低血压，具有抗氧化和强化肝脏功能，促进细胞新陈代谢，提高人体免疫力。红曲酵素由此也被世界医学界誉为"可以媲美青霉素的旷世发现"。所以多吃红乳腐以及用它做的菜肴和点心，还具有治疗三高、心脑血管病等诸多城市病的积极作用。

乳腐在今天的美食和保健价值还须厨师积极发掘，南乳通心菜、南乳烧肉、南乳剥皮大烤、南乳饼还应该得到商家的高度重视。在北方，有人将乳腐抹在煎饼里吃，与当年知青将乳腐包在馒头里吃有异曲同工之妙。在有些省市，南乳扣肉也是一道席中大菜。我作为一名乳腐爱好者，也整出了几个创新菜让朋友分享。一是南乳炒生鱼片，鱼片至熟时倒几汤匙南乳汁，快速颠炒几下，卤红而鱼白，美其名曰"红粉佳人"，与美人开个玩笑。二是将文蛤氽熟剥壳，热锅内倒少许油，煸香蒜蓉、姜末，加入南乳汁、糖、盐等，再将文蛤倒入快速拌后装盆，价廉物美。

这两年，一年一度的月饼季越来越热闹了，除了常规的鲜肉月饼，有些店家还开发了了肉松咸蛋黄月饼、鲜肉松露月饼、鲜肉松茸月饼、蟹粉鲜肉月饼、十三香小龙虾月饼、黑胡椒牛肉月饼……甚至还有腌笃鲜月饼。《旅游时报》的戚克檀小弟请我为淮海中路金辰大酒店的月饼新品开发出点主意，我一下子就想到了红乳腐：何不做成南乳烧肉月饼呢？这个在上海肯定有众多粉丝。金辰大酒店的老总一听拍案叫好，马上请厨师试制，成熟后推向市场，居然订货来不及。这款南乳烧肉月饼不仅有着"外观圆润，酥皮松脆，馅心饱满，汁液丰盈，咸鲜上口，甜香收口，华瞻馥郁，回味悠长"的特色，还直追石库门老外婆的风味。

各色各样的乳腐和红洇洇的南乳汁在超市货架上列队欢迎你，它们正在转身之中，"中国奶酪"的价值必将在新的美食实验中得以绽放。乳腐进入了它的血色黄昏，但黄昏依然可以非常美丽。

稻谷的最后一次奉献

这一次，我们说说糟。

酒糟的"糟"，也是糟糕的"糟"，也许在上古时代，酒糟之于酒坊、米糕之于点心铺的案板，原始形象是非常之"糟糕"的。但对今天的知味者而言，他可以拒绝全盘西化的糕饼，但如果有酒糟加工的肉食，则必定视作旧日情人。再糟糕的日子，如有一小碟糟凤爪、一小碟糟毛豆，开两瓶冰啤酒，也就容易想开了。

幸运的是，我诞生于绍兴人的家庭，吃奶的时候也许就闻到了酒香。小时候去乡下看望祖父祖母，骇然发现天井里默默无语地蹲着一口大酒缸。酒缸之大，可以玩一把司马光砸缸的悬疑剧，大人要喝酒，也得垫着小凳子去舀一壶。

后来的日子不知为什么一下子就黯淡了，妈妈是喜欢喝两口的，但只得戒了。偶尔差我去买三分钱的料酒，那是用来烧鱼的。但那时的酱油店——也叫糟坊——经常卖酒糟。师傅将酒糟捏成一团团，山芋那样大小，搁在柜台上。我看清了，酒糟里以瘪成壳的米粒主打，夹间一些稻壳，色泽淡黄而灰暗。

老人告诉我，在农村，酒糟是喂猪的，猪吃了酒糟倒头便睡，容易长膘。在灾荒的年份里，人也吃酒糟。于是我认为酱油店里卖酒糟大约是不祥之兆。

可是妈妈得到消息却很兴奋，当即差我去买酒糟。酒糟是很便宜的，60年代后期大约是一角钱一斤，正好一团。我忧心忡忡地问妈妈：我们把它当饭吃吗？妈妈大笑，"看我弄好吃的给你吃。"

妈妈胸有成竹，从菜场里买来带鱼，斩段，将酒糟包住带鱼块，一块块码在大海碗里，上面扣一只盆子。隔天扒去酒糟，带鱼排列在盆内，加葱结、生姜和酱油急火蒸熟，开锅时酒香扑鼻，吃口肥腴鲜美，比吃腻了的清蒸带鱼美味多了。

酒糟还可以做糟青鱼，这个工程要浩大些。青鱼洗净去掉头、尾，鱼身斩成条块待用，找一只坛子洗净、晾干，坛底不能有水，否则食物易坏。在坛底铺一层酒糟，鱼块用布擦干后平铺于酒糟上面，然后在鱼的上面再铺一层酒糟，撒一层粗盐。再铺一层酒糟，放一层鱼，加一层盐……最后将坛盖扣好。一星期后打开坛盖，一股糟香顿时将我击倒。后来得知，这种方法在烹饪学上称为"生糟"。按此法，妈妈还做过糟肉。

妈妈还做过"熟糟"。先要做糟卤，酒糟揉碎，加黄酒、盐、糖、葱结、姜块、茴香等搅拌均匀，浸泡几小时，再将这些混浊不清的液体倒入一只冬天用来过滤水磨粉的尼龙袋中，悬空吊起，下面接一只大碗，滴下来的汁水就是糟卤。袋子里的渣滓可以喂鸡。那时候弄堂里还有一些居民偷偷地养着鸡呢，鸡们闻到香味就撒腿奔过来了，但啄着啄着就倒也倒也，呼呼大睡。

好了，糟卤做好了，拿来浸什么呢？那个时候菜场里鸡爪卖得很便宜，买来洗净，煮熟后用冷开水冲一下，放入一只钵斗里，注入糟卤。当天晚上就可以吃了，比红烧鸡爪鲜香多了！妈妈还做过糟鸡，白斩鸡斩大件，浸了糟卤后鲜香至极。

最妙的是用酒糟与糯米粉打成糊，煮成韧头十足的面糊糊后，满室酒香，加白糖，用筷子挑来吃，好吃得不得了。大冷天放学回家，一碗酒糟糊糊吃下去，像洗了桑拿一样浑身热乎乎的，脸也红啦。

但妈妈吓我：酒糟不能多吃，吃多了就会像弄堂口的麻皮阿四，长一只酒糟鼻头。阿四是菜场里卖鱼的，鼻头奇大，一年四季是红通通的。麻皮其实一粒也没有，是被弄堂里的婆婆妈妈喊出来的，纯属冤假错案。

现在超市里有买现成的糟卤，咸淡都给你调好了，拎一瓶回来往煮熟的肉食中一倒，再往冰箱里一塞，几小时后就可以吃了。也可以煮点毛豆、茭白、黄豆芽、芹菜梗、胡萝卜丝、油豆腐、百叶丝等，做成"醉八鲜"。这些荤素糟货在夏天是冰啤酒的黄金搭档。

但是我这个人怀旧，还是想念酒糟。有一次游访西塘，在小街里看到一家场院很大的酒坊，出产一种远近闻名的三白酒，所谓三白，就是米白、酒白、糟白。我尝了一口酒，新酿的米酒有一股辣劲，嫌薄。不少游客一买就是一塑料壶，这腔势有点像抢购崇明老白酒。我还欣喜地看到了酒糟，白白胖胖的样子，想也没有多想，就买了一团回家。但太太嫌自己做糟卤麻烦，我想以生糟的方法做一回糟肉吃，她当即发出严厉警告："你自己一个人吃噢！"我有过教训，再好的东西一个人吃，而且得拼了命吃，立马就倒胃口。于是，这团酒糟在冰箱里待岗几天，被我这个糟糠之妻扔了。呜呼！

酒糟是稻谷对人类的最后一次奉献。看到酒糟那种饱受压榨的样子，真应该对大地深深地鞠一躬。千百年来，骚人墨客留下了无数歌颂美酒的诗赋词曲，却没有听说谁为酒糟写过一首诗，这是很不公平的。

酒糟对中国饮食文化的贡献不能低估，远在秦汉之际酒糟已经广泛应用于膳食，北魏的《齐民要求》中也记载了糟肉的制法，及至唐宋，糟肉已经成为江南民间较为普遍食用的菜肴了。除了百代经典的糟肉，还有糟鹅、糟鸡、糟猪肚、糟青鱼等，糟渍、糟煨也是有些酒店的独门秘技，糟钵斗是本帮菜中的一张王牌，糟溜鸭三白是北京全聚德全鸭宴中的一道佳品，这道菜做好了，评一级厨师大概就OK了。糟青鱼在上海食品一店里还有卖，斩成小块，下酒下粥两相宜，买一小瓶可以吃好几天。平湖出产一种蛋黄呈橘红色的半透明糟蛋，可与四川宜宾叙府陈年糟蛋有一拼，我尝过，不同凡响。但在邵万生等南货店里不常有，有也不敢多买，总归是我一个人吃。

以前上海有几家卖糟货的饭店，比如老人和、同泰祥、马咏斋。马咏斋在西藏路大世界对面，离老家近，父亲常差我去买五角钱的糟猪脚或糟猪耳朵，生意好到要排队。现在同泰祥和马咏斋都拆掉了，老人和据说还在，搬到了很远的地方，我好久没有吃到够味道的糟猪脚爪和糟猪耳朵了。

油炸 "野胡子"

　　三伏天，虽然红彤彤的太阳已经沉到房子后面去了，但暖风一阵阵地吹来，还是叫人心烦。三五条汉子，赤了膊，露出古铜色的肤色。平脚裤的裤带像两条鼻涕拖在要紧关头前面，脚下是色彩鲜艳的海绵拖鞋，臭哄哄的毛巾搭在肩上。三十年前的上海男人，我指的是刚刚满师的小青工，工人阶级的生力军，一般就是这种装束。他们豪情满怀地来到路灯下，方凳上搁一块洗衣板，开几瓶啤酒，咕噜咕噜倒在蓝边大碗里，再将小板凳塞在屁股下，还有一种从纱厂里拿出来的木头纱绽芯，像一对轮子那样好玩，也是一种小型坐具。两手搭在膝盖上，如一口古铜色的钟，沉着端坐，环顾四周，大有天下好汉，舍我其谁的气概。这架势，还有什么不敢吃呢？

　　鸡头、鸭脚、猪头肉、盐水毛豆、油氽豆板，都是极妙的下酒小菜。但这些玩意儿都不够刺激。有一天，阿三下班，自行车把手上挂着一只消防铅桶，吹着口哨冲进弄堂。消防铅桶好像一只铅桶被一劈两半，涂了红漆写上白字，桶里装了黄沙挂在墙上，要是厂里发生了火灾，就可以摘下来直奔火灾现场。但这一天阿三的消防桶里装的不是黄沙，而是活蹦乱跳的小龙虾。阿三的厂区后面有一条小河浜，水质黑且恶臭，细波下面滋生着许多小龙虾。阿三捉来一桶，要大开杀戒了。

　　小龙虾张牙舞爪的样子吓不倒工人阶级阿三，阿三用老虎钳去掉头和虾钳，起油锅，加葱姜大蒜和茴香，猛火攻半小时，香气飘遍了整条六合里。那会儿还没有十三香。那会儿吃小龙虾是一次冒险行为，阿三是新时代的勇士。

　　三斤胡桃四斤壳，小龙虾的肉硬结结的，味道并不鲜。在物资匮乏的时代，也算聊胜于无啦。谁知道，三十年河东，三十年河西，今天小龙虾咸鱼翻身，身价百倍。在我老家附近的寿宁路上，还形成了小龙虾一条街，一到夜幕降临，整条街上的数十家专营小龙虾的小饭店，烟雾腾腾，油星飘散，慕名而来的小青年们处于极度兴奋状态。听一个老板说，人均消耗量为两三公斤。小龙虾的今天，阿三是未曾料到的。

后来阿三还吃起了知了——上海人谓之"野胡子"。

知了也是可以吃的。小时候我读过《庄子·达生》，这篇文章极生动地描写了一个以粘知了为生的驼背，"用志不分，乃凝于神"，总结出一套行之有效的方法，居然受到了孔子的表扬。这个驼背粘知了可不是为了玩，而是拿到集市里换钱，可见两千多年前的美食家就懂得吃知了啦。还听大人说过，知了看到火光就会傻里傻气地扑上去，结果呼地一下翅膀烧没了，古人就凑着油灯将那厮烤熟了当夜宵。到了唐代出现了一道名菜：炸蝉脯。蘸醋吃据说有奇香。

其实，在我泱泱大国，吃虫是有传统的，不说中药里的蜈蚣、蝎子、蝉壳、蟋蟀、蚂蚁、地龙（蚯蚓）等，但说口福之欲，吃虫早已是小菜一碟。比如天津就有一道名菜，炸蚂蚱，蚂蚱就是蝗虫，而且专挑夏日里抱子的母蚂蚱，掰去脚须，油炸至金黄，然后包了煎饼吃，异香扑鼻，消灭害虫与享受美食两不误。广东人和云南人胆子最大，云南人吃竹虫，广东人吃沙禾虫。在山东，炸蝉蛹到今天还是一道名菜。有一回跟同事到徐州采访，午饭时同事就点了一道炸蝉蛹来吃，看他津津有味的样子，想必味道不恶。我眼睛一闭吃了一只，只觉得口腔内充盈了一种黏液，没品出什么味道就和着一口酒咽下去了，老半天都不舒服。不过我旗帜鲜明地吃过山东的一道名菜：炸全蝎。人们常把蝎子之毒与女人挂起钩来，这是应该狠狠批判的。但蝎子之毒，也是千年不易的事实，即使是人工饲养的"家虫"，也东邪西毒。所以，炸了可以解气，吃了可以解毒，据说每年吃三只蝎子，可保夏天不生痱子。我就是在这个思想指导下，在燕云楼里眼睛一闭吃了三只蝎子。味道一般，油炸后的那厮脆脆的，钩子般的尾巴硬硬的，像吃一块油里炸得很透的锅巴，仅此而已。

前些日子，报纸上的一则消息在我眼前小虫似的飞过：北京流行吃虫子，理由只有一个：美容养颜。那么可以肯定，虫子的主要消费对象是女孩子，以及在公开场合自称为"女孩"的半老徐娘。这条消息让我再次坚信，美丽二字，在女人面前是具有巫术或咒语作用的。你想啊，平时在厨房里看到一只蟑螂，她就会像阿莎加·克里斯蒂小说中的主人公那样大声尖叫起来。但如今为了永远像动漫里的少女那样天真烂漫，娇态可人，为了吸引假想中星探的注意力，有朝一日跻身演艺界，她眉头不皱就把虫子一口吞下，这需要多大的勇气和胆量！

从恐怖的尖叫到兴奋的尖叫，女人对昆虫的态度完成了蝴蝶般的转身。

回头再说阿三吃知了。好一个阿三，不慌不忙，像玩儿似的，拔去翅膀掐去头，铁锅坐煤球炉子上，滚油炸至金黄，蘸辣酱，三五个赤膊大仙吃得满头大汗，连声叫好。我也大着胆子尝了一只，确实有一股异香迅速罩住整排牙床。那会儿肚子里没啥油水，见了荤腥，肠子也乐晕了。

吃知了也是英雄好汉行为，摇着蒲扇乘风凉的妇女同志向阿三们投来赞许的目光，并问阿三是怎么逮到"野胡子"的。阿三说："到食堂里要一团面粉，洗成面筋，裹在竹竿上，悄悄地靠近'野胡子'，一粘就粘住了。这家伙比小龙虾笨多了。"看来两千多年前痀偻承蜩的方法还真管用。

知了的叫声很烦人，特别是做暑假作业的时候。但我发现知了的叫声是随着季节的变化分阶段的，开始清脆洪亮，元气淋漓，鼓足了劲，齐声高唱"热死它、热死它"，像京剧小生叶盛兰。进入大伏天后声音明显成熟，稳重有力，像老生谭鑫培。入秋后，也许是知了们知道来日无多了吧，声音时徐时疾，略带苍凉，偶尔有一两只先起晚收，尤其黯哑零落，像煞《徐策跑城》里的麒麟童。但老师说，知了是靠翅膀振动而发声的，并靠吸食树汁维持生命，是害虫。我之所以敢吃，也是靠了这点为民除害的正义感撑着。现在想来，吸一口树汁又算什么，从来没见过一棵树因为知了而死去的。

在上海，阿三并非异类，像阿三那样敢吃的也不在少数。

生物学家告诉我们，地球上共有生物一百万种，植物可吃的有八万多种，现在我们食用的仅三千余种；鱼类两万多种，食用的仅五百种，所以开发食源，丰富食谱，前景广阔，大有可为。昆虫作为食物，这是古今中外人所共识的事情，而且越到近代，越有发展之势。欧美有些国家的老饕，吃厌了鸡鸭鱼肉，转而将昆虫当作佳肴，仅墨西哥一地，就有昆虫馔肴六七十种之多。至于昆虫之外，如法国蜗牛，更是举世闻名的美馔。在短缺经济时代的上海，阿三们吃虫，是为了解馋，还有点挑战饮食习惯的意味。而今天，吃虫子成为一种时尚，至少在青年人中是如此。

有一次，英国查尔斯王储访问澳大利亚，受到当地土著居民的热情欢迎。土著的热情通过两个节目表达，一是妇女们裸露上身跳舞，二是土著们举办了一个盛大的宴会，端上桌的菜肴非常丰富，包括活龙虾、草、树胶种子、香蕉、蜂蚁和一种当地特产——蠕动着的木蠹蛾幼虫。在现场采访的记者见王储战战兢兢、眉毛颤动不止，还一个劲地挑他："你想试一下吗？如果不试，是很无礼的表现。"但是王储还是在国家形象和个人口味之间选择了后者。由此可见，至少在一只虫子面前，查尔斯是输给上海男人的。

最忆儿时菜根香

老祖宗传给我们一本书，叫做《菜根谭》。前些日子被人从箱子底下翻了出来，广泛印发。我也买了一本，没配画的，就是读不下去。不就是一些陈米烂谷子嘛，难道玩卡拉OK的年轻人还不明白？要说警策，还不如"有权不用，过期作废"之类的流行语来得惊世骇俗。

不过对于菜根，我是颇感兴趣的，也有着特殊的感情。小时候家贫，一日三餐基本是吃素的。但母亲是一个善持中馈的劳动妇女，又从故乡绍兴带来了一手加工蔬菜的手艺。每到青菜大量上市时，母亲就去菜场拖来一筐。那时的青菜真便宜，一分钱一斤！她先把青菜摊于屋顶上晒几天太阳，然后腌在一口大缸里。撒了盐后就叫我在上面踩。我先是不敢，因为听别人说菜场里腌咸菜的工人都生有足癣，赤脚接触盐水后痛得钻心，就不由自主地加快动作。如此，咸菜才特别的鲜美可口。我虽无足癣，但也有顾虑，如果痛得"马不停蹄"，那多狼狈。母亲不多啰嗦，抱起我就往缸里一栽。结果非但不痛，赤足踩在生脆的菜皮上还凉丝丝的怪舒服呢！踩实后，母亲就抱来一块石头压在上面。一个月后咸菜就可以吃了。生的吃，煮着吃，炒着吃，爱怎么吃就怎么吃。因为自己亲"足"踩过，我吃到嘴里还别有一番滋味在心头。吃到缸底，咸菜带有微酸，更开胃了。

有时母亲还把青菜在开水里烫一下，用线一棵棵地串起来暴晒成菜干，切碎后存进一只罂里，用油纸封严。来年开春煮汤，丢几只大虾干，又香又鲜。如果淋几滴麻油，简直全屋飘香了。菜干还可与厚膘五花肉共煮，菜干吸足了丰腴的膏脂，顶顶好吃。

还有一种简便快速的腌制咸菜方法：先把小青菜或新鲜雪里蕻切碎，拌上盐放在大海碗里，上面压一瓶水，次日就可以吃了。这种碧绿生青的暴盐咸菜有轻微的辣味，一般是炒百叶丝、烧豆腐，也可以拌豆腐干，再加点笋尖丝的话，味道更佳。

母亲还晒过马兰头干、刀豆干、豇豆干，和猪肉一起烧，有农家风味。初夏时节，她就扛回一捆长三尺有余的米苋梗，斩段，下盐，装罂，徐徐浇上从别人

大熱天醃鹹菜自尋氣燜天

上海老味道

151

那里讨来的隔年臭卤，口中念念有辞地封严了甏口，挪到别人看不到的阴暗角落藏起来，让它们产生化学反应。等我差不多忘记有这回事了，她突然在我头上一拍：今天有好东西吃了。转身去角落里找出满是灰尘的甏，掏啊掏啊，掏满一碗青色的、臭气冲天的苋菜梗——在宁绍一带方言中唤作"海菜梗"。这就是绍兴人视作性命的"海菜梗"，有一股强烈的腐臭味扑鼻而来，但细嗅之下又有缕缕清香，非语言可以形容。淋几滴菜油，入锅蒸，水沸腾，水汽呼呼外溢，"海菜梗"的气味顿时在整幢石库门房子里跌宕起伏，巡回环绕。

蒸熟之后，锅盖一掀，母亲伸出食指往汤汁中一戳，享受吮指之乐。上桌后，先吮吸腐熟的青白玉色菜心，再细嚼坚如树皮的菜秆，真是妙不可言。此物登盘，即使有鱼肉荤腥大献殷勤，也觉得淡而无味了。

"海菜梗"还可以与豆腐共煮，有许多细孔的老豆腐努力吸收那股臭鲜味，荣辱与共，肝胆相照，既有弹性，又有滋味，碗底留有青黄色的汤，也舍不得扔掉，用来淘饭真是没得说了。

吃完了"海菜梗"，臭卤甏还舍不得清理，扔几个菜头或毛笋蒂进去，也是"压饭榔头"。母亲还霉过"霉毛豆"，新鲜毛豆剥出肉，不必洗，堆在碗里加适量盐，再用一只同样大小的空碗倒扣在上面，用纸条封严了碗缝，推进菜橱一角，几天后揭开碗：咦！异香扑鼻。淋几滴菜油上笼蒸，有一股渗透到心底的清鲜。母亲还霉过百叶，绍兴人的叫法是"霉千张"。据说周总理生前也喜爱吃。

母亲加工蔬菜时，我总是在一旁打下手。母亲挽起袖口，露出粗壮的手臂，显得十分愉快和满足，她在大把大把撒盐时又是那么慷慨！母亲说：能吃咸菜的人，什么事也难不倒他。母亲的手艺我没学会，但这句朴素的"菜根谭"却一直腌在我的心里，时时调味着我的生活。

现在又到霜降大地菜根香的美好时光，遗憾的是母亲再也不能腌制咸菜了。弥留之际，她什么山珍海味也不想吃，就想吃一口咸菜。父亲跑了好几家菜场才买回那种微酸的咸白菜。她艰难地咀嚼着，脸上露出了满足的微笑。她一定在回味大把大把撒盐时的喜悦吧。

一个人的口味泄露了一个人的基因，我至今还是喜欢吃咸菜，吃极臭不可闻的霉菜梗、霉千张、霉毛豆。在绍兴一家饭店里吃过一道菜：臭三宝。苋菜梗、霉千张、臭冬瓜在一口砂锅里三分天下，沸滚着上桌，臭气直冲云宵！同桌朋友退避三舍，唯我独喜大快朵颐。这并非是我重口味，更非温饱之后故意夸穷，我在物质和精神上都还没有矫情到这种地步，实在是食性使然，实在是菜根太香的缘故。

金龟子飞来

　　去北京，见一老朋友，聊至午饭时间，朋友一拍桌子：走，吃烤鸭去。烤鸭有什么吃头，还不如在家里随便吃点，吃完了咱哥俩接着聊。于是像老北京一样，我们呼噜呼噜地吃开了打卤面。

　　老北京的打卤面经由唐鲁孙、梁实秋、汪曾祺等老前辈的宣扬，早已名声在外，但在我的嘴里，没法跟苏州、杭州的宽汤面相比。北方人实在，面也实在，打卤面就是一坨面盛在大碗里，浇上自家调和的卤，卤里有豆芽、黄瓜丝和金花菜等，若再拌些鸡丝肉丝什么的，吃时剥几头蒜，算是待客的高档材料了。汤不宽，鲜味也就差多了。唯一让我称许的是卤汁，有酱香味。朋友说了，拌卤汁需要放一定比例的面酱和黄酱，酱好不好，决定了卤汁的质量。"现在，好的黄酱也难买了。"

　　黄酱我是听说过的，但不知它的成分，朋友认为就是豆酱。但从他的表情看，也未必肯定。我到厨房闻了闻，豆香味真的很浓。

　　上海市区内如今已见不到传统的酱油店了，来自山南海北的调味品都阵容强大地排列在超市的货架上。传统的甜面酱和豆瓣酱是袋装的，但总被冷落在一边。现在的年轻主妇大约不大会用酱来烧菜了，光知道一味地往菜里加辣椒酱，吃冷面吧，也顶多挑一筷花生酱虚应故事。

　　在我小时候，酱可是烧菜的主力调味品。拿一只小碗奔酱油店，两分钱的甜面酱，三分钱的豆瓣酱，就可以烧一碗很香的酱了。这碗酱里的内容由豆腐丁、肉丁、毛豆子、青椒丁等家常食材组成，但味道"交关赞"。如果舍得放油的话，碗沿会亮浮起一圈明晃晃的红油，十分诱人，吃饭、吃面两相宜。现在我家里还经常烧一碗酱来调剂寒素生活。此外，面酱还可以烧酱爆茄子、酱爆鸡丁等上点档次的菜。

　　说起来，酱在咱们大中国的出现，历史非常悠久。传说是周公所创，还有一种传说是西王母传与人间的，这当然更符合神话的精神。但当时的酱，并非今天的调味品，而是用肉加工制成的菜。将新鲜的肉剁碎，用酿酒用的曲拌成，装进陶质容器里。容器用泥封好，放在太阳底下晒两个七天，待酒曲的气味从量变到质变，成了酱的气味，就大功告成。这种肉酱，当时称为"醢"。而用大豆做酱，是在汉代以后。唐代以后则开始以麦麸作酱，以白米舂粉作酱，豆和面混和也可做酱。至此，中国的这口酱缸开始蔚成大观。

小时候，母亲也做过酱。整个过程至今历历在目，充满科学实验的情节和科幻电影的悬念。

在一动就出汗的三伏天，母亲将面粉揉成团，做成一个个手掌大小的面饼，放在开水锅里煮熟，捞出后冷却，然后排列在一个木桶里，盖上被子密不透风。捂上几天后一打开，哇，面饼上长出了浓密的绿毛，情状非常骇人，我当场发誓打死也不吃这个东西。但母亲很有信心地笑笑，然后将长毛的面饼分装在好几个钵斗里，上面罩一块纱布，沿口扎紧，搬到阳台上暴晒。

大热天的日头无比猛烈，几天后，钵斗里的面饼就转成浅褐色了。然后隔三差五地兜底翻搅，让阳光照到钵斗的角角落落。再过几天，母亲就让我到阳台上值班，揭开钵斗上的纱布，让面饼彻底享受日光浴，并防止野猫的袭扰。在我的工作时段里，野猫倒没有出现，但金龟子常常飞来，嗡嗡地巡回几圈，冷不防地扎进钵斗里，挣扎几下，再也起不来了。金龟子是书面语言，口语叫做"金虫"，它们的头部是钢蓝色的，翅膀在阳光下闪烁出金色的光芒，非常美丽。小孩子用绳子系了它的颈部，让它飞来飞去，但永远飞不出如来佛的手心。想不到它们对酱如此感兴趣，不惜像零式战斗机那样俯冲。

大概两个多月吧，深褐色的面酱做成了。自己做的酱散发出沉郁的香气，在厨房一角叙说着大户人家瓜瓞绵绵的身世。盛上一碗，与茄子共蒸，与豇豆共蒸，有点石成金之功。若是蒸肉，味道更佳。小块的五花肉渗透了酱味，香腴鲜美，无与伦比，只是吃着吃着，咔嚓一声：妈啊，一只金龟子！

将酉园

海盐老店今此专营上好官酱三伏晒油

园酱兴

我被毛蚶撞了一下肝

　　我这个人好吃，但好吃并不等于吃好的，宁波人所嗜的臭冬瓜、腌菜梗、臭豆腐等，都是我从小视作性命的美味。但所有的食物中，我最爱吃的就是毛蚶。与小个子银蚶相比，毛蚶肉质厚，弹性足，汁液丰富，吃起来确实过瘾。毛蚶洗净后用沸水一烫，壳如睡美人的眼睛微微开启，剥开后盈盈血水在膜内含着，蘸姜醋后迅速送入口中，蜕壳细品，有一股鲜液在口中喷射，将味蕾刺激得极为爽快，再呷一口酒，真是南面王而不去也。但在1988年初，毛蚶把我的肝狠狠地撞了一下。

　　起初我并不在意，只听说本单位已有人患了甲肝，是因为吃了毛蚶而中了招。我稍感不服，为什么不是吃猪肉得的病，偏拿毛蚶做反面教员？照吃，烫一大碗，一个独享，但后来菜场里买不到毛蚶了，路边摊上要是有人卖，逮着了就没收，还要罚钱。有一天报上登出照片，某道口拦下从启东运来的毛蚶，堆得小山样。

　　有段时间我几乎天天到患病职工家里慰问，送水果，送慰问金，捎带着几句宽慰的话语，我是工会干部，这事归我管。宽慰的话里还包括逗能："这毛蚶我也吃过，怎就没病？你多休息，少烦心，过几天就没事了。"几天里跑了十几家。

　　那几天到澡堂里洗澡，浴客稀少，再也用不着在大池里插蜡烛了，不过得带上自己的毛巾。在饭店里吃饭，客人也是小猫三四只。这情景跟后来2003年的非典相似，不过那会没人戴口罩。

　　后来不成了，半夜里发高烧，太太一摸我额头，赛过笼屉里蒸着的馒头。起床小便，一低头就呕吐，汹涌澎湃。回想从报上看到的文章，我这症状跟甲肝一样，心里有点慌了。第二天上医院看病，化验的队伍排得老长，还有两条，我不知道哪条是抽血的，问了队伍前面的人，他一句话都不说。再看那张脸，跟夏天里的黄金瓜一样。

　　第二天再去看"审判"结果，肝功能不正常病人的姓名都写在黑板上，那会还没有个人隐私一说，似乎得甲肝是很时髦的事。我在自己的姓名后面看到了一串数字，指标挺吓人的。见了医生，医生不说话，连眼皮也懒得抬一抬，刷刷刷开出药方。打吊滴还没床位，医院里早爆满了，但有医生上门服务，大老远地赶来寒舍，让我挺感动的。那会我还住在老家，石库门房子的走廊又暗又窄。有一回医生来了，踩到一块香蕉皮，朝天一跤摔得挺凶的，药瓶都摔了。我说今天就不用打吊滴了，那位女医生还不肯，回去拿了药再来。

甲肝没有特效药，这一点上跟非典是难兄难弟。打吊滴纯粹是心理按摩，但就有人信它，比如肌酐，最紧张的时候，据说一小盒能换张电视机票（那时候是电视机行业的黄金岁月，凭票供应）。一个人在家整天躺着，看电视，看书，这日子过得好清闲啊。一个月后，指标有所下降，但还没有完全正常，我就躺不住了，起来写小说，还特来劲，半个月划拉了六万字。其间出版社的朋友不知哪里翻出一本泛黄的小说，是还珠楼主写的，让我给它标点，后来也不知道再版了没有，稿费倒是拿了一些。但这样的忙碌不值得，从此我的心肝宝贝常常不舒服，累了，忙了，它就跟我闹意见。唉，早知今天，何必当初。

打那以后，毛蚶不敢再吃了。有一回，朋友请吃，上来一大盘毛蚶，看得我眼睛都绿了，鼻子凑上去闻闻那味也舒心。饭店老板说他的毛蚶是从宁波来的，绝对没有污染，思想斗争了老半天，终于不敢下箸。

还有一回到大连、秦皇岛旅游，几个朋友拉我在夜间外出吃宵夜，路边食档里有毛蚶卖，个个如小孩子拳头大，但放锅里一煮，肉质发暗，我死也不吃。革命还得有本钱是不是？我还年轻啊，要奔小康呢。

后来得知启东的毛蚶也是代人受过，它是被水污染的，不是元凶。但元凶是谁呢，查了半天就没下文了。若放在今天，老百姓的法制意识增强了，只要一个人登高一呼，就怕要闹点事了，比如申请国家赔偿啊，追究某人的责任啊什么的，当时大家还都老实。

二十多年过去了，启东的毛蚶还没能回到上海人的餐桌上来，这个不应该呀。咱们中国人不能少了这道美味，就跟法国人不能没有生蚝一样。我也曾跟随食品卫生检疫部门的执法人员到乍浦路美食街查过几家饭店，那些戴大盖帽的熟门熟路，直冲饭店厨房，打开冰箱就翻出一包毛蚶，没收，开罚单。但老板没事一样，双手抱胸，叼一支烟。我也知道大盖帽一走，饭店照样卖，因为有人好这一口嘛。

茶食是茶的伴侣与慰藉

现在中国人似乎很有钱，脑袋一拍想起要讲情调、讲品位、讲修身养性了。过去喝茶多半为解渴，从罐子里抓一把乌漆墨黑的茶叶末子，朝掉了漆皮的搪瓷茶缸里一扔，开水高冲而下，看着浊浪翻滚的当口就吹吹气喝开了。如今可不成，客人进门，正襟危坐，在铺了织锦桌旗（最好是从日本买来的和服缂丝腰带）的茶几上，茶具渐次摆开，紫砂壶（最好出自宜兴名家高手），公道杯（最好由名家手绘釉下彩），茶盏的花头更透，或者仿汝窑仿影青，或者窑变洒金建盏，一不小心摆开一打高仿鸡缸杯，牛气冲天！还有呢！竹根雕的茶勺、黄杨根雕的茶宠、小叶紫檀的茶则、象牙雕刻的茶笋……琳琅满目，仿佛开了一个什锦小铺子。碳炉银壶雾汽蒸腾，壶内的高原雪水已泛起虾眼。喝什么啊？明前的龙井还是东山陆巷农家少女采摘的碧螺春？要不凤凰单丛或者老树普洱，再来一泡肉桂或者马肉，干脆喝前些天弄来的私家订制大红袍？怎么啦？本大爷今天豁出去了，就喝大清国乾隆四十三年积攒下来的普洱茶膏。快意人生，莫过如此！

还有更装的主儿，中国人不是自古以来就讲究"品茗、挂画、闻香、插花"四般闲事吗？那么再来点气氛呀，把刚刚从越南牙庄买来的绿棋楠削几片烧上一炉啊，请出那具南宋官窑贯耳小瓶懒洋洋地插一枝绿萼梅，再把去年刚刚从拍卖行里拍来的齐白石虾趣图挂上让大家饱一饱眼福！咦，让我瞧瞧！好像有点不大对劲啊，这笔墨、这落款、这印章……别煞风景了老刘，全世界就你一人火眼金睛是不是？喝茶喝茶，快凉了！

茶过三泡，聊完了对冲基金，骂完了中国足球和中国电影，那位电视台美女主播的八卦又添了一些新内容，各位爷微微有些陶醉了。按照古时候的套路，这个当口应该吟诗、画画，支起古琴弹几曲老调。呃，这个嘛……大家你看我我看你，上学那会老师没教过啊！总不见得来一段"谁知盘中餐，粒粒皆辛苦"！眼看着要冷场，机敏的女主人适时端上茶食，四只粉彩高脚碗堆得尖尖的，被明代宣德年间的剔红大盘衬着登场，小高潮马上形成了。

腹中真有点虚空，于是群情振奋，有点猴急相地伸手去抓那块渗了洇洇小磨香油的绿豆糕。

呵呵，读者诸君，上述这般情景想必各位不陌生吧。在下多次遇到过，有现实基础。所以，至少在魔都上海，近年来各种茶馆如雨后春笋一般开出不少，人均消费三五百，比吃一餐饭还贵。倒是常常客满，订位并不容易。走进这样的茶馆，客人不用操心，茶单上列出几十个品种，连茶食都给你配好了，这个最让土豪省心。

那么好吧，今天我们就来谈谈茶食。

茶食，总是在大家装模作样的时候躲在厨房里闷声不响，在大家出现审美疲劳的时候低头上场。茶食是体贴而温暖的，当人们意欲寻着古人的屐齿潇洒一把而举手抬足总觉得不顺的时候，意欲看破红尘逃离现实而又四面碰壁的时候，它以谨小慎微的甜蜜给人们莫大的安慰。

说起茶食，在茶文化积淀深厚的大中国，登堂入室相对较晚。在茶饮礼仪程式初步确定下来的唐代，"唐人煎茶多用盐姜"（明田艺衡《煮泉小品》），也就是说，张口就来一首七律七绝的唐朝人绝对重口味，喝的茶有咸味有辣味。也难怪，那时喝的茶叶是碾碎后打搅起沫的，茶叶与茶汤彼此不分家，加点味也可以理解。到了"生活艺术化"达到一个高峰的宋代，喝茶时还要加姜桂等辛香料。据田艺衡在《煮泉小品》里的记述，那时北方人还会在茶汤里加奶酪，四川等地的南方人呢，则喜欢加菊花、茉莉花、梅花等，这可能就是花茶的初始形态吧。岭南浙江沿海一带的茶客也很讲究，"往往用糖梅，吾越则好用红姜片子，他如莲藕榛仁，无所不可。其后杂用果色，盈杯溢盏，略以瓯茶注之，谓之果子茶，已失点茶之旧矣"（清茹敦和《越言释》）。后来极喜饮茶的文人墨客写文章提意见了，因为这些方法都有一个致命弱点："虽风韵可赏，亦损茶味。"

所以周作人在《再论吃茶》一文中发了一声感叹："茶本是树叶子，摘来瀹汁喝喝，似乎是颇简单的事，事实却并不然，自吴至南宋将一千年，始由团片而用叶茶，至明大抵不入姜盐矣，然而点茶下花果，至今不尽改，若又变而为果羹，则几乎将与酪竞爽了。"

周作人是有考据癖的，在吃的问题上也喜欢钻牛角尖。建国后他受到人民政府宽大处理，闲来无事写点小文章。1950年他在《亦报》上发表《南北的点心》一文，考证了茶食可能出现的时间节点："大概在明朝中晚期时代，陈眉公、李日华辈，在江浙大有势力，吃的东西也与眉公马桶等一起有了飞跃的发展，成了种种细点，流传下来，到了礼节赠送多从保守，又较节省，这就是旧式饽饽成为喜果的原因了。"

接着他又说："例如糖类的酥糖、麻片糖、寸金糖，片类的云片糕、椒桃片、松仁片，软糕类的松子糕、枣子糕、蜜仁糕、橘红糕等。此外有缠类，如松仁缠、核桃缠，乃是在干果上包糖，算是上品茶食。"

周作人还认为，明朝自永乐以来，政府虽然设在北京，但文化中心一直还是在江南一带。那里的官绅富豪生活奢侈，茶食一类也就发达起来。就是水点心，在北方作为常食的，也改作得特别精美，成为以赏味为目的的闲食了。

诚如周作人所言，在明清两朝的一些类似《清明上河图》的风俗画里，出现了干净体面的茶食铺子，门口挑起一袭幌子，上面写着"官礼茶食，嘉湖细点"八个大字。北方虽有一本正经的为官场应酬、人情交往所用的茶食出品，但若论精细好味，还得靠"嘉湖细点"把握大局。而且周作人还延伸开去说："'嘉湖细点'这四个字，本是招牌和仿单上的口头禅，现在正好借用过来，说明细点的起源。"

而当时大江南北的茶馆也进入一个兴旺时期，茶馆里兼售茶食是题中应有之事。清初有诗人在《虎丘杂咏》中写道："红竹栏干碧幔垂，官窑茗盏泻天池。便应饱吃蓑衣饼，绝胜西山露白梨。"这就表明茶食已经进入了茶馆的场域。

不过"茶食"二字在典籍里出现还要稍早一些，在《大金国志·婚姻》就载有："婿纳币，皆先期拜门，亲属偕行，以酒馔往……次进蜜糕，人各一盘，曰茶食。"

我在一些辽金墓穴的壁画里也看到过富丽堂皇的饮茶场景，金银瓷器罗列，纹饰繁复夸张，主客进退如仪。但那个时候北方游牧民族喝的还是与两宋相似的团茶，而且多半是紧压茶，酽酽地煮沸后解腻功能超强，今天我们习惯的散茶冲泡，要进入明以后才由朱元璋倡导后流行开来。

也许散茶冲泡没那么烦琐的程式，为茶食的正式登场创造了条件，所以在明清及至民国，茶食在人们日常生活中出现的频率越来越高。特别是在富庶的长江中下游地区，书场、戏院、街头巷尾大树下的三五聚会，一把壶茶居中，四周如果不配几个碟子，似乎很寒酸。

不过许多人至今还搞不清楚茶食与点心的区别。

茶食与点心有什么区别呢？长期来，行业没有定规，就连点心师傅自己也搞大不清楚。照我的理解，点心的分量比较大，比如扬州早茶中的三丁包子、素菜包子、野鸭菜包、开花馒头、翡翠烧卖、蟹黄汤包、千层油糕等，每样吃一个就撑死了。走进富春茶社，你看人人捧着一杯茶，但每个客人都是为共同的目标走到一起来的——吃早点。"皮包水"一两个钟头，然后捧着滚圆的大肚皮去澡堂"水包皮"。港式午茶中的核心内容也是看得明白的，千层糕、叉烧包、肠粉、炒牛河、虾饺、云吞面、状元及第粥，都是典型的广式点心、国民小食，干点、湿点、炸点，无论哪一"点"，都是为着让客人吃饱而设计的。上海人对四大金刚——大饼油条粢饭豆浆——感情特别深厚，还有粢饭糕、宁波汤团、生煎馒头、小笼包子、糯米烧卖、鲜肉锅贴、葱油开洋拌面、双酿团、条头糕、定胜糕等等，五花八门大家庭，作为点心的存在感和价值感都十分明确，甚至将它们当作一日三餐来果腹，也不会有人以为怪异。

茶食也许是点心的亲戚，但必须强调一个原则：它是吃不饱的。唯有如此，一壶好茶当前，茶汤由浓而淡，主客谈兴甚高，话题由浅而深，在和和美美的气氛中，可以品尝四五样精美茶食而不至于引起饱腹感。知堂老人在文章中列举的茶食类别，比如糖类、片类、软糕类以及缠类等，今人不大讲究了，但知味的爱茶人心里有数，招待客人也不至于出洋相。

怎么，奉上茶食飨客还会出洋相？

这个，真是有可能的。以今天我们的喝茶气氛和胃纳情况而论，有些点心和糖果是决计不能当茶食来享用的，比如粽子、八宝饭、糖年糕、青团、生煎馒头、小笼包子、浇头面、煎饺、韭菜合子、鸭头颈、油氽排骨、春卷、麻花、馓子、油墩子、豆酥糖、山楂糕、白糖梅子、巧克力、马卡龙、奶油蛋糕……粽子、八宝饭、年糕等一吃就饱，生煎馒头与小笼包子虽然人见人爱，但也容易吃饱，而且较为油腻，这两样还都要蘸醋吃方有味道，而醋就有损于茶味。有损于茶味的自然还有煎饺、韭菜合子等大辣、大酸、大咸或产生辛香味的点心。至于鸭头颈、麻花、馓子、油墩子、春卷和油氽骨排，你在茶桌边大快朵颐，旁人可能就要皱眉头了：看看你的吃相，还有那油滋滋的十根手指啊！豆酥糖是一款味道相当不错的传统酥点，但入口时一不小心就会喷了人家一身雪花般的糖霜豆粉。山楂糕、白糖梅子等都太甜，肯定夺味。巧克力、马卡龙或奶油蛋糕等西式的甜品都不适宜与绿茶、乌龙、普洱等配伍，红茶、黑茶稍可相适。

你若有空去周庄、同里、乌镇、吴江、朱家角等江南古镇走走，在河边廊棚下挑一间干净轩敞的茶馆闲坐片刻，就会发现当地还保留着茶食的一些老规矩。那里的茶食也许卖了两三百年，玫瑰酥糖、牛皮糖、椒桃片、橘红糕、状元糕、姑嫂饼、棋子饼、斗糕等，充满了世俗的暖意。玫瑰酥糖、椒盐桃片、牛皮糖还被称为茶食"三珍"。还有一种八珍糕，我是特别留意过的，据说由党参、白术、茯苓、山药、白扁豆、薏米仁、莲心、炒麦芽、杏仁、生山楂与大米粉为基制成，有帮助消化，治疗腹胀、恶心呕吐等功效。过去还有些老字号会在八珍糕里加入坑缸中苍蝇繁殖的蝇蛆，据说可以治疗小儿疳积等疾病，俗称"坑蛆药饼"，现在当然不让做不让卖了。

前不久朋友开了一家茶馆，环境颇显古典情调，但不知道如何配茶食，我就根据自己的偏好向她推荐了几样：

一，茶叶蛋，如果茶叶蛋稍见硕大的话，可以鹌鹑蛋来做。上海城隍庙湖心亭茶楼里标配的四色茶食就是：五香豆、豆腐干、火腿小粽子和鹌鹑茶叶蛋。火腿小粽子是微缩版的火腿肉粽，每个才大拇指那般大，缠了十三道红丝线，喜感十足，中外茶客都很喜欢。当年英国女王和柬埔寨西哈努克亲王都吃过这个粽子。

二，绿豆糕、山药糕、玫瑰糕、豌豆黄、芸豆糕、黄松糕。前三样糕都是方方正正的，绿豆糕分有馅无馅两种，蜕模后每块表面会显现一个字，四块合起来就是一句吉祥话或者店号。据说无馅的更有古意。绿豆糕的豆面里揉进了麻油，芳香宜人，佐茶确实一流。绿豆糕好不好，主要看它的面皮沙不沙？馅心细不细？糕面上的字模清晰不清晰？老上海孵茶馆，一碟绿豆糕上桌，场面就相当隆重了。同样见古意的还有山药糕，雪白凝脂，嵌了两三片玫瑰花瓣，在视觉享受上就加分多多。玫瑰糕嵌入了玫瑰酱，莹莹可爱，吹弹得破，是苏州糕饼师傅的专利。在《舌尖上的中国》第二季里拍到过，两块糕模撒粉投馅后合起来的那一刻，仪式感超强，这是对手艺人的礼赞。豌豆黄、芸豆糕是北方茶食，现在上海也能吃到了。黄松糕也是从苏州传入上海的，用粳米粗磨后加赤砂糖制成，本是粗点心，但因为松松软软有稻米的本香，也成了我的最爱。李渔在《闲情偶记》中说："糕贵乎松，饼利于薄"，这几乎成了古训，也是餐饮业的圭臬。黄松糕就是李渔这个观点的极好证明。这一组是杂豆糕和米糕，江南稻米文化的杰作。

三，豆腐干（以朱家角最佳）、虾米豆腐干、蘑菇豆腐干、鸡汁豆腐干、苏州蜜汁豆腐干（观前街散装最佳），都是老乡亲风味的茶食。这一组都是豆制品，紧压而成久煮入味的素火腿也是上品茶食。

四，鸭肫干（以稻香村最佳）、鱼皮花生、猪油花生、鸡仔饼（以利男居最佳）。鸡仔饼是广东细点，直径不过一寸，油面中嵌有猪油一小块，入炉烤成，形同小鸡仔而得名。甜中带咸，外脆里松，口感丰腴，佐半发酵茶或普洱最好。

五，橘红糕、伦教糕、鸽蛋圆子、擂沙圆。这一组都是米制品，橘红糕用糯米制成，搓条后摘剂滚粉，如小圆子般剔透如玉，糯滑可口，甜韧适中，嚼之有橘香留在唇齿间，甜而不腻，老少皆宜。过去还能从中吃出新鲜橘皮切成的微小颗粒，现在都用机器生产了，橘皮也不加了吧。

鸽蛋圆子在城隍庙九曲桥前的宁波汤团店有售，绿波廊和上海老饭店也有供应，鸽蛋般大小的糯米粉圆子躺在盒子里，上面撒了几粒白芝麻，下面垫一张碧绿的棕箬，看看也悦目赏心。咬破一只，会有一股清凉的薄荷糖水喷涌而出，是消夏妙品，佐茶也不错。

还有上海乔家栅的擂沙圆。擂沙圆是为了适应上海娱乐业的发展而诞生的，因为这道点心当初是可以送进茶楼书场的，不需要任何餐具。小时候吃过母亲做的擂沙圆，糯子圆子外面滚的是黑洋酥或者黄豆粉，味道相当好。后来却没能在乔家栅吃到，它从上海的江湖退出已经很久啦。前不久，我在徐家汇一家本帮饭店吃饭，意外吃到了擂沙圆，一时泪奔，他家的老板真有情怀啊！所以我也希望开茶馆的朋友请点心师做成擂沙圆来招待茶客，此物的加工一点也不复杂，用心就好。

六，苔条饼、千层饼、蟹壳黄、椒桃片、黑麻片、芝麻薄脆、花生酥、蝴蝶酥、椰丝派、杏仁酥、萨其马等，还有厦门"赵小姐的店"出品的绿豆、红豆馅饼也清雅可亲。《燕京岁时记》中有记载："萨其马乃满洲饽饽，以冰糖、奶油合白面为之，形状如糯米，用灰木烘炉烤熟，遂成方块，甜腻可食。"北京晚报驻沪办主任卞军兄告诉我：萨其马是满人引入关内的，但凡婚丧嫁娶、祭拜祖宗，都以此上供。旧时雍和宫旁边有家泰华斋饽饽铺，他家出品的萨其马奶油味最为浓郁，僧俗两家都爱吃。一块正宗的萨其马应该达到如此标准：绵甜松软，色泽金黄，甜而不腻，入口即化，味道香浓。蝴蝶酥以长春食品店和国际饭店出品最佳，天天排队。为适应消费者的口味，长春食品店还专门生产了一种小型蝴蝶酥，边缘烘至微焦，特别受欢迎。

这一组包含了一些西点或异域食品，但又融合了吴地汉式糕点的元素，故而可聊备一格。

今天物资供应充沛，如果还要我推荐，再说上数十样茶食也不会嫌多。但限于篇幅，就此打住吧。总之，在我们掸去一肩俗尘，排空诸般烦恼，在大雪或细雨的夜晚，约邀二三知己，点起红泥小火炉烹茶细细品赏之时，再佐以数碟精美的茶食，无论南北，不管酥脆，就能体悟古人的生活艺术，或重温知堂老人的一番闲说："我们于日用必需的东西之外，必须还有一点无用的游戏与享乐，生活才觉得有意思。我们看夕阳，看秋河，看花，听雨，闻香，喝不求解渴的酒，吃不求饱的点心，都是生活上必要的——虽然是无用的装点，而且是愈精炼愈好。"

最后我还要拖上一句：茶食再好，毕竟是茶席上的配角。这个配角怎么做到位，我思来想去归纳为八个字：量轻、形美、味淡、意禅。

不知各位老茶客以为然否？

所以，茶食要不忘初心，恪尽职守，千万不能乱拗造型，喧宾夺主，使浮夸的茶客忘了自己是为茶而来的出发点和落脚点。好的茶食应该在适当的时候登场，让茶客体验适口的滋味与遗韵，"喝茶之后，再去继续修各人的胜业，无论为名为利，都无不可，但偶然的片刻优游乃正亦断不可少"。

春花秋实的平民美食

吃吃吃，二十四节气给出的理由

2016年11月30日，联合国教科文组织保护非物质文化遗产政府间会议第11次常会上，中国“二十四节气”通过审议，正式列入“人类非物质文化遗产代表作名录”。

读者朋友或许会问：二十四气节与美食有什么关系？有！大有关系。中国的二十四节气形成于黄河流域，古人以观察该区域的天象、气温、降水和物候的时序变化为基准，设计出一套农耕社会生产生活的“行动指南”，并逐步为全国各地所采用，由多民族大家庭共享。作为中国人特有的时间知识体系，二十四节气深刻影响着人们的思维方式和行为准则，是中华民族文化认同的重要载体。

而且，对于吃货而言，二十四节气等于二十四个开吃理由。君不见，自从中华大地游荡起节气这个看不见摸不着的灵魂，中国人就懂得通过咀嚼某种食物来纪念一件事、一个人、一个节日或节气，或者为逢熟吃熟找一个理由，《舌尖上的中国》不也是根据这条线索来编排美食故事的吗？

一元复始，大地回春，我们就从立春吃起吧。

在乡村，立春要吃春饼，这个规定动作叫做“咬春”。那个送进嘴里咬的“春”，就是春饼。这是一种烫面薄饼——用两小块水面，中间抹油，擀成薄饼，烙熟后可揭成两张。中间夹一些蔬菜，也可夹一些炒熟的菜丝、肉丝什么的，这个没有规定，然后卷起来吃，生生脆脆，相当爽口。说到这里各位吃货就忍不住嘿嘿一笑：这不就是春卷皮子吗？对的，有点像。今天在杭州还有一种小吃：葱包桧儿，就是春卷皮子搨了甜面酱再加半根油条和两根小葱卷起来吃的，颇具古意。想必从南宋那会就有卖了。桧儿者，千夫所指的秦桧也。

事实上，试春盘、吃春饼的习俗在南宋以前就有了，唐代《四时宝镜》中有记载：“立春，食芦、春饼、生菜，号‘菜盘’。”如此算来，贵妃娘娘杨玉环大概也是吃过春饼的。华清池里泡得浑身酥软娇弱无力，此时来一张热乎乎、香喷喷的春饼，再合适不过了了。

据说在立春这一天要吃新鲜蔬菜，既可防病，又有迎接新春的意味。好像是梁实秋或者老舍等前辈作家写过文章说，旧时吃春饼时讲究到盒子铺去叫"苏盘"（又称盒子菜）。盒子铺就是酱肉铺，店家派人送菜到家。盒子里分格码放熏大肚、松仁小肚、炉肉（一种挂炉烤猪肉）、清酱肉、熏肘子、酱肘子、酱口条、熏鸡、酱鸭等，吃时需改刀切成细丝，另配几种家常炒菜（通常为肉丝炒韭芽、肉丝炒菠菜、醋烹绿豆芽、素炒粉丝、摊鸡蛋等，若有刚上市的"野鸡脖韭菜"炒瘦肉丝，再配以摊鸡蛋，更是鲜香爽口），一起卷进春饼里切吧切吧嚼得欢。

吃就吃呗，为什么还要叫做"咬春"呢，可能用一个"咬"字，用于表达一种迎接新气象的心情。一年之计在于春，春天一到，农活就忙开了，今天一家人团团坐起这么一咬，体现的是同舟共济的精神，全家老小一条心，才能将地里的事情做好，争取大丰收。

去年在台北阳明山参观林语堂故居，得知那里跟一草一木都不能动的胡适故居最大的不同，就在于经常有民众借此举办一些活动，比如根据林语堂在文章里写到的老北京风情，举办美食会、茶话会、读书会、试春盘、吃春饼。我在那里还买了一本小册子《春盘有味》，书中不光记录了林语堂在厦门吃春饼的故事，还有2014年台湾艺术大学图文系组织的一场活动，大家一起动手做春饼吃春饼，热热闹闹地回复了当年的风俗场景。林语堂故居里的春饼夹的内容相当丰富，有豆芽菜、胡萝卜、韭菜、红糟肉片、鸡蛋、花生粉、豆腐干、高丽菜、香菜、香菇等。这本小册子里不仅介绍了闽南春饼，还写到了台湾春饼，当地也叫润饼。"润饼是一种中国传统美食，如今在台湾闽南家庭的习惯中，每逢尾牙、春节、寒食、清明，或宴客时，都会摆上琳琅满目的盘盛食材，以薄薄的饼皮包裹食用。林语堂先生为福建漳州人，林夫人是厦门人，受到夫人饮食习惯影响，家中常常吃润饼，次女林太乙也称赞润饼是'白纱包着的礼物'。"

以前上海郊区的农民在这一天还要将耕牛牵到场院上，用柳条噼噼啪啪抽打几下。也不是来真格的，但效果要逼真，告诉老黄牛小长假已经结束，该打起精神上班了。

桃花盛开之时，春分不知不觉就到了，那就吃撑腰糕呀——糯米或粳米磨粉后揉上劲，压扁后蒸几笼撑腰糕给家里的壮劳力吃，一年中最辛苦的农忙时节来临了，先得补一下。

江南一带农村在这一天还要割野菜吃，比如到坟地里挑马兰头，焯熟了拌香干，切细后用麻油一浇，那个味道，才是春天的味道！蓬蒿菜也是目标物，采摘后余鱼片汤，味道一流，美其名曰"春汤"。

哈哈，这一天对孩子而言，有一个游戏岂容错过！那就是竖蛋。"春分到，蛋儿俏"嘛。竖蛋的游戏很古老，早在四千年前我们的先辈就以这个游戏来庆贺春天的来临。据说这一天南北半球昼夜均等，呈66.5度倾斜的地球地轴与地球绕太阳公转的轨道平面刚好处于一种力的相对平衡状态，有利于将一枚熟鸡蛋竖起来。我也试过，屡竖屡摔，摔破了也不要紧，剥了壳往嘴里一送就成了。

清明吃青团——其实要上溯前两日的寒食节，初心是为了纪念一个有独立人格的知识分子，这位名叫介子推的人因为不愿当官而被傻乎乎的国王放火烧山烧死了。因为火在这起事件中是"大规模杀伤性武器"，所以古人每逢这个日子就不许举火，光吃冷饭团，后来以有馅的青团代替。

立夏蛋，满街掼——这一天对孩子来说，头等大事是吃一只蛋，大人还会用五颜六色的丝线编成一只蛋套，将煮熟的鸡蛋、鸭蛋装进去往孩子脖子上一套。小孩子挂了蛋，神气得不行，比今天的富婆挂金项链还高兴，还会相互比试，称作"斗蛋"。

但这只蛋不是白吃的，大人还要给孩子称体重。为什么要称体重呢？因为孩子在进入夏季后衣服穿得少，几乎净重。另外呢，小孩子也容易胃纳欠佳，人会消瘦，俗称"疰夏"。称体重如同做体检，以便家长观察孩子的成长情况。

我还看到过一首竹枝词："麦蚕吃罢吃摊㸌，一味金花菜割畦。立夏称人轻重数，秤悬梁上笑喧阗。"它记录了上海郊区的农民在立夏喜滋滋吃新磨麦粉拌馅糖制成的"麦蚕"与草头拌米粉摊饼的习俗。据说孩子吃了"麦蚕"可以避免"疰夏"。

经济条件好一点的人家还要吃梅子、樱桃、酒酿等。立夏这一天吃酒酿是上海一地的特殊风俗，每逢此时，乔家栅、王家沙等门口就有人排队买酒酿，与糯米圆子或鸡蛋共煮，吃得孩子面孔通红。吃醉了一觉睡到明天天亮也是蛮好玩的。

端午吃粽子——纪念一个与介子推政治诉求相反，但同样迂阔的知识分子屈夫子蹈江而去。这一天纪念的人据说还包括替父复仇的伍子胥、为操练水军而创建龙舟竞渡游戏规则的越王勾践、威震西域的伏波将军马援、投江祭父的曹娥小妹和善于捉鬼的钟馗，还有那位武功十分了得但不小心显出真身后将老公许仙生生吓死的白娘子。哇塞，一个节日与这么多大咖有瓜葛，可见古人还是相当浪漫的！

对了，端午除了吃粽子外还会吃雄黄酒、雄黄豆，据说是为了避邪——端午

良鄉栗子

上海老味道

节原来是有双重使命的。土豪们讲究排场，就要吃"五黄"：雄黄酒之外还有黄瓜、黄鱼、黄鳝、咸蛋黄，现在一条野生黄鱼要多少银子！

接着是夏至，也有吃食，"冬至饺子夏至面"，北方人在这天讲究吃面。打卤面、油泼面、牛肉拉面、刀削面，都数这一天卖得最好。按照老北京的说法，夏至一到，就可以吃生菜、吃凉拌面了。

在南方有些地区，则有成年的外甥和外甥女到娘舅家吃饭的习俗，舅家要准备苋菜和葫芦做菜，俗话说吃了苋菜不会发痧，吃了葫芦腿脚就有力气。也有的到外婆家吃腌腊肉，说是吃了就不会疰夏。编吧，反正是吃一顿。

七月初七是谓"七夕"，中国的情人节，这一天的美食是巧果：面粉和水擀成薄皮，撒上芝麻，划成长方形的薄片，下油锅炸至金黄，咬一口嘎嘣脆。还有好看又好吃的翻模花糕，蒸软了吃。这个节日本意是纪念神话中的一对恋人：牛郎和织女（农耕社会的劳模）。吃了巧果、花糕的姑娘们可以在月光下玩游戏，比如对着月光将五彩丝线嗖地一下穿过针眼，穿过者据说可以"得巧"。现在的美眉谁还高兴穿针引线啊，四季衣服都去奥特莱斯买，发起飙来干脆奔欧洲血拼。对了，这一天还可以对着月亮许个愿，免得将来做剩女。

立秋，意味着丰收的日子即将来临。这天吃西瓜、吃茄子，过了这一天，西瓜渐渐落市，茄子据说有毒。现在有大棚，当然无所谓了，西瓜、茄子一年四季不断供。秋收后要吃新麦馒头、新麦饼，在江南一带则吃新米咸酸饭，硬柴大锅旺火烧，炊烟袅袅，香飘十里。啊！把酒酹涛涛，心潮逐浪高，感谢大自然的滋养。

八月十五中秋节，吃月饼啦！这个节日原本是纪念一个美女的出逃。月饼人见人爱，五花八门，这里就不必赘言了。这一天的吃食还有芋艿毛豆，糖芋艿一定要放红糖才够味。守旧例的上海人家还会煮一锅老鸭汤，浓浓稠稠味道鲜美。

九九重阳节——重阳糕闪亮登场。方方正正的豆沙馅米糕上插了三角形的小彩旗，借此想念漂泊在外乡的同胞及亲友。后来重阳节也成了敬老节，每当此时，王家沙、沈大成老字号门口买重阳糕的小青年排起长队，一买就是小几盒，回家孝敬父母。

在古代，重阳节那天还要登高，在手臂上系上茱萸，据说可以避灾解厄。"遥知兄弟登高处，遍插茱萸少一人。""明年此会知谁处，醉把茱萸仔细看。"王维和杜甫的这两句诗成了千古流传的名句，这是有道理的。唐代的文人登高和插茱萸都要结伴而行，类似今天的秋游。到了宋代，这一天又增加了吃糕

重阳糕 小孩手里拿着中间是小旗

环节。

　　小时候不知道重阳节有这么多讲究，只知道解馋，玩耍小彩旗。现在上海市民们也会在这天举行登楼活动，金茂大厦和东方明珠都成了目标，这是古代习俗的都市化体现。

　　旧时上海还流行在重阳节吃菊花茱萸浸泡的新酒，下酒菜是什么呢？"九月九，蟹逃走。"上海人对大闸蟹的感情由来已久。

　　寒风初起，冬至来临，这一节气亦称交冬、亚岁、一阳节、贺冬节等，上海民间有"冬至大于年"的说法。看起来这个节日是与"阴极之至，阳极始生"的季节更迭有关，但在周代是祭神的节日。到了清代，这一习俗还在帝京保留着，宫中要举行郊天大祭。在上海老城厢呢，也敬祭祖先，祝祷全家平安。在食事方面，这一天北方人吃羊肉，谓之"贴秋膘"，上海人有"立夏馄饨冬至面"一说，冬至吃面以对应"一天长一线"的俗谚。但也有吃馄饨的，菜肉馄饨的味道鲜美无比。

　　吃冬至团也是老城厢的旧俗，糯米粉揉团，包上猪肉、荠菜、萝卜丝、豆沙等馅心，蒸熟了上供，完了分送邻居共享。再后来就演变为吃汤团。城隍庙宁波汤团店从这天起到元宵，进入人声鼎沸的汤团季。堂吃，挤得里三层外三层；外卖，排队一个小时算你运道好。

　　有钱人家还吃人参当归熟地炖老母鸡，还吃桂圆炖蹄髈——那是甜的！听听都要翻胃。

　　还有就是腊月初八吃腊八粥，本意欢庆丰收、感谢祖先，顺便向门神、灶神、户神、宅神、井神等表示衷心感谢，后来才演变为纪念佛祖艰苦修行成道。年根岁末，滴水成冰，一碗热粥下肚，足以豪情满怀迎接新的挑战。静安寺、龙华寺、玉佛寺等清净之地这天会搭棚施粥，老百姓分得一碗粥，高兴得合不拢嘴。

　　眼睛一眨，腊月二十三灶神节到了，那一天简直就是全民总动员，引导老百姓向灶王爷和灶王娘娘行贿。在上海城乡常用元宝糖上供，这种糖是用饴糖制成的，一寸来长，寓意"称（寸）心如意"，而元宝的形状就意味着要发财。还有一种吃食是"送灶团"，用糯米粉（另一半染色）制成红白相间的团子，象征阴阳和合，糖和糯米都是甜的，用来粘住灶王爷的嘴巴，让他吃了上天说好话。祭品中慈姑、地栗、老菱是不可少的，这些吃食分别代表"是个"、"甜来"、"老灵"的意思，在老百姓的想象中，灶王爷向玉皇大帝反映社情民意时使用的工作语言也是吴方言吧。

送走了灶王爷和灶王娘娘，就开始打年糕了，有红白两种，扁而方。上海人打的桂花糖年糕相当好吃，油煎后真的很弹牙。

除夕那天"一夜连双岁，五更分二年"，纪念旧年将逝，新年将至，这一夜天上人间，人神一起欢腾喧阗参加大派对。老百姓的吃食以年夜饭主打，供品也非常丰富，过去还有饮屠苏酒的习俗。屠苏酒里浸泡细辛、干姜、大黄、白术、桔梗、蜀椒、桂心、乌头、防风、花椒、肉桂等中药材，味道好不好且不论，饮时须从年龄最小者开始，最后是年龄最长者笑嘻嘻地"一口闷"，所谓"一人饮之，全家无疾"。此种全家福情景既世俗又诗意，如果家里出一两个穷酸文人，除了书写春联，还要捋着山羊胡须长吟短啸几句呢。

旧时上海城里人也有吃馄饨的习俗，所谓"正月半夜荠菜圆子肉馄饨"，口彩叫做"财亨馄饨"或"包财"，馄饨的外形很像一只元宝。包好馄饨后在床前床后放两只，据说可以包住跳蚤和虱子，称之为"包蚤虱"。

今天上海成了国际大都市，与国际接轨的愿望非常强烈，许多节令时俗都退出了世俗生活，外来的情人节（含白色情人节）、圣诞节、愚人节、感恩节、复活节等在商家的策动下闹得天翻地覆，满城风雨。作为国粹的除夕还在老百姓心里撑着，但民俗的意义早已淡化，守岁演变为一家老小都挤在电视机前看春晚，前俯后仰地大笑，吐一地的果皮瓜壳。要不就打麻将、斗地主、玩手游。待钟声一响，家家点燃爆竹（记住！在外环线以内不能燃放烟花爆竹），人人相拥致贺：天下相亲与相爱，动身千里外，心自成一脉，今夜万家灯火时，或许隔窗望，梦中佳境在……

在正月初一那天清早，如果你去湖心亭那样的百年老茶馆喝茶，得多带点碎银子，茶博士给你端上的是元宝茶——跟茶盏一起上桌的还有细瓷碟子里滚着的两枚檀香橄榄，橄榄形似元宝，故有此好彩头。如此，你就得打赏跑堂的小阿弟了。谁不愿发财呢——尤其是在这个股市流行割韭菜的年头！

上海人在各个节令中所吃的食品，大都具有一定的吉祥意义。例如春节吃年糕，重阳节吃重阳糕等等，其中都有一个"糕"字，与"高升"之"高"相谐；又如元宵吃汤团，清明吃青团，其名称中有"团"、"圆"等吉祥字眼，满足了人们希望团圆的心理需求。上海人在吃年夜饭时所烧的一些菜肴名称，也大都具有一定的祈吉求祥的意义。如黄豆芽称"如意菜"，百叶包称"如意卷"，肉烧蛋称"元宝肉"，塌棵菜称"塌塌长"，蛋饺称"金元宝"，线粉称"银条"。

转眼到了正月十五元宵节，也叫上元节，吃汤团。本地人吃荠菜肉汤团，个儿大，四只盛一碗就满了。安徽人吃鲜肉汤团，个个赛梨大。我们家吃宁波汤团，小巧如鸽蛋。母亲在节前就准备了上好的板油，剥了网衣，用绵白糖腌起来。黑芝麻炒熟，在石臼里舂碎——那是我的苦力活。然后拌匀了做馅。糯米浸泡一夜后用石磨磨成浆水，这个也是我的苦力活。然后装进布袋里吊起来沥干，就能做汤团了。水磨粉只有江南一带有，北方的元宵都用干粉做，糯性欠佳，而况不是手工一只只包出来的，而是将黑洋酥或百果揉成的颗粒状馅心，放在铺满糯米粉的竹匾里滚雪球那般滚，层层挂粉，慢慢成型，表面却不够光滑，煮元宵的汤也是混浊的。年轻记者写文章称：上海人过年要吃饺子，吃元宵，吃"四大金刚"、"老虎脚爪"。嗬，大错特错啦！

家菜不如野菜香

有一种诗意的说法：野菜是没有故乡的。但事实却让我沮丧：并不是每个人的故乡都有野菜。比如水泥丛林的大上海，五百米开外可以看到公共绿地，那里桃红李白，柳条染黄，香樟苍翠，白玉兰像雍容华贵的大家闺秀，在春风里淡妆登场，还有一种紫绛色的玉兰花，知道自己位处偏房，只能不露声色地开几朵，算是呼应。

就是没有野菜，星星点点的野花刚一冒头也被勤快的园艺工人剪除了。所以到我儿子这一代，虽然也吃过荠菜豆腐羹、香干拌马兰头，但那些应该在野地里按生命基因纵情生长的野菜，早已失去了野性，在四季如春的大棚里滋养得碧绿生青，并且多是从外地运来上海的，真正属于故乡的野菜却一直没有机会吃到。

所以这话也可以反过来说：从野菜的意义上说，我们的下一代是没有故乡的。

想我们小时候，虽然难得有大鱼大肉吃，真正的野菜却是应时而尝新。就说荠菜吧，从菜场里买回时，每片叶子上都沾着湿漉漉的泥浆，散发着泥土和牛粪的气息。荠菜和猪肉糜作馅心包馄饨吃，是上海人对自己的犒劳。但荠菜太干，容易起渣，聪明的主妇就会斩几片青菜叶进去，水分就够了。荠菜头微红而呈浅紫色，细嚼之下满口喷香，对牙齿而言也是一种抵抗性游戏。汪曾祺曾在一篇散文里写过故乡高邮的荠菜拌香干："荠菜焯熟剁碎，界首茶干切细丁，入虾米，同拌。这道菜是可以上酒席的。酒席上的凉拌荠菜都用手抟成一座尖塔，临吃推倒。"

"临吃推倒"四字极妙，有镜头感，也很家常。

野性更足的是马兰头，在沸水里一焯后切细，那种清香令人晕眩，拌了香干末后再用麻油一浇，是非常朴素而耐人寻味的香蔬。现在上海的酒家一到开春，几乎都备有这道冷菜，装在小碗里压实，再蜕在白瓷盆子里，如果在碗底埋伏几粒枸杞子，蜕出后会看到万绿丛中一点红，野菜就应该大红大绿，比顶几粒松仁要平实可爱。野生的马兰头有一丝苦涩，小时候不爱这种滋味，而现在从大棚里培育的马兰头被农艺师成功过滤了苦涩味，反倒令我惆怅。

多年前的早春，我以家宴招待法国米其林出版社国际部主任德昆先生，凉菜中就有一碟马兰头拌香干。他很认真地咀嚼再三，点头称美。这位米其林美食侦探总教头的评价倒并非客套，我注意到就餐过程中他的筷子频频伸向这盆菜。看来，法国人也很重视野菜，或者说，美食大国的菜谱里都留下了野菜的芳踪。

俗话说：家花不如野花香。在婚外情屡屡发生并被有些人当作生活必要调剂的今天，也不必由我来细说从头，但家菜不如野菜香，却是本文揭示的真相。仍以马兰头为例，据说从堆满坟茔的野地里挑来的最香。有一年我姐姐下乡劳动，趁休息时就约了几个女同学去坟地挑马兰头，天将黑时，有风呼呼吹来，似冤鬼泣诉，几个小姑娘尖叫一声作鸟兽散，其中一个脚下打滑，一屁股坐在一个土馒头上，吓得哭爹喊娘。我姐姐带回来这一手帕包马兰头，吃起来确实格外清香。当然故事是她事后才说的，否则我肯定一筷也不敢碰——据说坟头边的野菜之所以长得茂盛，是因为死人的骨殖滋养了它。

二十年前，各位是不是吃过紫角叶？据说这货以前自由自在地生长于农村的房前屋后，长到碍手碍脚了就被农民一刀割下喂猪去。后来被好吃分子发现，贩进城里，炒来吃也不错。还有山芋藤、南瓜藤，都可以清炒，但风头不健，一股风刮过就没人理睬了。现在还能吃到的家养野菜还有蒌蒿。蒌蒿以南京长江边一带农村出产最好，炒香干或炒臭干或炒腊肉，都是上海人爱吃的时鲜货。新鲜枸杞头炒笋尖也是一道颇具野性的香蔬，可惜枸杞头不易得。有一次我在常熟吃到了野茭白，比驯化后的商品茭白略微细长，切丝清炒，纤维稍粗，但鲜味很足。

香椿芽是中国独有的树生菜。"三月八，吃椿芽"，香椿头拌豆腐，是上海老一辈爱吃的素食。父母健在时，常从南货店包一枝回家，那是用盐腌过的，色泽暗绿，洗过后切碎，拌嫩豆腐，浇几滴麻油，咸的香椿头和淡的豆腐在口中自然调和，味道很鲜美，且有一股很冲的香味，起初吃时消受不了这味道，而且听说是从香椿树上得来，以为我家真穷到要吃树叶了，心里不免慌了几分。现在，每到阳春三月我必去邵万生包一枝香椿头回家，家人不爱，我乐得独享。当年上海评市花时，曾将臭椿树列为候选，因为它有净化空气的功能。臭椿芽是不能吃的。香椿树长得峻峭挺拔，树干可达十几米，羽状复叶，是树中美男子。开春后有紫色的嫩芽蹿出，农人在竹竿顶端缚了剪刀，另一半系了绳子，瞅准了一拉，嫩头应声而落，粗盐一抹就可以吃了。

在安徽黟县，我吃过香椿芽炒鸡蛋。嫩芽切细，鸡蛋打成液，拌入嫩芽末，多放点猪油，在锅底摊成一张饼，再用文火烘片刻，翻个身装盘，满室飘香。在山东我吃过新鲜的香椿头，酱麻油拌，比腌过的更具风味。当地厨师还用蛋泡糊挂了浆油炸香椿头，类似日本料理中的天妇罗，俗称"香椿鱼"，但香椿芽的本味有不小损失。此菜我在西安、洛阳都吃过，也叫"春椿鱼"。《战争与和平》里的娜塔莎，最可爱的时候就在她的少女时代，嫁给了彼埃尔，做了贵夫人，就未免有些矫揉造作了。

青团青自艾叶来

尽信书不如无书。这句话是有道理的，特别是看秀才写的书，不能太当真。封建社会的秀才不像今天IT时代的网络写手，他们住在比较闭塞的乡村里，顶多趁会考的机会到县城里小住几日，与臭气相投的文人朋友喝喝酒、聊聊天，顺便将自以为有趣的人与事记下，编书刻版，文采斐然的几种也会传诸后代，一不小心成为经典。而现代人呢，读书少，对书店里上榜单的书比较迷信，于是从网上驳下几段来看看，难免大惊小怪，上当受骗。比如袁枚的《随园食单》，里面记录了乾隆盛世的种种坊间吃食，也显示了他的生活品位，但这是一本属于砚池余墨的随笔集，写起来比较随意。加之随园老人交游甚广，平时接待客人较多，花在考证上的时间也被压缩了。再说，书房与厨房的心理距离也有一段路吧，故而书中有许多食物被他一路写来，只有三言两语的眉批式点评，没有介绍配方，更没有操作过程。袁枚是属于那种坐在餐桌边的评委，而非演员。那么，错误也就难免了。比如谈到青团，随园老人是这么说的："捣青草为汁，和粉作粉团，色如碧玉。"

青草，在约定俗成的概念里就是牛羊们嚼食的植物，它的汁有很重的苦涩味，人不能咽食。在中国封建社会漫长的饥饿史中，穷苦人家也不会吃青草，顶多剥张树皮嚼嚼再挖点观音土图个虚饱。所以袁枚同志说的"青草汁"，暴露了古代知识分子"四体不勤，五谷不分"的事实。

今天，眼瞅着清明将至，记者们就会拿青团来做应景文章，但青团的青是如何来的，往往语焉不详。其实，青团用的青，过去是从艾叶而来，而今多半是从麦青来的。

艾叶在江浙一带也叫黄花艾，草本植物，叶片毛绒绒的，呈淡绿色，如菊花一样一叶分五叉。揪断了叶片，可闻到一种辛辣的清香，因为叶片里含有挥发油的缘故。据医生介绍，黄花艾对非感染性溃疡有明显疗效，还有祛痰、止咳的作用。过去农村里的人在野田里采摘菖蒲时也会顺手摘一些艾叶回家，挂在家门口用于驱除邪气。

至于用艾叶汁做青团，若从《随园食单》的记载来看已经有两三百年的历史了。具体做法是这样的，艾叶在石臼里捣烂取汁，再加一点石灰水，使之更加鲜绿，与糯米粉拌和后裹上细沙馅，做成青团，再上笼蒸透，表面上刷一层麻油以防相互粘连。咬一口，甜软适口，色彩的效果恰似一块琥珀镶嵌在碧玉中。

有一次与朋友同游同里，在一家乡土味甚浓的饭店里小酌，时值初夏，我点了一道麦芽塌饼，端上来一看，居然堆得小山样高。麦青叶与糯米粉一起做成直径六七厘米的厚饼，蒸熟后用蜂蜜一浇，黄中闪青，吃口软糯但不粘牙，口舌间还缭绕着一股来自田头阡陌的清香，但数量过多，怎么也消灭不了。

在上海，青团以乔家栅出品最佳。乔家栅青团就有一股淡淡的石灰味，色泽翠绿鲜亮，吃口软糯，馅心细腻。有时候吃着吃着，牙齿就会带出一根细细的草来。但现在那种标志性的石灰味没有了，据说是有关方面不允许，也有一种说法是上海郊区再也找不到艾叶了。一年一度的商机是不能错过的，于是有些店家用青菜挤出的汁水来代替，有的干脆用色素，卖相也好。如果是这样的话，我拜托师傅用麦青的汁水来做。

麦青就是尚未抽穗的麦子，上海郊区有农民专门根据商家订货单种植的，用麦青做青团色泽稍淡，但香气也是浓郁的。

在川沙，清明时节农民还会做一种艾麦果，团子与青团相仿，只是实心无馅。前几天我在浙江磐安吃到一种叶子形的艾叶饼，里包咸菜、笋丁加一点豆腐干，乡味朴实动人。还有一种加了麦青汁的糯米粉印糕，脱了模后再上笼蒸，形状有方有圆及异形的，上面的图案或是一只蝴蝶、一条鱼，或是一只硕大的寿桃，桃中还有字：福寿安康，充满了民间意趣。一般是上坟时叠成三层祭一下祖，然后分给孩子吃。这样的场面，我是印象深刻的，河边的坟地里，野草在略带寒意的风中颤抖，蚕豆花在河对岸开着，油菜花则在远处抹出一大片金黄色，坟前菜也上齐了，酒也斟满了，纸钱也烧了，纸灰旋转而飞舞着，最后落在供盘里的青团上，不再飞走了，就像一只黑蝴蝶。乡间的风柔软如绸，小心掸去白幡上的浮尘，又裹挟着植物生长的清新气息给祭祖的人们一点安慰。放眼望去，四周一派蓬勃生机。

上海人到苏州、杭州等地扫墓，一定要带上青团。有一次湖北作家池莉写了一篇文章，说上海人确实是很务实的，明清时节祭祖上供的青团是从超市买的便宜货，自己家里吃的话，才会买比较贵的一种。那是她看问题太表面了，上海人不可能这样薄情寡义吧。

过去与青团同时登场亮相的还有一种青饼，糯米与大米对半相掺，吃口略硬，裹黄豆沙馅，售价比青团便宜一两分。十年动乱时，民间扫墓风俗受到压抑，活人也如泥菩萨过江，死人只好委屈一下了，但吃青团的习俗倒没有改变。一到清明前几天，糕团店门口照样排队，不少人端着钢精锅子，一买就是十几二十只。

今年杏花楼又出花头，推出一种咸蛋黄肉松青团，据说要排队四小时才能买到。从微信上看，真有数百人为一盒青团极耐心地等待小半天，而门口驱之不散的黄牛又抓住了一次发财机会。在这个写封情书都说没空的社会里，还有人为一口美食而掷下如许光阴，我不知道应该点赞还是吐槽。有朋友特意送我一盒，说实话我兴趣不大，但友情难却，收下后吃了，咸蛋黄和肉松差不多是滞销食品，包进青团里还会好吃吗？滋味果然不如豆沙馅的，豆沙的甜味可以使青团的野香味突出，涩味退场，而荤味做不到，多吃更加受不了。更令我失望的是，杏花楼的青团没有艾草的清香。这是创新吗？但这么多人争食，可见现在人的味蕾多么粗糙。一半美食家在哭泣，另一半美食家在骂娘。

民间小吃流传上百年，从外形到内容基本定形，自成谱系，那是有道理的。改良可以的，创新也应该鼓励的，但一定要顺势而为，不可逆向操作。民间美食还与风俗有关，体现主流价值观，这是它的灵魂。

听说以前有一老画家，"文革"时家被抄，颜料也没了，他就从糕团店里讨来半碗艾叶汁，又从桑葚里挤出一碟胭脂红的汁水，画了一幅佳果图，红菱绿瓜，生动可爱。可惜此种草本植物的汁液虽然环保，却容易褪色，三十年后从箱底翻出来一看，已经黯淡了。

叹刀鲚远去，愿凤鲚常来

陆放翁——"鲚鱼莼菜随宜具，也是花前一醉来"。

宛陵先生——"已见杨花扑扑飞，鲚鱼江上正鲜肥"。

东坡老人——"知有江南风物否，桃花流水鲚鱼肥。"

刀鱼，就是鲚鱼。

桃花盛开之时，刀鱼隆重登场。

这般隆重，只在报刊或网络等媒体上被大肆渲染，离老百姓的日常生活渐行渐远，一去不回头。因为这厮的身价，在物以稀为贵的叙事套路中，与中国的股市反着来，行情年年看涨，看不见调整迹象。所以你说数千大洋一斤也好，被检出体内重金属超标也好，与工薪阶层浑身不搭界。

不过以阿Q的心态视之，刀鱼放在四十年前还算寻常之物，我等清寒之家也吃过几次。剖膛净身，玉体横陈，加猪油酱油，再淋些老酒，旺火蒸。上桌时我总有点不屑，这么小的鱼，是给猫吃的吧。母亲谆谆教导我："这叫刀鱼，要四角八分一斤呢。"四角八分，是半斤猪肉的价钱，对于咪咪小的一条鱼而言，是相当过分的。于是小心地挑了一点在牙缝里磨蹭，鲜倒是鲜的，可惜骨刺太多。

后来，人蹿高，略知味，对刀鱼不那么感冒了。又从书中得知刀鱼的名称在《山海经》里就出现了，但当时的名称是"鲚鱼"。罗愿在《尔雅翼》中说得很清楚："鲚，刀鱼也，长头而狭薄，其腹背如刀刃，故以为名。大者长尺余。"古人托名陶朱公范蠡编写的《养鱼经》中也提到："鲚鱼，长者盈尺，俗呼刀鲚，初春出于湖。"初春出于湖的应该是湖刀，"味略逊，缘于春暮登市"，而不是今天身价百倍的江刀。

刀鱼、竹笋、樱桃，自古就有"初夏三鲜"之称。刀鱼因形状如一叶扁刀而得名，正式名称是"刀鲚"。

刀鱼身驱虽然单薄，架子却大得很哪，初上市时，约在三月桃花始开之时，此时骨刺还没长硬，可以连刺一起吃下。清明以后，鱼刺渐硬，弄不好就找人麻烦了。刀鱼是洄游性鱼类，每年春季，成年刀鱼从浅海溯长江而上，到淡水区域产卵。通常，刀鱼到达长江靖江段时，身上的盐分基本淡化，身体也长肥了。长江靖江段的江水已完全是淡水，此地是刀鱼集中产卵的区域，也是人们捕捞刀鱼的理想水域。那个靖江，也是出猪肉脯和灌汤包子的地方，靖江人真有吃福。

刀鱼多刺，吃起来须小心，于是清代有人想出了种种歪招。《清嘉录》中记载："先将鱼背斜切，使碎骨尽断，再下锅煎黄，加作料，食时自不觉有骨矣。"李斗的《扬州画舫录》中也贡献了一个"鲎鱼糊涂"方子，就是不管三七二十一，将刀鱼不分大小，统统剁成烂泥，这样一来，食客再也不必担心鱼刺找你麻烦了。而南京人呢，也有好事者按照这个思路做成油炸刀鱼，肉与骨刺一起炸成酥枯，入口即化。这些都是霸王硬上弓的吃法，暴殄天物，不知本味，被袁枚讥为"驼背夹直，其人不活"。扬州的盐商对"春馔妙物"的态度就极其认真，他们叫家厨将刀鱼与母鸡、蹄髈、火腿一起吊汤，治成刀鱼面。据说乾隆爷下江南时也尝过此味，想来不恶。

浦东高桥、枫泾、三林塘一带的农村，以前每到清明前流行吃刀鱼饭。用硬柴引火烧饭，待大米饭收水时，将刀鱼一条条铺在饭上，改用稻柴发文火，饭焖透后，将鱼头一拎，龙骨当即蜕去，鱼肉与饭一起拌，加一勺猪油和少许盐，那个鲜香感受，令老前辈感慨万千，在对我津津描述时，也大有"夏虫不可语冰"之叹。还有一种更加酷的方法，将刀鱼头尾钉在锅盖里面，加盖后只顾煮饭，等刀鱼被蒸汽焐熟，鱼肉纷纷脱骨落下。锅盖一掀，木盖上只留下一根根鱼骨，米饭与刀鱼肉已经浑然一体。此种实诚的美味我也没有吃过，只能作桃源之想。

老半斋的刀鱼面秉承扬州盐商的传统，成了老上海早春时节的美味。二十年前，我还能附庸风雅，赶在清明前去老半斋吃一碗。刀鱼不是面浇头，主要是吃汤，师傅将刀鱼油炒后包在纱布里煮烂，此时鱼肉细如丝，汤色白于乳，硬扎扎的面条往汤里一沉，就与刀鱼你中有我、我中有你了。

再往后，刀鱼面的身价蹿上去了，三十多元一碗，我舍不得吃。第二年再去，又翻了一个跟斗，吓我一跳。至今还记得踏进店堂的感觉，七八个老吃客站在卖票台前，瞅瞅头上的价目牌，像小孩考试不及格那样默不作声，最后叫了一碗焖肉爆鱼面。老前辈不敢下单，我也只好跟着叫一碗焖肉爆鱼面。现在，刀鱼又上市了，我不知道老半斋还有刀鱼面应市否。

大约在十年前，有人请吃饭，点了一盆刀鱼，主人亲自动手，剔去龙骨，隆重宣布：大家尝尝，酒家老板是我朋友，特意留了这几条。我们一帮吃货只顾筷头轻点几下，哪里还敢问价钱。这是我最后一次与刀鱼接触。如果有人问我：下一次在什么地方、什么时候吃，那话就像问我什么时候坐宇宙飞船上月球一样好玩。

哈，机会来了，前不久朋友请我去斜土路某饭店品尝刀鱼面，这家饭店于桃花流水之际推出刀鱼宴，冷盆热炒，无刀不与，比如油爆刀鱼、鸽蛋刀鱼、金狮刀鱼、花胶吞刀鱼、双边刀鱼、刀鱼春卷等，令人眼花缭乱。少顷，刀鱼煨面热气腾腾地端到我面前。汤色乳白，面条柔滑，不见刀鱼，都是刀鱼，依然是记忆中的美味。听老板说，市面上的刀鱼煨面已经卖到一百元一碗了，这里因为用做刀鱼宴剔除的头面、龙骨与鱼皮吊汤，所以只卖68元一碗，不少老顾客天天来一膏馋吻。

其实，对于工薪阶层来说，68元一碗的刀鱼面也算贵的。所以我要说，吃不起刀鱼没关系，也不丢人，感谢上帝赐予我们丰富的水中珍品，比如与刀鱼在外形上十分相似的凤尾鱼，因为鲜味也相当充盈，我觉得堪当与刀鱼PK的使命。

过去有人认为凤尾鱼与刀鱼是同类，凤尾鱼长大后就成了刀鱼，这是错的。凤尾鱼也叫"凤鲚"、"子鲚"或"鲚鱼"，与七丝鲚和短颌鲚均属鲚类，八卦地说，也算刀鱼的堂兄弟。

凤尾鱼生长在近海，在今天还是捕获量较大的渔产品。此鲚虽小，身架却也当得雍容华贵，体型像小型匕首，呈流水形，银光闪烁，口裂斜展，唇口有鲜红的一抹，眼睛圆润而明亮，水汪汪地望着远方。胸鳍凌厉地翘起，坚贞不屈。尾部修长而优雅，至最后一段分叉，像凤凰的尾巴。称它凤尾鱼，是渔家由衷的赞美。

凤鲚的血统虽不在贵族之列，但在精神气质方面不输于刀鲚，出水即死，不作一秒钟的犹豫。

与刀鱼一样，凤尾鱼也是一种洄游性小型鱼类，平时多栖息于外海，每年春末夏初由海入江，在中下游的淡水入口处作产卵洄游。凤尾鱼的生存能力与生存智慧显然强过刀鱼，它们抱团取暖，相濡以沫，以微弱生物为食，躲过了强悍者的追袭，在洋流中巧妙周旋，度过了一次次危机，进化成一个庞大的家族。

凤尾鱼在南方通海大江里似乎都能找到它的踪迹，甚至能一路游到鄱阳湖口，所到之处，即形成鱼汛。每年三月至十月，凤尾鱼的汛期如此之长，绝对是我们的口福。

凤尾鱼与刀鱼相比，胜出之处在于腹内抱子，故而在上海，也叫"烤子鱼"。这个"烤"字无关烹饪手段，特指雌鱼将鱼卵严密包裹的意思。照文史专家薛理勇先生说法，"烤"是吴方语中"囥"字之误，正确的说法应为"囥子鱼"，"囥"的意思就是"藏起来"。

我们上海人能吃到的凤尾鱼，一般来自浙东沿海，少量来自崇明，但以五六月份的品质最高，此时鱼子最为紧实，轻轻咬下，满口膏腴，绵实鲜香，回味无穷。吃凤尾鱼，鱼子的多寡与松紧是评判此物优劣的决定性指标。

凤尾鱼多骨刺，宜油炸至骨酥而不碎，以本帮爆鱼的整治原则，先在鱼身上抹些酱油上色，沥干后入油锅炸至酥脆不柴，出锅后浸在卤中，片刻即可捞起，趁热上桌更佳。吃时连骨咀嚼咽下，慢慢品其回味。时下讲究一点的饭店，几款招牌冷菜必定现做上桌，凤尾鱼就是其一。江南人视凤尾鱼为珍品，制卤时会多放一些糖，这样就更宜佐酒了。北方人吃小巧玲珑的凤尾鱼，常常不解风情，还以为上海人小气，居然叫一碟小猫鱼虚应故事。而且那副囫囵吞枣的吃相，真应了苏州人一句老话——"牛嚼草"。

物资供应匮乏的时候，凤尾鱼罐头在食品店的柜台上摆成宝塔状，叫行人馋吐水答答滴。去外地工作的上海人节假日探亲回沪，返程的行囊里也会塞几罐。天寒地冻出门难的日子，狐朋狗友聚在一起叙场旧情，发通牢骚，就会开一罐凤尾鱼，再来一瓶劣质烧酒，吃着说着，不禁热泪千行。

此物也有相当一部分出口创汇，成为欧洲人餐桌上的开胃小菜。上海的超市里现在还有供应，但闷在广口瓶或罐头里的凤尾鱼，鲜则鲜矣，口感毕竟逊色不少。温州人常常将凤尾鱼一条条串起来，在阳光下晒干，贮在缸内，可在青黄不接时熬汤或与猪肉一起红烧，味道也不错噢。

刀鱼上市之时，我们吃不起也不必遗憾，因为离凤尾鱼大量涌来也为时不远了。我们可以再忍耐片刻，这是对平民美食的应有态度，对凤尾鱼尤其需要谦卑地迎候。它的美味，能使世俗的初夏丰腴起来，甜鲜起来。

河豚，一趟冒险的口腹之旅

    河豚鱼经过一个冬季的滋养，背宽腹厚，肉嫩脂肥，底气十足地在长江中下游逡巡。它们不知道，不怕死的老饕此时正在酝酿一个阴谋。道理跟吃长江刀鱼一样，吃河豚鱼也一定要赶在清明前，过了时节，河豚鱼表皮一层很难除去的细鳞也坚硬而扎喉了。

    中国人吃河豚鱼，是一趟冒险的口腹旅行，而且已经磕磕碰碰地走了上千年，还没有停顿下来，看样子也不可能以浪子回头的喜剧调子收场。在这过程中，不时有人两眼翻白，腿脚一蹬，口吐白沫，与这个物欲横流的世界拜拜了。为美食而死，虽然说不上重如泰山，但也不能斥之为轻如鸿毛。毕竟，美食家都是有理想的，有品位的，有经验的——虽然经验往往致经验主义者于死地。

    古人咏河豚鱼的诗留下不少，这是老祖宗满足口福后的真情告白。比如"如刀江鲚白盈天，不独河豚天下稀"，再比如"柳岸烟汀钓艇疏，河豚风暖燕来初"。最有名的当数苏东坡的那首"竹外桃花三两枝，春江水暖鸭先知，蒌蒿遍地芦芽短，正是河豚欲上时"。今人引用此诗，往往着意审时度势的"鸭先知"，但苏东坡可能没想这么多，他就想念河豚鱼的美味，春笋、鸭子、蒌蒿和芦芽都是铺垫，是冷菜，为压轴戏的登场演好前戏。

    每年清明前后，因吃河豚鱼而死的新闻会出现在小报的社会新闻版上。同时，初出茅庐的小记者也会板起脸来教训大人：河豚鱼有毒，不要拿生命开玩笑。这道理就跟"股市有风险，入市须谨慎"的善意警示一样，不照样有人砸锅卖铁杀进去，股指不也照样"跌跌不休"，到今天拦腰一刀？在中国就是这样，越是不让人做的事，越是有人去做。

    河豚鱼代代相传，基因拷贝，毒性依然，漂在长江以及鱼骨状的支流，繁衍生息。它五短身材，貌不惊人，却有一口整齐而锐利的牙齿，这是肉食水族的必要条件和特征。小时候我看到张贴在弄堂口的宣传画，警告大家不要误食河豚鱼。科学图谱上的河豚鱼有好几种形态，均与毒蘑菇一样色彩斑斓，诱人亲近。但图上又说了，河豚鱼的毒素分布在鱼卵、卵巢、内脏、血和皮，全身只有肌肉无毒。而每一克河豚鱼毒素就能毒死五百人！后来我看到的河豚鱼活体，大多数腹部为白色，背部呈灰色，有深灰色小点分布，以现代人的审美眼光看，那是很酷的颜色。后来又见识了一种肥硕的菊黄河豚鱼，妆容更加美艳，赛过披了豹纹时装。

这厮知道自己的酷，脾气也就很大，一不对劲就发怒，肚子气得圆鼓鼓的，像返航的潜水艇那样浮上水面。古人知道它的七寸，就把它们赶到塘里，用竹竿敲击水面，或截流为栅，再将水拷去部分，使塘内的河豚鱼因相互挤攘而发怒鼓腹，一尾尾如气球一样浮到水面上，渔人摆出一个优美的身段，将网徐徐撒出，手到擒来。

因为河豚鱼发怒而鼓腹，古人以为吃了河豚鱼也会鼓腹而死。其实是鱼子最害人，生的时候小如芥子，一尾鱼抱子成千上万，吃进肚后每粒都一起用力胀成黄豆那般大，当然能将人肚子撑破。河豚鱼的毒素还分布在内脏和血液，所以整治河豚鱼首先要大刀阔斧地剔抉内脏，洗清血筋。烧煮时据说最好以酒代水，大火煮沸，中火焖透，直至收汁，时间约在一支半香。

一千年多前日本人开始疯狂抄袭中国文化，连饮食之道也全版克隆，所以他们也是嗜好河豚鱼的族群。今天的日本人专门为烧河豚鱼的厨师考级评分，然后颁发特殊的证书。

鲁迅诗："故乡黯黯锁玄云，遥夜迢迢隔上春。岁暮何堪再惆怅，且持厄酒食河豚。"这是写于1932年的《无题二首》中的第一首。同年12月28日，鲁迅在日记里记了一笔："上午同广平携海婴往筱崎医院诊。……晚坪井先生来邀至日本饭馆食河豚，同去并有滨之上医士。"

坪井和滨之上均为在上海开筱崎医院的日本医生，曾多次为鲁迅家属看病。医生请病人吃饭，在医患矛盾越来越僵的今天是难以想象的，也说明鲁迅与这两个日本医生关系不一般。诗中还为后人提供了一个可以想象的场景：当时虹口一带日本料理不少，而且在不是"欲上时"的冬天也供应河豚鱼。所幸的是，日本厨师治河豚鱼确实有一套，不然，将留下一个牵涉面很广的公案，中国现代文学史也要重写了，而况"一·二八事变"的硝烟尚未散尽呢。现在不也有人怀疑鲁迅是被日本特务害死的吗？

回到正题。今天，烹治河豚鱼至少在上海的餐饮市场还属于偷偷摸摸的勾当。江苏比上海灵活，厨师由餐饮协会组织培训、发证，厨师持有执业证书。还有一些民间高手潜得很深，他们与老饕情同生死契阔。这路貌不惊人的厨师，仿佛江湖上的职业杀手、餐饮界的007。他们每年元宵后就往城里跑了，受聘于某熟识的私营酒家，彼此有长期的默契。在江阴与扬中——这是河豚鱼的主要产地和消费场所，烧河豚鱼是按分量计算酬金的，烧一公斤，厨师加工费120元。吃一桌完整版河豚鱼，至少消耗十公斤，厨师的报酬相当可观。不过这也是刀口添血的买卖，河豚鱼烧好后按规矩由厨师先吃，吃后乖乖地坐在厨房里，可抽烟喝茶，但不许走开，两个钟头后没事，店家才敢让客人大快朵颐。在江阴与扬中，河豚鱼都是回锅后上桌的，断没有现烧现吃。

我在江阴吃过几回河豚鱼，一干不怕死的好吃分子进了包房，排排坐，没人让坐，作东的老板此时也不会像往常那样客气地说："请，请，请！"粗瓷大盆的河豚鱼上来后，各自闷头吃开了，连酒也没人劝。据说过去吃河豚鱼，客人自己还要摸出一只角子放在桌子上，表示自己是付了钱的，出了人性命与主人无涉。还有一点，饭桌边还要放一只须两人抬的大马桶，万一有人感到不对，赶快清仓。

在崇明我也吃过河豚鱼，与别处红烧不同的是，此处一律为带汤白煮，汤为浓郁的乳白色，开膛剖肚，剔去龙骨，受热后的鱼肉会反卷起来，鲜嫩度略胜红烧一筹，表皮留有少许细鳞，主人建议鱼皮朝内卷起来一口吞下，可以清除胃肠内壁积淀的垃圾，有利养生。席面上请吃的崇明朋友一再问我："有什么感觉？"此处的经验是唇舌略微有持续麻木，诚为最妙的境界，不过一旦这种感觉超过临界点，就得赶紧往医院里送。那么什么是临界点呢？只可意会不可言传。我反正是不怕死的，早已把身家性命押在灶台上了。

几分钟后，嘴唇果然微微发麻，舌尖打滚困难，像拔牙后麻药初退，话也说不顺溜了，也许是我心里紧张，也许是毒素的作用。我瞄了一眼窗外，院子里停着好几辆面包车，想必医院离县委招待所也不远，心里慢慢地踏实了，表面上还比较镇静。等到水果盘上来后，一切恢复正常。谢天谢地！我又活了一回。

至于滋味，老实说，鲜美度上是胜过如今塘里家养的绝大多数河鲜，但胜出无多。我认为它不如鲜蹦活跳的带子河虾和正宗的阳澄湖大闸蟹，跟刀鱼也不能一拼。唯嫩滑肥软一点上，这厮可以傲视所有水族。

吃完了河豚鱼，看看大家都没死，舒口气，点支烟，主人就要讲笑话了：有一回某先生得几斤河豚鱼，教家人煮熟后却不敢吃，看到门口石阶上坐着乞丐，就叫佣人拿了几块给他吃。过了一回，看乞丐没死，就放心地吃了。酒足饭饱，踱方步出门，乞丐看到他一脸的满足，就从背后拿出碗来："哦，我可以吃了。"

听了这个笑话，马上有人提议敬厨师一杯酒。厨师出来后，就有人问他是否已经吃过。厨师说："河豚鱼现在是什么价？我怎么有福份吃呢？"团团坐的好吃分子顿时大惊失色，酒也洒了。但厨师马上又笑嘻嘻地跟了一句，"不过老板叫我先吃，我就不客气了。"

　　说完，厨师扬长而去。据说一个厨师做一季河豚鱼，可得好几万。

大块吃笋是一种幸福

中国人与大熊猫有如此深厚的感情，很大程度上得益于一个共同的嗜好：吃竹子。区别只是大熊猫爱吃刺身，也不蘸绿芥末，再坚硬的竹子，连叶子一把抓塞进嘴里津津有味地嚼咬，牙口极好，消化功能也特强。而中国人吃竹子，专挑嫩头。往往，春雨润物无声后的黎明，农人便潜入山中，挖掘刚刚破土而出的春笋，带黄泥而入市场待沽。黄泥笋是好品种，清鲜细嫩，有清香味，不涩嘴。于是用不了多久，辗转地来到城里人的餐桌上，油焖笋、竹笋炒肉丝、竹笋炒鳝丝……都是上海人的家常菜。当然，最受欢迎的是腌笃鲜。

我的故乡在绍兴，老家柴房外有一个小竹园，童年的我是跟着母亲去掘过笋的。雷声隆隆，春雨突至，我吓得不敢出声，一头扎进母亲怀里，母亲却喜滋滋地说：明天我们去掘笋。为什么一定要赶在雨后而不是晴天去掘笋呢？滑叽叽的竹园里可能有蛇啊。母亲说，吃了雨水，春笋才会蹿出地面。果然，雨后的竹园里有不少春笋蹿高了，顶着鹅黄色的芽尖在招呼我去采摘。于是，我就知道雨后春笋这句成语的意思了。

有一次，老屋里的架子床出现了异样，棕棚中间被一样硬物顶起来，人在上面睡着很不舒服。我奉命趴到床底下察看，意外地看到了一支粗壮的已经长成驼背的毛笋。原来它从墙跟下穿过潜入屋内，又在床底下破土而出。因为不见阳光，又因为是意外的收获，这支毛笋与咸菜一起煮后特别鲜嫩。

乡下戴毡帽老头子还告诉我一桩奇事，一男子到竹园里蹲着拉屎，老半天不起来，家里人前去察看，发现这倒霉的家伙已经被破土而出的竹笋顶破肛门，死啦。此事放在今天，肯定被渲染成人与竹子的"断背"。

吃竹笋要赶在清明前，长度在九寸之内的黄泥笋最佳，天目山、莫干山的竹笋是公认的上品。过了惊蛰，竹笋会发疯样地蹿高，长到一尺半高后纤维就日渐粗老，吃起来就要塞牙并吐渣了。再眼睛一眨，它长成半人高了，你纵然有大熊猫那样的牙口，也没有它强壮的胃袋啊。竹笋蹿至五六米高只消一年，砍下来去掉枝杈就是晾衣服的竹竿，也可做椅子、床榻什么的，江南一带用竹子编极为精

春笋乃诸笋味之王

上海老味道

致的食篮，柄上刻出人物或花卉，现在都成了古董。那么毛竹呢，能长到十几米高，有风吹来，山中毛竹林一片哗哗声，非常雄伟，予人的激动不亚于坐卧巨石上倾听松涛。毛竹砍下来，可运到工地上搭脚手架，它为社会主义新中国的建设立下了汗马功劳。现在造高楼都用钢管搭脚手架，毛竹就派别的用场了，比如做地板，做一次性筷子，做蒸笼，做"老头乐"，文人案头清供的臂搁也是用毛竹刻的。"文革"时有一部科教片《毛竹》拍得很不错，没有令人讨厌的八股腔和说教味。从中得知，一竿竹腹内大约有五十节，它的成长并不在于增加节头，而是拔长。

美食家们都爱吃春笋，郑板桥的诗句表达了传统文人的美食情感："江南鲜笋趁鲥鲜，烂煮春风三月初。"也就是说，当时的知识分子如郑板桥，虽然从官场全身而退，后来又靠卖文为生，但也吃得起竹笋煮鲥鱼。李渔等人还用春笋配刀鱼，也是食笋的至高境界。这两样江鲜，如今非暴发户不能食了。

我这个粗人也爱吃油焖春笋，不过偏爱毛笋。二十多年前菜场里都有卖毛笋，堆得像小山样，母亲从菜场里抱一支毛笋回家，像抱着一个婴儿，累得她老人家气喘吁吁的。毛笋剥壳，劈开斩大块，在铁锅里加盐炒至出水，再加咸菜焖透，起锅前加一勺素油，香气夺人，盛几大碗，可以放开吃，让牙齿和牙床充分体验咀嚼食物的快感。在物资匮乏的年代里，这种体验多么难得！但母亲总是警告我：毛笋刮油水，多吃胃里要"潮"。所谓"潮"，是指一种可能导致胃袋不停扩张收缩的不良反应。但为了大快朵颐的幸福，管他"潮"不"潮"的。

毛竹还能做成笋脯，切片加酱油、白糖煮透，晒干后就成了。若加黄豆共煮，就是笋脯豆。绍兴人腌霉干菜，喜欢加入一些毛笋片，日后与猪肉共煮，味道更佳。看绍兴人切毛笋片真是有趣，他们是骑在长凳子上切的，下面垫一只大脚盆，一会儿工夫就是满满一脚盆白玉版！

毛笋劈开晒成干后由乡下人挑着担销往城里，过年前拿出来在淘米水里浸泡几天，使之发软，并有一股酸叽叽的味道，并不好闻。几天后，就会有人肩荷长凳串街走巷地吆喝：切水笋呵……切水笋是颇有看头的，手艺人用安装在凳子顶端的小铡刀飞快地将水笋片切成极细的笋丝。手段高明的艺人才能切得细，切得细才能揽到更多的活。弄堂里的娘儿们是很会传闲话的。

这种笋丝与五花肉一起煮，猪肉不再油腻，笋丝则吃进了肉味，两者互相渗透，味道非常好。我家逢年必定要煮几大钵斗年菜，它们是水笋烧肉、黄鱼鲞烧肉、黄豆芽烧油条子、黄豆炖猪脚，可以吃到元宵节。

毛笋的壳也可废物利用，摊平晒干后存起来，端午时包粽子，这是宁波人的专利。淡黄色的毛笋壳上有深褐色的斑点，体现着豹皮斑纹的野性之美，说它性感则更加合时。宁波老太太用它包碱水粽，紧实而泛一点黄绿色，吃起来别饶风味。现在碱水粽吃不到了。

　　宁波人还会将一下子吃不了的毛笋腌起来，压紧在瓮里，入夏后慢慢享用。盐煮笋吃起来也相当够味，带一丝清酸味更佳，如今在"丰收日"一类的宁波酒家当作冷碟供人下酒。毛笋的老头也不能扔掉，放在臭卤瓮里可以提鲜。有笋老头打底，做霉菜梗、臭冬瓜就格外臭鲜。宁波人是天生的后勤部长，他们一直充满忧患意识，什么东西都要盐腌起来，晒干，然后细水长流，如果家里有几辆摩托车，我估计他们还会挑一辆腌成板鸭的。

　　冬笋也是上海人的性命。冬笋是毛竹的幼芽，在泥土下冬眠，农人挖起来就麻烦些，但可以卖好价钱。特别是春节前，价格一路上蹿，他们知道上海人没有冬笋似乎没法过年。冬笋是百搭，与鸡肉、猪肉、香菇、荠菜、雪里蕻配伍，可以做出许多荤素菜来。上海市场上的冬笋大都是从江西来的。

　　浙江人称之为鞭尖笋的笋干，是用竹笋加工而成的，表面结一层盐花，极咸，煮汤前最好在水里泡一夜。前一阵老鸭汤盛行，全靠鞭尖笋相帮，吃人工饲料长大的家鸭其实是没有多少鲜味的。鞭尖笋冬瓜汤是夏天的消食妙品，价廉而物美。前不久读到朱伟一篇文章《雨后春笋》，行文流畅，风韵清逸，知识性也强，是典型的才子文章。其中说到笋鞭："在冻土下缓缓爬行的极嫩之芽称之为'行鞭'。此种鞭若在冬日掘出，会损毁竹根，由此一盘菜可能要毁掉一片竹林。昔日徽商中有将它挖出置于瓮中，盖上盖，让它不见风日地疯长。等除夕前开盖，雪白一片蜷曲盘绕满瓮，用以炖肉，能成一道好菜，但清新气息仍然没有。"

　　一条笋鞭盘挖断后在瓮中还能生长？这似乎没有道理，当时又没有克隆术，再说只在一口暗无天日、没有营养液的瓮中。要么是瓮里留有泥土。

　　十几年前我在福佑路古玩市场上看到一老者手持数条竹根兜售，每根长约一米。我询价，老者开价十元一根。我犹豫了一下没有买。现在想起就后悔，因为竹根是极佳的印材，椭圆形的截面中心非常坚致，可以刻闲章，玩久了也会起包浆。

椒盐咪咪金花菜

　　上海人对草头是有着深厚感情的。一夜春雨，草头上市，总要炒一盆尝尝鲜。不少煮妇视生煸草头为畏途，油锅一旺，手忙脚乱，一转眼嫩叶尖就成了老菜皮。依我的执鏊经验，生煸草头何必紧张！草头洗净后在淘箩里沥干待用，草头上面事先撒适量的盐、糖、鸡精。起油锅，待油温升至七八成热时将草头并调味一起投入，快速翻炒几下后喷一小勺高度白酒（最好是汾酒、五粮液，泸州老窖以下弃用），随后熄火，让锅内的余温将草头催熟。装入浅盆内，将草头中间稍稍拨开，防止焐老。整个过程不能超过半分钟。我在写《春风得意梅龙镇》电影剧本时，特意设计了一个细节：敬业的厨师在烹制生煸草头前，会问服务员下单的顾客坐在哪张桌子，他要根据客人餐桌与厨房的距离来控制草头在锅内的时间，装盆后还要喝令服务员以奔跑的速度送达，以保证客人吃到最嫩最烫最鲜香的草头。

　　有人认为生煸草头一定要多放油，这倒不是关键。

　　草头的学名叫苜蓿，在上海乡间又叫金花菜，因为草头开花时为金黄色。更具古意的叫法是"盘歧头"。古人观察大自然极仔细，苜蓿的叶子多歧生。

　　前几天在文汇报《笔会》副刊读到彭卫撰写的《苜蓿》一文，从中得知有人认为苜蓿与西汉张骞出使西域有关，但作者考证后发现或许更早，应与西汉从大宛引进良马有关，大宛"马嗜苜蓿，汉使取其实来"，由此推断古代中原苜蓿首个来源地是大宛，一开始是喂马的，并非人食的佳蔬。而且"苜蓿最早来到中土的时间应不早于公元前119年，不晚于公元前104年。在中国苜蓿生长历史上，这15年具有开辟意义"。

　　苜蓿有紫苜蓿和南苜蓿两种，紫苜蓿生于旷野和田间，是家畜的主要饲料，据说马吃了特别长膘。南苜蓿生长于长江以南，是一味时鲜菜，清明后摘其嫩头而食之。本帮菜中的生煸草头、草头圈子都很出名。上海川沙农家的生煸草头还要放一点酱油，别有风味。

　　一个老中医告诉我，苜蓿味苦、性平，有健脾益胃、利大小便、下膀胱结石、舒筋活络的功效。《本草纲目》中也说了：多吃草头"利五脏、轻身健人"。现代医学研究也证明苜蓿有降脂，抗动脉粥样硬化，增强免疫功能，抗氧化，抗癌和雌激素作用。因此，春天多吃些生煸草头有益健康。

美国安利公司出品的纽崔莱中含有多种维生素矿物质，其中就有从苜蓿中提炼出来的营养成分。

《淞南乐府》："淞南好，斗酒饯春残。玉箸鱼鲜和韭者，金花菜好入粞摊，蚕豆不登盘。"

旧时上海城内外的老百姓在夏日将收割的新麦挑进城里，供奉在城隍像前表示感谢。立夏的中午要悬秤称孩子的体重，还流行吃草头摊粞、麦蚕、酒酿、樱桃等。草头摊粞是用刚摘下来的草头掺入大米粉、糯米粉做饼油煎而成，外脆里软，乡土气极浓。但做草头摊粞并不容易，要先将草头揉过。有一位南汇的老太太告诉我，草头放在木盆里用手抄底轻揉几下，不可过重也不可太轻，揉过的草头拌入麦粉后才没有青涩气。这个过程有点像加工乌龙茶时的"摇青"，不能相差一两圈。

在农村我吃过几次草头摊粞，外观金黄间隔玉白，那是草头与麦粉相拌的效果。也有用糯米粉做的摊粞，一口咬下，清香扑鼻，吃口软糯，回味极香。前不久与太太一起去嘉善西塘游玩，发现小巷里有一老太太在卖草头摊粞，形状略近青团，滋味是甜的，还包了豆沙馅，才卖一元一个。我们吃了一个，没走几步又回头去买了一个。

过去上海人家还会腌金花菜。先将金花菜洗干净，摊开晾干水分后放入干净的坛内，撒上盐拌匀，腌四至五天后捞出，在太阳下晒至微干。取一只小缸，洗净擦干。在小坛内铺一层金花菜，撒一些炒香的花椒和茴香，再铺一层金花菜，撒一些花椒、茴香，直至将金花菜装完。最后将坛中的金花菜压实，然后用干净的稻草或麦秸塞住坛口。接下来的步骤是蛮有趣的，须将小坛子倒立于一口大一圈的瓦缸内。缸中加一些清水实行水封，约二十天后即可取食。用筷子夹出来时要当心，不能让水进入坛中，否则金花菜就会变质。

腌透的金花菜呈现诱人的金黄色，有一股幽幽的清香。空口吃，回甘悠长。做冷盆，佐村酒最佳。有一次我在一家装潢很豪华的酒店里看到将金花菜当作开胃小碟，但同桌有许多白领小姐不知金花菜为何物。

小时候，最馋街头小吃摊的零食。有一老头，鼻尖架一副黑框眼镜，镜片厚似啤酒瓶底，每天下午放学时分背一口木框玻璃箱来了，在路边支起X形架子，搁好箱子，将各种吃食一一展览，左盼右顾，像魔术师那样故作神秘。此时一群孩子已得着消息，像小鸟一样奔出弄堂，轰地一下子围上去，仰着小脑袋听他拉长了声调吆喝："甜咪咪、咸咪咪，椒盐咪咪……"

椒盐咪咪的吃食中就有金花菜。乌漆墨黑的小手递上珍贵的一分钱，他就取出一张手心大小的纸，郑重其事地搛一筷金花菜，然后依次操起架子上的小瓶子一阵猛洒，里面有糖水、醋、辣油、花椒水等，反正是红红绿绿的，想必色素严重超标，好在挤出来的液体比顽童假哭时的眼泪还少，纯粹是"摆花板"。小孩子看在眼里，心花怒放，手指撮起来就往嘴里送，甜咸酸辣百般滋味一起涌上心头，所谓的椒盐大约就是对舌尖的狂轰滥炸吧。吃完了，很知足地环顾街景，等着大人来揪耳朵。

孩子都是馋佬坯。我也吃过这种百味杂陈的街头零食，那口滋味，那幕场景，那声吆喝，一辈子也忘不了。一个人不妨吃点不干不净的零食，否则做人就一点味道也没有了。

爱端午，多食粽

　　包粽子是不灭的上海弄堂风情。所谓不灭，并不是说真的不会消逝，事实上现在的上海弄堂里，阿婆阿姨们围坐在一起包粽子的情景已难得一见，我想表达的意思是，这个场景永远会留在上海人的记忆深处。包粽子是我们这一代人的童年印象，今天吃粽子，当然不再新鲜，也不一定要等到端午那天，但每次吃到它，总会想起彼时的种种细节。许多风味之所以在我们品尝它时会突然激起感情的涟漪，其实是通过食物的媒介想到了远去的亲人。

　　是的，小小一只粽子附丽着许多匪夷所思的传说。比如纪念伍子胥。伍子胥帮助吴王夫差强国复仇，但最终被吴王杀了，并抛到江里，化为涛神。苏州至今留有一座寂寞的胥门。再比如纪念曹娥，曹娥的父亲是个神职人员，属于巫师之类的主儿，在江边作法迎涛神时不慎被江涛卷入水中，曹娥沿着江岸边哭边寻父，七日七夜后投江自尽，最后人们发现她的尸体时，居然是背着父亲出水的。这个故事体现了民间传说极度夸张和反自然的特征，也许因为如此，后来才传遍了整个汉族地区，这条江也就叫曹娥江了。

　　不过，以上这些故事的主人公都说不上感天动地，君臣、父女之间的关系还可能被今人误读。只有屈原的故事最具影响力。"五月五日，为屈原投汩罗，人饬其死，并将舟楫拯之，因以为俗。"这是《荆楚岁时记》里的记载。从汉代开始，人们将五彩丝线包裹的粽子投入江内祭祀屈原。而闻一多还认为，这是崇拜龙图腾的华夏民族特有的祭祖形式。

　　小时候听老师说起端午节吃粽子这一民俗的形成原因，只与屈原有关。在"向雷锋同志学习"的火红年代，老师是不会放过任何一个进行爱国主义教育机会的，尽管我还弄不懂屈原投江的原因。相反我一直存有疑问：几千年过去了，那个叫屈原的人还在水底下躲着吗？

　　前不久学术界对屈原投江的原因作了颠覆性的解释，结果遭到反方意见的猛烈攻击，很快缴械了。

　　现在端午节一到，商家就会适时推销粽子，报纸的美食栏目也会将屈原的故事再绘声绘色说一遍，要是小学生不知道屈原是何许人，就故作惊诧地表示传统文化如何面临了危机。可笑的是，年轻记者的叙述也往往谬误百出。不管他了，年年端午，年年粽子，这就是上海市民的生活。

我小时候很喜欢看大人做手艺活，比如做木工、磨剪刀、钉碗、切水笋、箍桶、配钥匙等，包粽子也是必看的节目，但因为这是娘儿们的活，小脑瓜子有点封建，总是保持一定距离。

项庄舞剑，意在沛公，我看这档节目也是为了偷几张粽叶，卷成一只哨子，前圆后扁，边走边吹，声音清脆尖锐，如果几个人齐奏，煞是好玩。若是做成大的，声音洪亮，传得更远，就有小英雄吹海螺的豪气了。

我母亲是包粽子的能手，枕头粽、三角粽、小脚粽都难不倒她，再窄的粽箬也能拼起来用。嘴里咬着麻线的一头，另一头紧紧地将粽子捆得石骨铁硬，这样煮起来就不会散，吃起来有咬劲。母亲还会为我包几只袖珍粽子，串成一串，同锅煮熟后供我玩。后来我也学会了包三角粽和枕头粽，手痒时也会一凑热闹，但小脚粽一直没学会。小脚粽因形似旧时妇女的小脚而得名，不用绳子，全靠粽叶穿插，将一只粽子包裹周全，充分体现了劳动妇女的智慧。包小脚粽的多半是苏北籍妇女。小脚粽子的优点还在于比三角粽更紧实，吃口更有咬劲。但小脚粽不能包肉，多半是赤豆粽和白米粽。

包肉的粽子是枕头粽。肉粽的高下取决于选料，我母亲的经验是选五花肉，去皮后切块，在加了黄酒的酱油里浸一小时，糯米也用浸肉剩余的酱油拌透。肉粽里要放相当比例的肥肉，如此才有肥腴的口感，米粒也滑润软糯。但肉粽不宜久煮，否则瘦肉容易结块变硬。嘉兴肉粽是大大有名的，我妻子从嘉兴师傅那里偷得秘技，原来嘉兴肉粽只放少量酱油，糯米中拌入上等白酒，搅拌时须用力擦，煮熟后香气更足。在家一试，果然不输嘉兴五芳斋！

上海人爱吃的粽子有豆沙粽、赤豆粽、红枣粽等。我喜欢吃赤豆粽，香，而且赤豆夹在白米中，有点点洇散，效果如瓷器中的釉里红，很好看。我家的豆板粽也是一流的，新鲜的蚕豆剥去壳皮，与糯米拌匀，再少放一点盐以增加黏性，煮熟后有清香，蘸糖吃别有风味。我的中学同学王文富，他母亲包的鲜肉粽里加一只咸蛋黄，在三十年前是相当奢侈的，我吃后居然涌起了一种犯罪感。现在青浦朱家角的咸蛋黄肉粽是古镇的拳头产品，沿街设摊叫卖的总有三四十家。肉粽里加栗子也是不错的创意。北大街上有一葛姓老太，出品的肉粽最好，我供职的《新民周刊》在创刊时曾有图文并茂的报道，葛老太就将这两页的内容张贴在小

粽子

上海老味道

199

店橱窗，成了绝妙广告。这几年她生意一直很好，每天供应量达上千只，一家老小都在老太的指挥下忙碌。凡周刊同仁逛朱家角，路过她的店只消自报家门，葛老太必定应声而出，并要送几只粽子。小镇上的其他店家看了很有醋意。

一老上海吃肉粽蘸绵白糖，据说滋味更佳，我试过，确实不错。宁波人包碱水粽也另有一功，不用粽箬，而是用晒干了的毛笋壳。碱水粽个头大，一只管饱。因为加了碱，米色微黄，闪烁一抹类似北宋汝釉的天青色。高濂在《遵生八笺》中有一条经验，凡煮粽子，一定要用稻柴灰淋汁煮，也有用少量石灰煮的，为的是保持粽箬的青绿色泽和特殊清香。那么宁波人煮粽子时加几只碱水粽就有异曲同工之妙了。

包粽子的日子里，满弄堂飘散着一阵阵清香。现在新鲜的粽箬很难买到了，只有干的，香气就差多了。据报道，目前市场上出现了所谓"返青"粽叶，一些不法商人在浸泡干粽叶时添加硫酸铜、氯化铜、氯化锌、工业碱等工业原料，让已失去绿色的粽叶重新返青。仿佛新绿，吃了毒人。还有一点让我忧虑的是，商家按照做月饼的思路，推出什么鲍鱼粽、鱼翅粽、干贝粽等，一只要卖到88元，包装也非常豪华，真跟月饼有一拼了。前几天太太从杏花楼买了十只豪华版粽子回来，剥开来一看，简直是冷粥块，烂扑扑的不成形，所谓的叉烧、干贝都失去了应有的滋味，还不如老老实实做肉粽算了。听说现在一些饭店都将粽子外包出去，让弄堂里的老太太贴牌生产，质量监督又没跟上，反正趁着大家兴头上一下子推向柜台，抢钱要紧啊！这样的粽子在价格和感情上都与老百姓越来越远。所谓的世界文化遗产，就靠这种粽子承当吗？

民俗文化还是在民间！而非商家的十三档算盘里。

想我孩提时，上海弄堂里的人家包粽子，总要分送左邻右舍，所以一包起码几十只。当然，明后天也会收到邻居送来的粽子，礼尚往来，其乐融融，邻里关系就在这粽子飘香的季节得到了增益。我母亲用不同颜色的线包肉粽，红线的分送邻居，里面的肉大，自己吃的肉小。我们弄堂里有一脾气古怪的孤老头，歪嘴，平时深居简出，言语不多，但到了端午前几日，就突然变得活跃起来，逢人就拣好听的说。他知道每年这个时候总要收到邻居的粽子，在感情交流方面得打个提前量啊。还有一个性子刚烈的媳妇，经常为鸡毛蒜皮的事跟婆婆计较。有一年端午婆婆让家里人吃肉粽，剥到她碗里的也是两只，但咬到中间，一块肉也没有，原来是婆婆包到最后肉没了，就包了两只酱油粽，并暗中做了记号，确实有点欺侮媳妇的意思。媳妇不买账，当场摔了饭碗。丈夫是老实人，低着头闷声不响。媳妇咽不下这口气，第二天天没亮在灶披间里上吊了。后来邻居上门吊唁时都送了肉粽，她男人对着老婆的遗像说："小李，阿芬娘送肉粽来了，你吃噢，多吃点噢！"旁观者无不动容。

"白糖莲心粥，火腿粽子……"这是旧时上海大街小巷的市声，最近还被英国某机构评为上海最动听的十种声音之一。但我认为火腿粽只是一种夸大其辞的宣传，真的将火腿包进粽子里并不好吃，硬。

2005年，端午节被韩国成功申报为世界非物质文化遗产，不少中国人捶胸跺足，网上更是一片骂声。其实韩国人申报的只是"江陵端午祭"，跟中国的端午习俗有所区别，并没有覆盖中国人的游戏。但静下心来想一想，也不能说人家评委会都是白痴，硬生生地将中国人的传统节日送给韩国人。韩国人虽然不是个个知道"朝饮木兰之坠露兮，夕餐秋菊之落英"的屈原老先生，但几百年来一直将这个中国节日过得有声有色。不像咱们中国人，只剩下吃粽子和划龙舟这两个节目。再说，百十年来，中国文化的影响力在世界上其实很有限，铁娘子撒切尔夫人就说过：不要担心中国的崛起，他们没有什么文化可以改变西方人价值观的。那么，一个端午节漂洋过海，影响了大长今的同胞，又有什么不好？我们中国人也不会因为张冠李戴而从此不吃粽子了，你看看，今年的粽子，靠鲍鱼、鱼翅撑腰，不又涨价了吗？

雄黄酒与雄黄豆

端午节对孩子来说是一份快乐的体验。无论贫富，孩子总能收获属于自己的那份美好记忆。端午节的内容十分丰富，在农耕文明主导的时代，会有女儿回娘家、挂钟馗像、迎鬼船、躲午、悬挂菖蒲与艾草、游百病、佩香囊、赛龙舟、比武、击球、荡秋千、饮雄黄酒和菖蒲酒、给小孩额头上涂雄黄字、吃五毒饼、吃五黄（咸蛋黄、黄瓜、黄鳝、黄鱼、雄黄酒）、吃粽子和时令鲜果（樱桃、杏子、梅子、李子）等"节目"，迎来城镇化、现代化、信息化的浪潮后，端午节留给人们的印象就剩下佩香囊、吃粽子、赛龙舟、吃五黄了。

遥想童年的时候，我到这个季节也卸下了厚重的衣服，换上单薄的夏衣，尽管总是旧的，还会有一两块补丁，但玩耍起来毕竟少了许多羁绊，身心由此获得释放。多年以后读到《论语·先进》，孔子与多位"贴身弟子"谈及志向时，曾点说他的志向是"暮春者，春服既成，冠者五六人，童子六七人，浴乎沂，风乎舞雩，咏而归"。孔子喟然叹曰："吾与点也。"这个场景，这份体会，特别是沐浴在和畅惠风中的感觉，特别能打动我。

这个时候，离期末考试"收骨头"还有一个多月，作业也不多。要紧的是弄堂里突然荡漾起活泛的市井气息，包粽子啦！大人们将骨牌凳和红漆脚盆搬出来，浸泡一夜的糯米在红漆木盆里堆得像一座小小的雪山，若有赤豆或红枣掺和其中，颜色会更加悦目。另一只木盆浸着碧绿的粽箬，粽箬的清香令人神清气爽。女人们大声喧哗，弄得到处水渍斑斑。这个我们不管，我们的兴趣只在粽箬，趁大人一个疏忽，就闪电般地抽出几叶，卷起来做成哨子，于是大街小巷就飞掠着尖锐的声响。

老太太也有闲事消磨，她像一个老巫婆，躲在角落里调制雄黄酒。雄黄是一种深黄色的粉末，装在一只橄榄核大小的瓷瓶里，瓶子上还用青花料写着"胡庆余堂"的字号，字迹漶漫。小瓶子打开后，老太太将粉末倒在半杯黄酒里，一根干柴似的手指直接伸在杯子里搅拌，蜡蜡黄的指甲里嵌着厚厚的污垢呢。

"喝一口，你就不会生病了，蛇虫百脚也不会咬你了。"老太太住在底楼光线很差的灶披间，梳两根又细又长的小辫子，说话时眼珠滴溜溜转。她信观音菩萨，信玉皇大帝，信关老爷，信土地公公，信狐狸精，孤身一人的房间里总飘忽着一股湿漉漉的霉味。挂在墙上的佛龛内还供着祖宗牌位，蛛网结得幅员辽阔。此时此刻，这杯橘黄色的可疑液体正在向我逼近，可怜的小男孩只得连连后退，后脑勺在墙壁上撞出"咚"的一声，实在无路可走了，终于爆发一声尖叫。

偏偏有几个年龄相仿的孩子奔过来，极有英雄气地一饮而尽，再眯起小眼睛斜视我。最后我只得啜了一小口，又被老太太蘸着酒在额头上划拉几下。似乎是一种奖励，她还往我手心塞了几颗蚕豆，摊开一看，起皱的表面披了一层细微的粉末，也是橘黄色的，我扔进嘴里嚼巴，有一股淡淡的中药味。

此前我听妈妈说过白娘子的故事，白娘子与小青到了杭州，在西湖断桥遇到许仙，两个人眉来眼去就誓订终身，成了夫妻，想不到来了一个多管闲事的法海和尚，跟许仙说：你的那个白娘子是妖怪，不信你让她喝雄黄酒，她就会现出原形。许仙骗白娘子喝了雄黄酒，白娘子果然现出原形：一条很大很大的白蛇盘在牙床上。这个很傻很天真的书生一看，当场吓得昏死过去了。

妈妈很喜欢讲这类故事，有声有色，而且十分讲究一环扣一环，她是一个越剧迷。这种故事的另一个好处是可以镇住我，比如她说每个人都有前世，或牛或马，或狗或猫。那么我的前世是什么呢？我问。她想了一下说："大概是一只麻雀。如果你再这么淘气的话……"她不说下去了，但言下之意我是懂的，于是整个下午我就十分安静了。

现在，我被逼喝下了一口雄黄酒，外加几粒雄黄豆，很担心真的会变成一只叽叽喳喳、整天忙着觅食的小麻雀。

所幸，一个小时后，镜子里的我还是一个人样，胳膊上并没有长出羽毛。唯一的变化在额头，酒渍干了，显现出一个威风凛凛的"王"字。于是我有了一种新生的感觉，欣喜若狂地奔走在弄堂里，一路吹响粽箬做的号角，声震云霄。

从此，我对雄黄这种药材充满了敬畏。现在有科学家说，雄黄酒饮不得，因为雄黄的主要成分为硫化砷，是提炼砒霜（雄黄以红黄色状如鸡冠者质较纯粹，如为白色结晶或碾碎时外红中白者，均为含有砒霜之明征）的主要原料。喝雄黄酒等于吃砒霜，如果把雄黄酒加热后饮服，则危险性更大。

科学与艺术（含风俗）天生是一对冤家，我更愿意相信艺术和风俗，科学是一个板起面孔教训人的老头子，常常要扫大家的兴。

有了这次深刻的印象，成长过程中我就很注意自己的形象，一直提醒自己：

考试得了满分不能得意忘形，老师夸我美术字写得好不能骄傲，走路时不能随地吐痰，在饭桌上多喝了几杯不能胡言乱语。在初中二年级时就有同学说我少年老成，到了初三说我胸有城府，还好，没人说我老奸巨滑。但是，无形的雄黄酒无时不在，气氛欢悦的场合，我放纵自己连进数杯，然后于不知不觉中现了原形。

暖风吹来焐酒酿

春暖花开，薰风轻拂，骨头都要酥脱哉。路上遇着熟人，见对方还穿着薄花呢西服，里面居然还有羊毛衫，怪不得一路走来额头冒汗。"暖，侬迭格人是不是在焐甜酒酿啊！"对方连忙擦汗，表情有点不好意思，嘴里却要辩解一番："吃了端午粽，还要冻三冻呢。"

焐甜酒酿，是上海人的口头禅，用来嘲笑一个人不敏于季节更迭，仍然厚衣在身。但一个焐字，则从技术角度道尽了酒酿的成长史。我母亲不识字，却是持家的一把好手，以有限的几个铜子，将生活料理得还算可以，即使在饿死过人的那几年里，也没让她的六个儿女饿昏在家门口。谷雨过后，看米缸里还有几把过年时吃剩的糯米，也会做一两次酒酿，让我这张早已淡出鸟来的嘴巴甜一甜。

母亲做酒酿的全过程相当有趣，充满了科学实验的趣味。糯米淘干净，浸泡几小时后烧成糯米饭，锅底的镬焦刮下来，让我蘸糖吃。雪白的糯米饭用冷水冲一下，凉透后拌入捻成粉末的甜酒药。这甜酒药在南货店里有售，但据母亲说不灵，她非要托人到乡下去买来，有时还从老家绍兴买来。

拌匀后的糯米装在一只钵斗里，拿一只茶杯往中间一按，出现了一口井。这是做酒酿的关键之一。然后找一个木盖盖上，再翻出一件旧棉袄将钵斗裹得严严密密实实，塞进饭窠里。那时的上海人家都要置一只稻草编织的饭窠，大冷天烧好一锅饭后，放在里面保暖。开春后它就季节性下岗了，用来焐酒酿算是做一趟临时工。"不要动它，一动酒酿就做不好了。"母亲关照我。

但是我正处于好奇的年龄，什么东西都想打破砂锅问到底，对于酒酿也总想看看它是如何变甜的。趁家里没人的时候就偷偷地打开饭窠，揭开棉袄看一眼。温热的糯米饭在钵斗里沉睡着，表面上没起什么变化，只有一股淡淡的酒味升腾上来，我仰起脖子作深呼吸。忽听到楼梯响，知道是母亲回来了，赶紧清理现场。

大约是到了第三天，母亲将钵斗盖子揭开，嗬，糯米饭长出了一层长长的绒毛，非常可怕。"发霉了吗？还可以吃吗？"我接连问。母亲则胸有成竹地告诉我，酒酿就是这样的，毛越长，味道越甜。再细看，中间的那口井已经有汁水渗出来了，并有许多气泡在发出细微的声响。

再过一天，母亲将钵斗起出来，将热呼呼的酒酿盛了一小碗给我吃。我拨了几下，看不到长长的毛，就放心地吃了。由于吃得过于贪婪，我被那股猛扑而来的甜味呛着了喉咙，连连咳嗽，甚至流了眼泪，母亲看我这副狼狈相，也笑得很开心。

酒酿还应该有一定的酸度，母亲做的酒酿在第一天吃时并不觉得酸，但再过一天吃的话，酸度就明显了，口感更好。

酒酿空口吃是很奢侈的，于是母亲就会从鬓里摸出几块晒干了的糯米粉块，拌水揉软，搓成小圆子，烧酒酿圆子吃。要不，预先浸泡一把晒干的年糕片，吃酒酿年糕。如果在立夏前后，鸡蛋卖得贱了，就干脆吃一次酒酿水潽蛋，那真是超级美味噢。能干的母亲总会从角角落落里变戏法似的变出一些吃食来，在青黄不接的初夏，供她的孩子解馋。

等我读小学后，识得几个字了，母亲也会让我看酒药包装纸上的说明，比如放多少水拌和，与糯米饭的比例是多少等，我很乐意参与这种科学实验。而且当一钵斗酒酿大功告成后，我还可以理所当然地多吃一点呢。有时候酒药不好，做出来的酒酿不甜，而且酸得掉牙，母亲也会骂人。

有一次，天气暴热，棉被里的酒酿比预计时间熟得早。而平时，母亲是算准在浦东工作的大哥回家度假时，酒酿正好可吃。这一次，老天爷跟我一样失去了耐心，他似乎也闻到了酒酿的香味，迫不及待想尝尝人间的至味。于是我在大哥回家前就吃到了一碗酒酿，吃得满脸通红，不一会就趴在桌子上睡着了，口水滴在作业本上，湿了一大片。

那时候，常有饮食店里的阿姨推着推车串弄堂叫卖酒酿："糯米……甜酒酿！""米"字要拖得足够长，后面"甜酒酿"三字收口要稍快些，水淋淋嘎嘣脆，拖泥带水不好，当然是用上海方言，用普通话试试，酒酿都要酸了。她们的酒酿是正规部队制作的，质量稳定，几十只钵斗垛砖似的码在推车里，盖子是木屑板锯成的。打开后会看到上面撒了些黄澄澄的糖桂花，一股馥郁的酒香顿时胀满了整条弄堂，连张家伯伯种的几株蔷薇也被熏醉了，不停点头。大人小孩纷纷拿着碗来买，价格也不贵，又不要粮票。阿姨先将碗搁在秤盘里称毛重，再将酒酿盛入碗里称一次，然后再用勺子添些酒酿汁，每个人都是笑嘻嘻的，这是初夏上海弄堂里经常见得到的温馨场面。

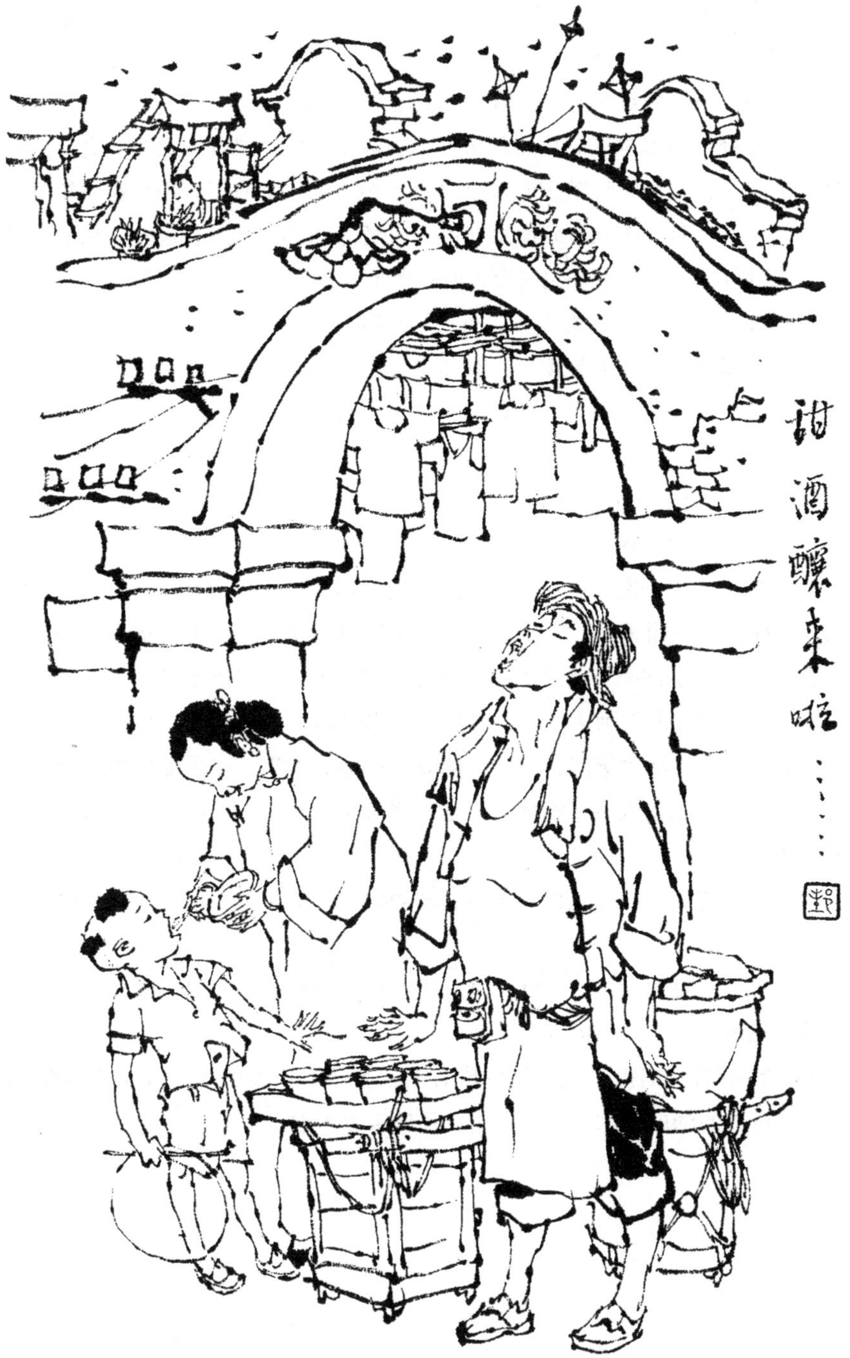
甜酒釀来啦……

后来在一家饮食店里看到师傅做甜酒酿，那真是大制作，大手笔。两三百只钵斗码得整整齐齐，上面盖了几条黑黝黝的棉被，一股酒香弥散在空气中，予我醺醺然的满足感。快过年了，上海人也有吃甜酒酿的习俗。

　　酒酿做好后得赶紧吃，否则到第二天就容易变酸，米粒也会空壳化，内业人士称其为"老化"。那时候一般人家没有冰箱，现在都有了，酒酿在冰箱里多放几天也没关系。有一次我看到南京路邵万生还有甜酒药出售，包装与从前一模一样，土气得可爱，很想买一包回家，但太太不会做甜酒酿，也没有这份闲工夫。

　　我们弄堂里有一个弱智男人，而且是跷脚，名叫阿大。在我读小学时，阿大已经有三十多岁了。阿大想读书，老师说，如果阿大能从一数至十，就让他读。可是阿大只能数到六。阿大说话含混不清，舌头短，弄堂里的老太太喜欢逗他，看他出洋相。春天一到，阿大就显得非常活跃了，跷着一条脚在弄堂里模样丑陋地颠来颠去，有时还攻击陌生的女青年，成为弄堂一害。阿大的娘把他关在一间终年不见阳光的后客堂，在他的好脚上系一根铁链条，另一头拴在床架子上。阿大喜欢吃甜酒酿，整天在家里模仿阿姨们的叫卖声，但因舌头短，喊出来是这样的："糯衣……甜丢酿！"严重影响邻居休息。阿大娘又不肯买酒酿给他吃，左邻右舍如果买了酒酿，就盛半碗来哄他。"阿大，吃了酒酿不作兴吵了，再吵派出所要捉你去了！"阿大吃了甜酒酿，很满足地笑了，大家也换得三五天的太平。然后某一天，阿大突然又想起"糯衣……甜丢酿"，变本加厉地嚎叫。但总会有一个好心的老太太端了酒酿来哄他。我母亲也哄过他，虽然他家与我家并不在同一幢楼。

　　前几天回老家，与家人说着闲话，幽静的弄堂里突然传来一声："糯衣……甜丢酿！"

　　我一怔。"是阿大。"家里人说。那声音听起来更加含混不清，像几块风化严重的土疙瘩，一点棱角也没有了。

　　阿大还活着！掐指一算，他应该有七十岁了，声音听上去还很有点吼的意思。给他送过酒酿的老太太都不在了，我母亲也不在了。

上
海
老
味
道

忙归忙，勿忘六月黄

　　在中国人的日常语境中，"金黄"理所当然地属于十月，在一动就"淌淌滴"的六月，上海人只相信西瓜的嫣红或黄瓜的翠绿，要不就是哈根达斯的奶白与浅紫。不过我还是要严重提醒各位：在上海人的时令风味中，还有一期一会的六月黄！

　　提及六月黄，某些吃货便会在脸上挤出一堆油滋滋的坏笑：原来你心里还有它？

　　是的，作为一个在石库门弄堂里长大成人的上海男人，我心里总有一小块地方为六月黄留着。此时此刻，它们正从我的记忆深处奔来，高举巨螯，整一个威武雄壮的方队！

　　春天吃笋，夏天吃瓜，秋天吃蟹，冬天吃羊，是上海人的饮食习惯、审美追求，也是对时序的高度认同。即使是在呼唤唐诗宋词回归日常的温馨气氛中，或者当朗读课成为秀场的显摆时，上海人也没有改变吃吃吃的亢奋节奏。再说六月黄的季节，就是忽晴忽雨，衣物发霉，头发皮肤甚至眼睫毛都黏答答的时候，最能安慰上海人的美食，就是大闸蟹的先遣部队了。

　　你可能会说，上海人对大闸蟹才有真感情，对看上去"有点脑残"的六月黄，是不是吃不到大闸蟹才别无选择地移情别恋。这话虽然刻薄，却也不算大错。上海人对大闸蟹的感情之汹涌澎湃，之如痴如醉，之死去活来，令全国人民瞠目结舌，不可理喻。六月黄与大闸蟹虽然同种同文，同属江南文化圈，一起从古老的民间传说中走来，但毕竟分工不同，烹饪方法与咀嚼方法也大异其趣。大闸蟹以不加任何佐料的水煮或清蒸获得真味，六月黄须借助于浓油赤酱的本帮手段提升品味。而且六月黄不像秋天登场的大闸蟹那样讲究门第和出身，也不必去阳澄湖蹲几天学习班，再套只戒指什么的，只要看上去不那么歪瓜裂枣，螯全爪全口吐白沫就OK了。不过，在大闸蟹尚未登盘之际，大闸蟹的小鲜肉、小萝莉们义无反顾地担当了为正规军鸣锣开道的使命，单凭这一点，我们就没有理由小看它们。

在我小时候，六月黄卖得很便宜，可以经常吃，家常制法是面拖，面拖的好处是对蟹的要求不高，小一点也无妨。妈妈将蟹洗净后翻倒在砧板上，两螯八足朝天任其挣扎，看准机会拍刀腰斩，然后在面粉碗内重重一按，以阻止蟹黄的流失——就像今天阻止国有资产流失一样必须认真对待。

再然后，起油锅炸至蟹壳起红，加葱姜老酒酱油白糖等烹至浓油赤酱。家常味很重的面拖蟹味道极鲜，是可以记一辈子的。一只蟹吃光，再将十根指头一一吮过。还有些主妇在做面拖蟹时会加一把碧绿生青的毛豆子进去，油煸过的毛豆子起皱而不脱皮，入味而增鲜，味道超好。这款面拖蟹相当上海，正式名字叫油酱毛蟹。

怪不得有人说，大闸蟹是男人的恩物，油酱毛蟹是女人的杰作。

海派文化的宽容，也使饭店的菜谱空前的丰富。以前油酱毛蟹是不上台面的，改革开放后，黄河路、乍浦路两条美食街一开，油酱毛蟹便正儿八经地列入菜谱。聪明的老板娘还会加几条年糕在毛蟹里，切丁切片两可，旺火颠炒，酱汁紧包，使这盘菜看上去质感饱满，色泽红亮。虽然此菜有"戏不够，歌来凑"的嫌疑，但好吃是王道，群众欢迎，生意兴旺，毛蟹炒年糕遂成海派菜名肴，风生水起，下酒一流。

再说了，上海人的文化基因中已经牢牢编进了六月黄的密码，离开上海小几年的游子，常常浮现于脑海的诸多美食中肯定有油酱毛蟹的身影。我有一朋友，古灵精怪的服装设计师，去美国纽约三十多年，名气很响，好莱坞影星专找她设计便装礼服。她每次回上海，若正好赶上初夏，便要去菜场买十多斤六月黄，亲手做一大脸盆油酱毛蟹，然后请来一帮好友，开两瓶苏格兰威士忌，在长啸浅醉中一解乡愁。

然而，今天的物质供应越来越丰富，人们对六月黄的惦记却慢慢淡化了，这一现实让我倍感伤感。

"等六月黄上市后，我们聚一聚。""过几天菜场里就有六月黄了，请你来吃老酒。"三十年前，这是男人之间最温暖的问候与庄严承诺。而现在，这样的场面难得一见了。

套用福克纳的一本书名，我不禁要问：为什么更多的六月黄死于心碎？换言之，价廉物美的六月黄到底输给了谁？

想来想去，也许是小龙虾，张牙舞爪的小龙虾凭借十三香的复合味，以及接踵而至的南乳味、烧烤味、酱烧味、麻辣味、五香味、叉烧味、醉糟味等，拳打脚踢地将年轻人的味蕾彻底征服。今天，小龙虾赫然成为一家店或一条美食街上的主打。反观六月黄，谨小慎微地在江湖上行走上百年，从来不敢如此张扬。偏偏，为了满足粗糙的重口味，小青年抛弃了必须细品才能得真味的六月黄。

  其次是手机的流行，也很大程度上改变了年轻人的吃相。他们喜欢边吃饭边刷屏，在不少家庭，老妈辛辛苦苦做成的清蒸刀鱼、醋椒鳜鱼、葱油鸡、油淋乳鸽、油爆虾并不受儿女的待见，他们更倾向于无须吐骨吐壳吐渣的清炒虾仁、红烧肉、响油鳝糊、番茄炒蛋，甚至极其无聊的火腿肠，大口吃起来无比爽快，不耽误他们在网络世界遨游。油酱毛蟹？啧啧！吃起来得借助"两双半"，最后还不是乱嚼西瓜子，将蟹壳吐了一地，你叫他擎着浓油赤酱的十根手指怎么玩手机啊，真真要命！为了点击率，小青年宁可放弃六月黄！

夏三冻

　　读初中时在课堂里高声朗读大先生鲁迅的谐趣杂文《夏三虫》，满教室的捣蛋鬼都情不自禁地摇头晃脑起来："夏天近了，将有三虫：蚤，蚊，蝇。"最后三字，抑扬顿挫，响遏行云。

　　捣蛋鬼为何觉得有趣？我想夏三虫即使在大上海，即使在爱国卫生屡掀高潮的年代，也被我们惊愕地亲历，它们吃我们的血，我们全城通缉它们，不共戴天，你死我活。再想想伟大的文化斗士也深受三虫之苦，不免有点幸灾乐祸了。

　　白驹过隙半个多世纪，上海人的居住条件大大改善，爱国卫生运动也大见成效，偌大的上海，蚊蝇虽然还在苟延残喘，但要找一枚快乐的跳蚤，比抓小偷更难。于是，铿锵有力的《夏三虫》从大脑内存中清除，也情有可原。

　　现在，夏天又来到人间，行走在骄阳下，不免想念旧时上海人在夏天的消暑妙品，比如"夏三冻"：冰冻地栗糕、冰冻绿豆汤、冰冻酸梅汤。读者诸君或许会扑哧一声笑出来：这三样算神马东东？土得掉渣！是的，我关注的吃食都是寻常之物，价廉物美，喜大普奔，这是我一贯的立场与态度。你再想想，今天的冷饮市场，差不多被可口可乐与哈根达斯瓜分，传统的冷饮难道不应该缅怀一把吗？

　　先说冰冻地栗糕。地栗，就是荸荠，也叫马蹄。扬州名菜狮子头，据说肉糜里就加了马蹄，故而松软鲜美。地栗是植物中的蝙蝠，算它水果吧，却冷不防地在菜场里露一下面。算它菜吧，与它配伍的只有猪肉片，但甜津津的不送饭，也上不了桌面。在冬天，我们家有吃风干地栗的习惯，风干后的地栗甜度也增加了，但剥皮更麻烦，得用小刀削。

　　冰冻地栗糕则是另一回事。大热天，它是点心店里的亮点。记得小时候在淮海路一家点心店品尝过。冰冻地栗糕连汤带水盛在小碗里上桌，半碗冰冻薄荷糖水中沉着几块浅灰色、半透明的地栗糕，送入口后，给牙齿一点轻微抵抗。块状物中间嵌有粒粒屑屑的白点，那是切碎的地栗（夏天不是地栗的收获季节，可能是罐头货）。但更大的甜度来自它的糖水，薄荷味有股渗透力很强的凉意，在

稻香村茶食店

松仁軟糖

自製鴨肫肝

白糖楊梅

村 香 稻

蝦子桿醬油

玫瑰瓜子

松子粽糖

冰糖花生

齿间徘徊片刻后直沁脑门。服务员教导我说：这是用薄荷煎的汤。

　　后来我在家里也尝过邻居老太太送来的自制冰冻地栗糕，那时谁家都没有冰箱，自制的凉意就不如店家供应的那么扎足。当然，美味当前不必客气。再说邻居老太太还将自制冰冻地栗糕的秘诀传授给我了，那表情，犹如江湖上的武林高手将衣钵相传一样庄严肃穆。我认真听，牢牢记。关键是一种叫做洋菜的东西。但洋菜不是蔬菜，只在南货店里有卖。它到底是什么？老太太的知识在这个当口不幸穷尽了。后来我果然在南货店里看到了洋菜，它被学术性地叫做"琼脂"，样子像干粉条一样毫无姿色，价钱倒不便宜啊。后来有人为了控制成本，索性用马蹄粉来做糕，加汤不加汤两可。

　　上中学后，我有一同学家境较好，也讲究吃喝，我得着一个机会就将知识产权化为成果。事先还通过查词典得知，琼脂是从一种海藻中提炼出来的。那会儿市场上没有地栗，我就用西瓜的白瓤替代，切粒代用，琼脂用水煮化了，倒在铝质盘子里冷却——那时候普通人家没冰箱。一小时后凝结了，用小刀切块。同时，薄荷水也煎好了，加很多糖。几块糕盛一碗，加薄荷水，吃吧。薄荷味照样直沁脑门。

　　我在同学家做过好几回冰冻地栗糕，名声大噪，同学的家长也夸我做得好，并不吝啬糖。

　　要到十多年后，冰冻地栗糕的下一代——果冻，才横空出世。

　　冰冻绿豆汤，上海人家都会做，加红枣、加莲子、加百合都可以，消暑败火，功效一流，但味道都不及店家里的好吃。何也？当然自有秘辛。饮食店里的绿豆汤，绿豆选优，拣去石子杂草，浸泡两三小时，先大火再转小火，煮得恰到好处，颗粒饱满，皮不破而肉酥软，有含苞欲放的撩人姿态。沉在锅底的原汁十分稠密，呈深绿色，一般弃之不用。这掐分掐秒的技术活，没三年萝卜干饭是拿不下来的。夏令应市，细瓷小碗一溜排开，绿豆弹眼落睛，淋些许糖桂花，再浇上一勺冰冻的薄荷糖水，汤色碧清，香气袭人。如果汤水浑浊如浆，就叫人倒胃口了。冰冻绿豆汤不光有绿豆，还要加一小坨糯米饭。这饭蒸得也讲究，颗粒分明，油光锃亮，赛过珍珠，口感上富有弹性，颇有嚼劲，使老百姓在享受一碗极普遍的冰冻绿豆汤时，不妨谈谈吃吃，将幸福时光稍稍延长。

　　加糯米饭的另一个原因，今天的小青年可能不知，在计划经济年代，绿豆算作杂粮，一碗绿豆汤是要收半两粮票的，但给你的绿豆又不够25克的量，那么加点糯米饭，以凑足数额。在以粮为纲的年代，必须对消费者有诚实的交待。

我有同学中学毕业后在西藏中路沁园春当学徒，我有一次去看望他，正好一锅绿豆汤出锅，他汗涔涔地将绿豆盛在一只只铝盘里摊平，用电风扇吹凉。他师傅从锅底舀了一勺绿豆原液给我喝，又加了一点薄荷味很重的糖浆，那个口感虽然有点糙，但相信是大补于身的。

前不久在苏州品尝运河宴夏季版，意外地喝到了冰冻绿豆汤。这碗盛在玻璃盏里的绿豆汤不容置疑地证明：至少点心一类，苏州要比上海讲究得多。汤里不仅加了金橘、陈皮、松仁、瓜仁、红枣、红绿丝等，绿豆还是煮至一定程度后脱了壳的，露出一粒粒象牙色豆仁，那要耗费多少工夫啊！

最后说说酸梅汤，一提起此物，老上海就会说：噢，北京有信远斋，上海有郑福斋。

不错，上海的酸梅汤是从北京引进的。

民国那会儿，徐凌霄在他的《旧都百话》中对北京的酸梅汤有过描写："暑天之冰，以冰梅汤最为流行，大街小巷，干鲜果铺的门口，都可以看见'冰镇梅汤'四字的木檐横额。有的黄底黑字，甚为工致，迎风招展，好似酒家的帘子一样，使过往的热人，望梅止渴，富于吸引力。昔年京朝大老，贵客雅流，有闲工夫，常常要到琉璃厂逛逛书铺，品品骨董，考考版本，消磨长昼。天热口干，辄以信远斋的梅汤为解渴之需。"

梁实秋在客居台北几十年后还对信远斋的酸梅汤念念不忘，他在一篇文章里写道："信远斋铺面很小，只有两间小小门面，临街的旧式玻璃门窗，拂拭得一尘不染，门楣上一块黑漆金字匾额，铺内清洁简单，道地北平式的装修。……（信远斋）的酸梅汤的成功秘诀，是冰糖多，梅汁稠，水少，所以味浓而醹。上口冰凉，甜酸适度，含在嘴里如品纯醪，舍不得下咽。很少人能站在那里喝那一小碗而不再喝一碗的。"

上海地处江南，天气更加濡热，更有理由喝酸梅汤了。那么北京的酸梅汤是如何南下沪滨的呢？上世纪30年代，南派猴王郑法祥搭班子在大世界演戏，大热天没有酸梅汤解暑，不堪忍受，于是拉了三个合伙人在上海大世界东首开了一家郑福斋。老报人陈诏先生曾在一篇文章里写道："想当年，大世界旁边的郑福斋，以专售酸梅汤闻名。每当夏令，门庭若市，生意兴隆。花上一角钱喝一大杯酸梅汤，又甜又酸，带着一股桂花的清香，真沁人心脾，可令人精神为之一爽。如果再买几块豌豆黄之类的北京糕点，边喝边吃，简直美极了。"

我在小时候也喝过郑福斋的酸梅汤，味道确实不错。骄阳似火，行道树上的知了拼命地叫着，我和几个哥哥躲在树荫下喝。钱少，凑齐一只角子买一杯，几张嘴轮着啜，那个寒酸劲，如今想想比酸梅汤更酸，但也俨然成了一份可贵的记忆。

一到冬天，酸梅汤就没了，郑福斋只卖糕点和糖果。有一种福建礼饼，百果馅，压模而成，形如月饼，但大的如锅盖，小的如烧饼，一只只叠起来，用彩丝带扎成圆锥形，是福建人馈赠亲友的上佳礼品。我吃过，味道甜而不腻，身子还算酥软。不过郑福斋的北京糕点不行，就拿月饼来说吧，干硬干硬的，扔地上也不会碎，跟杏花楼不是一个级别。

上世纪80年代，酸梅汤在市场上基本绝迹，洋饮料大打出手，争霸天下。

前些天约了三五知己到静安寺附近一处饭店吃饭，看到邻桌每人前面放了一杯深红色的饮料，而且是杯身带棱的那种老式玻璃杯。一问服务小姐，才知是酸梅汤。我要了一杯，一咂嘴，那种熟悉的冰凉的酸甜感一下子滑入咽喉，直沁肺腑，浑身舒坦。于是大家伙每人都要了一杯来喝，也像我一样尖叫起来。

据店里的老师傅说，酸梅汤的独门秘技得益于他家老板祖上传下来的秘方，绝对是"古法炮制"。他们从定点的供货商那里收购来上等青梅，在毒日头下暴晒数天，直至皮皱收汁，然后加冰糖、桂花和山楂干、陈皮等辅料熬制乌梅汁。熬好的乌梅汁沉郁墨黑，放在缸里散发着清香，每天根据天气状况兑成一定量的酸梅汤，冰镇后出售。有些老顾客就为喝这一口来这里吃饭，有些小青年肚量大，可以豪情满怀地一口气喝四五杯。

一杯饮料带动佳肴美点齐头并进，在上海也是少见的。再说，在洋饮料一统天下的餐饮场所，大隐于市的酸梅汤为中国人保留了一份难得的记忆，也为中国的饮料保存了一份可以品尝的档案。

"夏三冻"远去矣，但老上海还在时时想念它们。在它们后身，不仅有色彩缤纷的果冻，还有冰冻鲜橘水——其实就是三精水（与果冻一样都是由糖精、香糖、色素合成的），还有刨冰、冰霜以及更加靓丽的冰沙，但味道都不及"夏三冻"来得纯正厚实，所以我挑这三样来写，不仅有卫生和营养的考量，更有格调与品位的要求。

最后，让我们一起以朗读《夏三虫》的腔调读出"夏三冻"，它们是：地栗糕、绿豆汤、酸梅汤！

十字街头山芋香

这一幕童年即景终生难忘：放学了，一群孩子往家的方向狂奔，书包在屁股上快乐地弹跳——我们读书那会儿书包不重，还能弹起来，现在孩子的书包越来越重了，怕是要压垮了羸弱的肩膀。一拐弯，突然看到米店前的那段弹硌路面铺满了麻袋片，一张接一张，数也数不过来，仿佛是米店为了迎候一位大人物的光临，将麻袋片当作红地毯了。其实是麻袋片受了潮，要晒干后才能回收。

我从麻袋片中蒸腾而起的那股田野的气息断定：山芋到了。

果然，米店门口吵吵闹闹，神龙见首不见尾的长队弥漫着焦躁不安的情绪，手提竹篮的阿姨和比我年长的孩子们仍然欢呼着从四面八方赶来。斜阳下，疾走的身影投射在麻袋片上，被拉得很长很长。尤其是那两条腿，嗬，真跟鹭鸶腿似的，大幅度地裁剪着麻袋片。

天高气爽的晚秋时节，澄蓝的天空无限空旷，一条条棉絮状的白云走向一致地飘浮在空中，一直沿伸至天的尽头。与春天的白云苍狗迥异，秋天的云安详镇静，很有定力，像一群深思熟虑的哲学家。仰望白云，少年的我已经隐然体会到了什么叫惆怅，什么叫忧愁。但就在这个时候，山芋热烘烘地到了。

大卡车载着上百袋山芋来到城里，在米店门口轰隆隆卸下，然后由师傅们一袋袋拖进店里，倒出来，堆成小山高，米店里顿时弥漫起一股甜津津的土腥气。过去的米店都有一个很大的天井，沉静的日光从天窗缓缓洒下来，米袋桩子显得尤其坚实。而山芋堆成小山后，加之顾客在它营造的富足感前情不自禁地激起了阵阵喧哗，米店的肃静被打破了。师傅用簸箕将山芋铲到顾客的竹篮里，称分量的时候也比较马虎，不像称米那样斤斤计较。

同为粮食，山芋的身价是低贱的，一斤粮票可以买七斤山芋。但是孩子对山芋的感情更深，如果说大米是手持戒尺的私塾先生，那么山芋就是青梅竹马的髫龄玩伴。而况，山芋总是来得那么守信。

山芋的到来是值得欢呼的，它给寒素的生活以甜蜜的调剂。山芋总在母亲为我添加寒衣时猛然被记起，成了一种踏实的期待。

买回山芋，急不可待地洗净，刨皮，切片。咬一口，嘎嘣脆，一直甜到心里。山芋生吃，以红皮白心的为好，汁液充足。乳白色的浆汁流在指缝间，稍干后有很强的黏性。长大后知道，山芋淀粉在所有的植物淀粉中是最富胀性和黏性的。直到现在我还喜欢在火锅店里叫上一盆山芋粉做的宽粉条来为小酌收场，它的韧劲最强，虽然颜值不高。

山芋还可以做成汤山芋，那是上海人家比较文雅的吃法。去皮切小块，稍煮片刻就成了。煮汤山芋宜用黄心的栗子山芋，有粉质感，甜度也很足，白心山芋就容易糊。如果加年糕块，就是一道相当不错的点心了。山芋本身有甜味，无须加很多糖，那时候食糖也是凭票供应的，每人每月才半斤。

是的，秋天是苹果梨子上市的季节，还有香蕉甘蔗柚子，但是不少人家将山芋当水果给孩子吃。还能当菜吃，我们家就吃过几回，山芋切小片，加少许油炒一下，加盐，煮熟即可，起锅前撒一些葱花。但我这个人从小嘴刁，不仅不能接受山芋作为菜肴的荒谬性事实，更吃不惯不甜不咸的味道。俗话说，家贫的孩子懂事早，可我因为是奶末头儿子，仗恃着父母的宠爱，在饮食这档事上表现得很不争气。

不过我还能接受山芋面疙瘩、山芋粥。山芋帮助上海人渡过了上世纪60年代初粮食供应匮乏的难关。山芋连皮一切四块，上笼蒸，每人三两块，也算一顿饭了。

到现在我还弄不清楚山芋与番薯有什么区别。依我的理解，山芋和番薯是同一个品种，在不同的地方有不同叫法而已。不过曾经看到一本书，作者认为山芋是中国旧种，番薯是海外传来的新种。在形式上，山芋多长形，番薯多圆形。山芋较大，番薯较小。山芋味甜，番薯本身无味。作者还说，中国有山芋由来已久，古称甘薯，晋朝人嵇含所著《南方草木状》里记载："甘薯，薯之类，根叶大如拳，皮紫肉白，蒸煮食之。"由此可见在汉晋时代已有甘薯。《后汉异物志》里也记了一笔："甘薯大者如鹅卵，小者如鸡鸭卵，剥去紫皮，肉晶白如肌，南人用当米谷果实蒸炙，皆香美。"

至于番薯来自海外，似乎没有疑问，因为从字义上理解，宋元以后，无论经籍记载还是口头文学传播，凡带一个番字的食物总是来自异域，比如番茄。直到民国初年，上海人还称刚刚进入本埠的西餐为"番菜"。南美洲出产番石榴，这个番字是译音呢还是对舶来品的称呼？不知道。番石榴我前两年吃过，并没有想象中的浓烈风情。马尔克斯著有《番石榴飘香》一书，那种很随意的书写倒

是"番"意盎然。汉唐以前呢，带胡字的东西也是这个理，比如胡瓜、胡椒、胡萝卜、胡麻、胡豆，还有胡琴、胡床和胡旋舞。北京的胡同算不算？有待方家指教。

后来我又看到有人写文章说，番薯与山芋、地瓜都是一个品种。番薯与山芋同类，我比较赞成，也可为我们认知山芋减少一些麻烦，但与地瓜同属，我并不能认同。我在江苏吃过地瓜炒肉片，看起来地瓜的外形与山芋相似，但它的皮可以轻易撕下来，切片后炒熟并不糊，半透明，还带一点脆性，与山药相似。山芋炒熟后肯定不是这个样子。

我对做学术文章向来头痛，在此就不管它太多了，且将山芋、番薯和地瓜都看成一家人吧，这并不妨碍我们深爱并感谢它们。

现在饮食界普遍的共识是，番薯来自中美洲，从东南亚一路辗转到中国。传播的途径也有两条，一是经印度、缅甸传入云南。另外一条是从菲律宾传入福建。时间大约都在明朝中期，这个时候伟大的三宝太监郑和已经率领皇家船队征服了太平洋和印度洋。

番薯在中国落地生根，并很快被推广栽培。是的，有一种传说，船员们将番薯藤缠绕在缆绳里，躲过当地官员的检查，偷偷运回故乡。

徐光启在他的《甘薯疏序》里写道："有言闽、越之利甘薯者，客莆田徐生为余三致其种，种之，生且蕃，略无异彼土。……欲遍布之，恐不可户说，辄以是疏先焉。"这是徐光启在取得科学实验成功后，确定了番薯的功效和宜于种植的情况下写报告请皇帝发红头文件加以推广。当时没有预防外来物种入侵一说，如果有，并被工部尚书、户部尚书这等官员揪住不放的话，番薯也许就不能在中国落地生根了。

番薯是好东西，它抗旱耐瘠，平原、丘陵、山区和沙地都可栽种，而且单位面积产量颇高，对中国这样一个人口众多的农业大国来说，重要性在以后的几百年里越来越显现出来。多少个蓬蒿满地、万户萧瑟的灾年，番薯一直默默地担当着救灾济荒的角色。后来在徐光启的大力推动下，番薯在南自海南，北至辽东，沿海各省及西北诸省都有种栽。

老上海告诉我，三年困难时期，在繁华似锦的大上海，像新雅这样的大饭店，也因为副食品严重匮乏而拿不出几道像样的菜点。有关部门请特级厨师动脑筋想办法，最后整出了一桌山芋宴，所有的菜肴、汤和甜点都是用山芋做的，但名称非常好听，也许有"金玉满堂"、"金碧辉煌"之类吧。

在一些点心店里，能干的师傅还将山芋煮熟后打成泥，裹进馒头或饼馅里，是红豆沙的替补。山芋掺少量糙米煮一大锅粥，顾客还要排队吃。食品店里供应烘烤而成的山芋干，将小孩子馋得挪不开步。

山芋泥擀成薄皮，划成小片，晒干后可以久藏不坏。油炸后色泽金黄，是一款不错的零食。若要省油的话，也可以加盐干炒，咸中带甜，与油炸的一样都很香脆。讲究一点的话，在擀皮后撒些芝麻压实。今天在城郊还可以吃到农家味很浓的油炸山芋片。

孙建成在上世纪80年代写过一个短篇小说，篇名我忘了，但其中的细节一直记着。有一女知青，从黑龙江农场回沪探亲，带了一袋自己晒干的山芋干片孝敬后娘。春节后知青们重返农场，大家都从上海带了巧克力、大白兔奶糖、奶油话梅等零食，这个女知青也带回一袋吃食让大家分享，是经过油炸的山芋干片。那个家庭的窘境，知青与后娘相濡以沫的爱心，都从这个细节中充分体现出来。这篇小说让我想到很多，并牢牢地记住了。我相信这个细节是从生活中得来的，发现并深化这个细节的孙建成其实也是一个感情十分细腻的人。

当境况稍有好转后，山芋作为零食的角色被一再确定下来。比如烘山芋，是上海人偏爱的风味。西风骤起，华灯初上，十字街头有烘山芋的焦香款款飘来，循着味儿找去，嗬，原来在这儿啊。人行道上，路灯下，一只由柏油桶改装的炉子，炉口堆着刚刚出炉的烘山芋。山芋皮被烤得微微皱起，有些地方已烤成炭黑状，一副饱经风霜的模样，但不碍事，绽开处看得见金黄色的肉，皮层下还流出了红褐色的半透明汁液，没人能抵挡得住这致命的诱惑，那么就来一个吧。

烘山芋要趁热吃，更要与女朋友分来吃。烫山芋在彼此手中传来传去，比一见钟情时的眉目传情更加可靠。烘山芋最好吃的地方在皮与肉的交界处，须用嘴啃牙刨。所以吃烘山芋须背对路人，面向墙角，两颗脑袋近距离接触，还不耽误取笑与自我取笑一番。恋人吃了烘山芋，手虽然弄脏了，感情却深了一层，因为这是观察对方吃相的极佳机会。

有一次在小南门，烟火气熏天的董家渡路口，一个穿薄花呢西装戴鸭舌帽的老头，在炉边挑了一只烘山芋，撕开口子，咬了？不，他从裤袋里掏出一把不锈钢小勺子，笃悠悠地挖来吃。老克勒挺立街头，神色从容，细细咀嚼，面带微笑，享受着秋天的阳光。

现在一些大饭店里偶尔还会有烘山芋当作点心供人怀旧，铝箔包了，奶酪似的每人一小块，此番矫情让我有些羞愧。山芋藤过去是喂猪的，现在也当作时鲜菜飨客，但并不好吃，有青草气。二十年前我采访台湾企业家老蔡，就是那个做酱菜的老蔡，午饭时间他带我去一家也是台湾人开的饭店，第一道上来的就是山芋泡饭。老蔡出生在台南农村，家境贫寒，小时候连山芋泡饭还吃不饱。"那时候我们吃的泡饭里多是山芋，米粒是数得清的。"后来我发现，不少台湾企业家都是吃山芋泡饭长大的，对此怀有很深的感情。请人吃山芋泡饭，算是很高的礼遇啦。

报上说，在街头巷尾卖烘山芋的都是外来妹，她们用装化学物品的柏油桶改装成炉子，铁桶内壁残留的有毒成分在加热后会渗透到山芋里，人吃了就有损健康，呼吁有关方面严厉取缔。这些青年记者大约也是喜欢吃烘山芋的吧，但他们太年轻，只知道曝光，不懂得外来人员的生存艰难，更不知道如何想一些可行的解决办法。我想烘山芋的外来妹并不想毒死上海人啊，问题是她们从哪里得到安全可靠而成本不高的柏油桶？如果我来写这篇报道，就会跟上一句："建议政府有关部门收集一批安全可靠的铁桶，比如装植物油的铁桶，以低价供应给烘山芋的经营者，并在铁桶上标上醒目记号，以便消费者辨认。"

然而，我也知道这个理论上两全其美的建议，可操作性并不强，因为烘山芋的外来妹都是无证经营的，是城管部门和食监部门联手打击的对象，政府要统一发放安全可靠的铁桶，先要承认她们的合法性。

那么国有的或个体的点心店能不能经营烘山芋呢？技术层面没问题，但烘山芋利润薄，老板不愿做这个买卖。许多风味小吃的消失都是因为利太薄，利一薄，人情也浇薄了。在过去可不是这样的，越是利薄的生意，越能凝结浓浓的人情。

再告诉你吧，我在台北街头看到也有烘山芋的路边摊，也是一个炉子一个人在做，但这门小生意特意照顾单亲妈妈，有关部门特别发给她执照，允许占用人行道上一点点路面，炉子上还贴了张标签，过路人购买烘山芋时都相当客气，眉目间传递着同情与鼓励。

秋风起，蟹脚痒，我的心也痒

宁为玉碎，不为瓦全。这是人在江湖的原则，也是境界。但在秋风初起，大闸蟹横行天下的当下，这句话应该反过来说。什么意思呢，也就是对老吃客而言，宁可吃一只小巧而壮实的全蟹，也不愿吃一盘华而不实的蟹粉菜。

按照中国诗词歌赋及话本小说的规定情景，文人吃蟹，必定要凑成一桌，墙上挂画，案上焚香，院中开数盆黄菊，角落里有修篁轻摇，身边有书僮、使唤丫头伺立，酒过三巡，蟹过四只，开始吟诗作画，有点PK的意思。而民间的老吃客啖蟹，也偏爱原汁原味原身，先在蟹篓里相中，交与酒保五花大绑后拿进厨房"法办"，上桌后蘸醋而食，烫一斤上好绍兴，喝至脸酡，一只脚还要搁在板凳上，"皇帝喊我也不去"。可见，无论文人还是文盲，无论以往还是今朝，吃蟹都偏爱整只头。还有一套程序：先蟹脚，后蟹盖，最后攻下大钳这一关。对此种吃法的形象描述，民间还有俚语：扳蟹脚。

吃大闸蟹在旧上海，已成一时之风，老吃客扳蟹脚，首选王宝和。已故老报人周劭曾在文章里回忆，当时上海的媒体和出版业都集中在四马路一带，报人和编辑下班后即奔四马路上的酒家，烫黄酒数壶，选定铁丝笼里横爬的大闸蟹，令酒保即煮后大啖。吃过再换一家，最后在王宝和坐定，因为王宝和的大闸蟹和黄酒都是最最上乘的。

老字号都有传说，王宝和也不例外。话说乾隆爷下江南的时候，有一对姓王的兄弟经营着一家叫做"宝玉"的酒店（不知与贾宝玉有无关系），后来兄弟分家——我想是在他们各自讨了老婆后，女人的花头经总是最透的——两人开的店就分别叫做"王宝和"和"王裕和"。到了咸丰二年，王宝和酒家迁至盆汤弄，1936年再迁到四马路上，即今天的福州路。

王宝和选用的蟹出自阳澄湖，酒店每年派经验丰富的老师傅去位于昆山巴城的定点基地严格挑选，这里的蟹是"土生土长"的，不是从长江或别的河浜里捉来到这里参加"短训班"的，王宝和挑选的大闸蟹从外观看有四大特征：一是青背，蟹壳成青泥色，平滑而有光泽（不同于其他湖区螃蟹的灰色，泥土色重），烧熟后壳成鲜艳的红色；二是白肚，贴着湖底的肚脐甲壳晶莹洁白，无墨色斑点，白得有光泽，给人水亮玉质般美感；三是黄毛，蟹腿的毛长，清爽而呈黄色，根根挺拔（其他湖区蟹毛带泥土色，不清洁）；四是金爪，蟹爪尖上呈烟丝般金黄色，两螯八爪肉感强，强劲有力，搁在玻璃板上八足挺立，两螯高举，有赵子龙在长坂坡以一当十之气势。爬起来也劲道十足，吐泡沫的声音也颇有港台实力派歌星的腔调。据老师傅透露，真正的阳澄湖大闸蟹，光吃蟹肉是带点咸味的，回味有点甜，这是冒牌货所没有的本味。

由于种种遗传学上的优点，阳澄湖的大闸蟹在海内外久享盛誉，被称为“中华金丝绒毛蟹”，不愧为“蟹中之王”。国学大师章太炎的夫人汤国梨女士还写过诗：“不是阳澄湖蟹好，此生何必在苏州。”看看，我等上海人如果不去尝尝阳澄湖大闸蟹的滋味，真是白活了。

再告诉你，王宝和配制的蘸食大闸蟹的蘸料也极有讲究，这里只能透露一点，它的醋里放的不是一般的白糖，而是冰糖。据说放了冰糖，蘸料吃起来鲜口。我试过，此言不虚。

上海人对大闸蟹的热情，即使在困难时期也不曾降低过。改革开放之初，经济条件稍有改善，上海人就将吃一顿大闸蟹视作生活明显改善的标志。70年代末期，每只四两重的大闸蟹售价才不过几角钱，到了80年代上半期，蹿至每斤几十元，到了90年代初，正宗或号称来自阳澄湖的大闸蟹要价五六百元一斤了，相当于普通职工的一个月工资，消费主体自然是乡镇企业、国有企业三产及从双轨制中获取高额利润的大户们。于是，大闸蟹经济昂然起动，阳澄湖四周吹响了养殖业的号角，平静的湖面被切割瓜分。在科学养蟹的新技术应用后，大闸蟹在湖中快速成长。市场供应充足后，蟹价适时回落，或随着大年小年的更换，蟹价每年有小小波动。加之各地的蟹们也纷纷响应，纷纷来到阳澄湖边，等候下水桑拿一把。再后来，上市的大闸蟹刺了字，戴了戒指，每枚都刻了上网可稽查的一串号码等，但冒牌的阳澄湖大闸蟹还是屡禁不绝，构成中国大闸蟹经济的一大特色。

今天，市场繁荣，大闸蟹消费也进入了“后蟹时代”，它的基本特征就是蟹粉菜的隆重登场。在装潢豪华的酒店里，一叶知秋，菜谱更新，蟹粉菜以图文并茂的形式吸引食客的眼球。蟹粉豆腐、蟹粉菜胆、蟹粉蹄筋是大路货，上点档次的是蟹粉鱼翅、蟹粉鲍鱼、芙蓉蟹斗、清炒蟹粉、清炒蟹膏、蟹油炒芦笋、翡翠虾蟹、流黄蟹斗、阳澄蟹卷、阳澄扒赤壁、蟹粉鱼盒、菊花对蟹形等等。点心师傅也不甘寂寞，推出蟹粉春卷、蟹粉小笼、蟹粉酥饼、蟹粉灌汤包等应景。这些

以蟹粉蟹黄为招牌的吃食有一个共同特点：可怜那无肠公子已粉身碎骨，但价格一路高开高走。在公款消费或公关消费的场面上，蟹粉菜一上，金台面一配，洋酒一碰，诸般难事迎刃而解。

其实依我的美食经验，蟹粉菜是为吃不来蟹的人发明的，这些人舌头可能短些，味蕾可能迟钝些，主要还是时间有限，皮包里有好几份合同等着签，一只只蟹脚扳过来，哪有这份耐心。或者，他们吃蟹，不是为了尝鲜，纯粹是为了应酬，任何山珍海味在他们嘴里不过打个滚，再穿肠而过，变成臭不可闻的有机物。另外，官员吃蟹，吃相当然要比一般人优雅多了，七手八脚显然有损形象，而清炒蟹粉一汤匙下去，总量与一只四两头的雌蟹大体相当，别的菜可以少点几道，看上去很清廉的。在一些涉外宴请上，蟹粉菜也常充开路先锋。有时候为了炫技，厨师还会将拆散的蟹肉再拼成一只全蟹的模样，用心不外乎巧饰。再比如APEC会议期间，来自五洲四海的领导人就吃到了上海大厨精心设计精心操作的顶级蟹粉菜，以展示博大精深的中华饮食文化。后来我在主理这场超级规格国宴的宾馆里尝到了这道蟹粉菜，据说菜单跟国宴是一模一样的，其中就是一道蟹粉菜，也是装在天津鸭梨里端上桌的。我吃后觉得味道也不过如此。据厨师说，当时为了确保安全，蟹粉拆了，还要戴了塑料手套将每丝蟹肉摸过，以防蟹壳卡了贵宾的咽喉。这种被反复摸过的蟹肉还有什么吃头？

业内人士透露，吃蟹粉菜的危险还在于有些不法商家用死蟹拆蟹粉，不仅味道相差甚远，饮食安全也无保障了。所以，老上海最实惠，要么不吃，要吃就吃整蟹，小点无妨，须根正苗红，雄蟹也无妨，膏要满到顶盖头，满地爬当然是口福底线。想那揭开蟹盖的一刹那，红澄澄的蟹黄像一座小山巍然隆起，一股略带腥味的蟹香气扑鼻而来，对老百姓而言，是多么幸福的时光啊！在王宝和大酒店，一年一度的好时光开始了，座位须提前三天预订，周末还有日本人直接从东京飞来，拖着拉杆箱兴冲冲地从机场赶来吃蟹。他们门槛贼精，就吃雌雄一对整蟹，睡一夜再飞回日本，蟹粉菜是不碰的。

海棠糕与梅花糕

中国的糕，如果硬生生地分作两大阵营的话，那么从原材料来区分就很简单了，一个是用小麦粉做的，另一个是用大米粉做的。江南地区当然是稻米文化的大本营，糕点多以大米为主，杂以豆类，但也不能排斥小麦的加盟。在上海，饼以面饼居多，越薄越好，糕以米糕为宗，越松越灵。李渔在《闲情偶记》中说："糕贵乎松，饼利于薄"，这八个字成了糕饼业的圭臬。

北方也有糕，但多以小麦为原料，发糕、油糕、花糕……都在小麦粉里打滚，去过北方的朋友应该有这份记忆。

小麦粉在移民城市的上海，是有用武之地的，这也印证了"海纳百川"的文化特点。某天中午，路过城隍庙春风松月楼，看到平时外卖素菜包的窗口前搁着一副海棠糕模子。正是出炉当口，焦甜的香气立时将我的魂勾住。问了价钱，两元一个，我急着要赶路，却还是忍不住买了一个，有点烫手地托着，迫不及待地咬了一口。面粉皮子，豆沙馅，烘得焦黄的面子上点缀着红红绿绿的蜜饯，与记忆中的海棠糕相比，味道稍逊，可能是豆沙里少了一小块板油。

紫铜模子闪着耀眼的金光，穿白工作服的师傅忙得脑门上汗珠涔涔。"这东西如今不多见了，整个上海大约也就是这里才有了。"话是我说的，还故意提高了声调，为的是吸引路人与我分享。师傅遇到了知音，感念地递来一个眼色，并郑重告诉我每天这个时候，他会准时来做海棠糕。

两元一个的海棠糕，比之四十年前五分钱一个，翻了四十倍，但我知道以今天的物价论，它的利润并不丰厚。师傅这样做，用一句肉麻的话来说，更像是坚守精神家园。

儿时的恩物还有梅花糕，也是用紫铜模做的，与海棠糕平底的铜模相比，它是圆椎形的。师傅将稀面浆倒进模子里，刮上豆沙，用竹签翻到底下，上面撒些红绿丝，再用另一个模板盖上，反复烘焙片刻就可出炉了。看师傅用竹签挑出一个个形状如冰淇淋的梅花糕，有雏鸡脱壳般的新鲜，那种快乐不亚于土豪从洞里捡出高尔夫球。我记得七分钱可以买两个，像冰淇淋的形状，将尖尖的尾巴捏在

甜香诱人咽口水
图

手里，表皮烤得微黄，边缘略硬，豆沙烫嘴。因为烫，就甜到了心里，发了酵的面浆微微有点酸，而这正是真味所在。

无论梅花还是海棠，大俗的点心冠以大雅的名称，这是劳动人民的幽默和自豪。后来我掂量过紫铜模的分量，没有强大的膂力是玩不转的，而况每天要靠它养家糊口。但师傅翻弄铜模的神情，特别在生意忙的时候揉进了一丝表演成分，赛过黑旋风挥舞一双板斧，运斤成风，大将风范。

梅花糕现在更难看到，大约是这副模具更加笨重的缘故吧。

除了小麦粉做的这两款糕，上海人平时吃得更多的糕，都是用大米粉做的。比如定胜糕，在老字号内还能见到它粉红色的情影，与寿桃并肩亮相，作为一种礼俗而存在，是它们的价值。老派上海人乔迁新居、祝贺寿辰还会请它出场担当形象大使，取其高兴和长寿的意思。堆起来供在桌上，有形有款。蒸软了吃，芯子里有豆沙馅，甜甜蜜蜜。

定胜糕以糯米和粳米按比例磨粉后加红曲米制成，埋入豆沙馅，腰细而两头大，形状如木匠师傅拼接木板而用的定榫。据说它起源于南宋的一场战争，金兀术率军进犯苏杭，遭到韩世忠部的沉重打击，正在此时，敌方援军赶到，总共十万人马与韩世忠部对接，杀得天昏地暗，难解难分。此时，苏州百姓送来慰问品，其中就有一种状如定榫的粉红色米糕，韩世忠咬了一口，发现里面夹了一张纸条，上面写着："金营像定榫，头大细腰身，当中一截断，两头不成形。"这不正是老百姓在献计献策吗？于是韩世忠按此提示，派精锐之师直插金军牛腩，各个击破，终于大获全胜。因"定榫"与"定胜"谐音，定胜糕由此得名。

有一次与太太去七宝闲逛，看到老街的点心铺子在现蒸现卖定胜糕。小小的木模，每只蒸一枚，加米粉，加豆沙馅，再罩一层米粉，手脚极快，表演性很强。等师傅脱了模，我还看到底下藏着一块有孔的铝皮，是引导蒸汽的，原来如此！

在以沈大成、乔家栅、王家沙等老字号为主力阵容的上海糕团店里，百果蜜糕、赤豆糕、黄松糕、豆沙印糕等如今也越来越为老百姓所喜爱，最具审美价值的是玫瑰印糕，糕身雪白，质地松软，糕皮下面的玫瑰酱隐然可见，衬出表面的老宋体汉字，几块拼起来就可读出店家的字号。

还有这些年不常在市区露面的松糕，它们的血统来自上海郊区，川沙、宝山、南汇等处都有，一般直径在七八寸，厚一两寸，松仁、核桃、红枣、蜜枣、莲心等排列在糕坯表面，有一种丰足感，用于礼赠亲友，它也给足了主人面子。

在物资短缺时代，松糕曾是奶油蛋糕的"替补队员"。

松江的叶榭软糕也是很有名的，方方正正豆沙馅，也有一种是干果馅的，颇具乡情。如果开春后你在老镇上闲逛，或许还能看到一种撑腰糕，形如腰子，两头圆，中间收了腰，也是糯米粉做的，甜的馅心。每年二月二"龙抬头"，农家会做一些给家里的男人与小孩吃。据说吃了撑腰糕，一年到头也不会腰酸背疼，下地干农活也有使不完的劲。这种糕在市面上没有买，许多好吃的东西是金钱买不到的，做农民当然要保留一点有乐趣的小节目，不然城市里的人更狂了。

上个月在淮海路长春食品店见到晶莹洁白、软糯滑润的伦教糕，很激动地买了几块。伦教糕是广东伦教镇出产的糕点，米粉稍经发酵，中间就有了微小的气孔，口味甜酸，适宜夏令品尝。三年困难时期，日用品供应也相当紧张，有一次跟妈妈到市百一店，用一把旧的铜水壶加少量钱调换一把新的铝壶，闻讯而至的顾客纷纷提着旧水壶赶来，围着楼梯七转八弯要排两个多小时的队。时间一长我这个小淘气怎能安分？妈妈就买了一块伦教糕给我吃。三角形的伦教糕，雪白软韧，中有细小的气孔，咬一口，甜中带酸，凉丝丝的感觉顿时在嘴里弥漫，一辈子也忘不了。

伦教糕为何好吃？由《舌尖上的中国》原班人马打造的《寻味顺德》专题片就拍到了梁桂欢（人称欢姐）制糕卖糕的场景。记者抓到的细节告诉我，这首先与当地的泉水有关，伦教镇的村民用泉水浸泡大米，三个小时后送入石磨磨成米浆，再压成干粉。同时，用泉水加白砂糖，在紫铜锅里煮沸，将糖水冲入米粉内搅拌至匀，冷却后加入旨在发酵的"糕种"，放置七个多小时，经过发酵后的米糕便膨松起来，撒上玫瑰花瓣，切成三角形，玫瑰白糖伦教糕就制成了。顺便说一声，在鲁迅写于1935年4月的《弄堂生意古今谈》一文中，也提到了玫瑰白糖伦教糕，那么它漂在上海已经有些时日啦。

与伦教糕可以比美的是绿豆糕，这货在上海的食品店里牢牢地占有一席之地。绿豆糕的皮子是用绿豆粉兼以豌豆粉，包裹了豆沙，合团而印模蜕出，方法与方糕相同。但它的考究在于面皮里加了不少麻油，故而有浓郁的香味。油性大，搁在纸上，眼睛一眨，那张纸就被渍成了透明状。绿豆糕好不好，主要看它的面皮沙不沙？馅心细不细？糕面上的字清晰不清晰？老上海孵茶馆，一碟绿豆糕上桌，场面就相当隆重啦。

重阳节前几日，收到吴玉林兄从闵行颛桥快递来的礼物，打开一看，原来是一块沉甸甸的米糕！说是一块，其实由四色组成，分别夹了豆沙、黑芝麻和白糖猪油。马上挑了一块架在沸水锅里蒸软，水汽弥漫之际，我被一股稻谷香暖暖地包裹住了。玉林兄通过微信强调：糕是纯手工制作的，做糕师傅是来自安乐村蒸制作坊的宋爱华、罗仁官，他们夫妇俩是颛桥桶蒸糕制作技艺的传承人。

颛桥曾为沪南名镇，明清时期已相当繁华，清咸丰年间还在此设中渡桥团练局。因为是鱼米之乡，旧时乡间逢年过节，或遇红白喜事、建房上梁，农家都会蒸桶蒸糕招待四方乡邻和帮工。我太太的大哥曾在颛桥附近的铁路上工作，以前每逢清明去扫墓，大嫂总要动手做几笼甑糕。一个"甑"字，透出浓浓古意。糯米和大米按一定比例淘净，浸泡一天一夜后摊开在竹匾内晾干，再放入石臼里舂成粉，细细筛过几遍，颗粒大的须复舂一遍。细粉用双手反复揉擦，手法相当重要。这个过程称之为"擦糕粉"，是做糕的关键程序。然后用"麻筛"将米粉均匀地筛在一只一尺见方的木模内，筛至一半，填入薄薄一层豆沙，最后再撒一层米粉，用直尺刮平模子上的残粉。上笼屉旺火蒸，脱模后连衬底的棕箬一起切块，每块比豆腐干略小，约半寸厚。考究一点的在每块糕上钤一点胭脂色，赛过美人点额。趁热吃软糯适口，棕箬有清香，又可防止粘手。这次借由桶蒸糕而重尝颛桥风味，虽然品种不同，但一样厚实丰美。

再看看沪滨老字号糕团店的情景吧，重阳节前后那几天里，插了五色小旗子的夹沙米糕成了柜台上的亮点，买糕的队伍拖得老长，小青年嘻嘻哈哈捧一两盒回去孝敬父母，美意浓浓。

有些酒店出品精致，应景而制的重阳糕上面会安放两只玲珑可爱的面塑小羊，这是"重阳"的谐音。但一定要注意啊，重阳糕上可以没有小羊，但一定要插小旗子，有小旗子意味着有风吹来，这就是表示登高，因为只有身处高处才能明显感觉迎面有风呼呼吹来啊。没有小旗子，重阳糕的民俗涵义就要大打折扣。小时候有一次在弄堂口的点心店里玩，师傅用涮锅子的笘帚折散后取它的竹丝做小旗子，我一时技痒，毛遂自荐，帮他一起做。我有做风筝的经验，对付这玩意儿闭着眼睛也游刃有余。忙活了一上午，师傅一个劲地夸奖，完了送我两块刚出笼的重阳糕慰劳，我吃一块，带一块回家给妈妈吃，妈妈可高兴啦！

在重阳节登高很重要吗？当然，这是在战国时代就形成的风俗，到汉代逐渐成熟，古人认为重阳是恶日，必须"佩茱萸、食莲饵、饮菊花酒"，然后趁着酒兴男女老少一起登高，以期避厄。你说这是迷信？哈哈，那就让我们美好地迷信一下吧，反正也不用上税。

谢谢口口相传的民间传说，谢谢千百年来形成的民风民俗，让我们咀嚼一块米糕也有了充分的理由。

然而，现在的孩子更喜欢西式糕点，红红绿绿的奶油蛋糕最能诱惑他们，蛋挞、泡芙、苹果派、马卡龙之类也是他们的专宠。在古玩市场常常可见印糕木模白头宫女般地缩在一边，仿佛在回忆节庆的锣鼓和鞭炮声，我买过几个，有一个挂在厨房里，还有几个都送朋友了。还买过一个"五连星"模版，这是广东人做澄粉糕用的，雕刻精细，糅了大红生漆，背面用墨写了老字号，煞是可爱，做镇纸正好。

中国的百行百业都有祖师爷。据说糕饼业的祖师爷是诸葛亮，因为他发明了馒头。但要是他得知今天的孩子不喜欢传统糕饼而专爱西洋糕饼的话，会有什么锦囊妙计呢？

冰天雪地一碗粥

　　在所有的节令性吃食中，腊八粥最具有休闲性质，故而在一般家庭是不让孩子记住的。也可能家里穷，凑不满八样杂粮，更怕孩子吃惯闲食，不利于"穷人的孩子早当家"。所以，《苦菜花》里看不到吃腊八粥的场景，而在《红楼梦》里就有一场戏。

　　《红楼梦》第十九回，宝玉跟黛玉劈情操，说林子洞中的老鼠精煮腊八粥，是从山下庙里偷米来着，"米豆最多，果品却只有五样，一是红枣，二是栗子，三是落花生，四是菱角，五是香芋"。贾府公子哥儿只会用这种小儿科的传说哄骗不领世面的女孩子，但也透露了大观园八宝粥的原料也很"农家乐"。据很会吃的梁实秋回忆，他们家煮的腊八粥里有小米、红豆、老鸡头、薏米仁、白果、栗子、胡桃、红枣、桂圆等，不比贾宝玉吃过的差。

　　香港美食家蔡澜有个观点我很同意，他认为八宝茶里有桂圆、红枣、橘皮、枸杞、菊花、冰糖等，就是茶叶非常糟糕，故而只能算饮料而不能算茶。根据这个观点，腊八粥里也有这么多的劳什子，而往往质量也不尽如人意，也不能算粥，而只能算点心。但孩子不管是点心还是正餐，吃得不亦乐乎。在我小时候就是这样馋。

　　若要追索起来，腊八粥与俗界无关，它是佛家门里的专利。腊八粥在佛门里称作"佛粥"，因为那天正好是佛祖释迦牟尼的成道之日。相传释迦牟尼苦行六年，已经身形消瘦，疲惫不堪，在路边奄奄一息，有位牧牛妇人看到了，就用杂粮和野果煮粥给他喝。释迦牟尼一下子如沐甘霖，身体光悦，最终在菩提树下成道。从此，佛寺在每年的腊月初八，必定会煮粥喝粥，一来表示对佛祖的纪念，二来期望神灵的降临，三来表示要像佛祖那样艰苦修行的决心。但中国的和尚很有同情心，出家而不出世，自己吃了，想到普天之下的饥寒交迫的穷人，会在那天多烧点，分给施主和香客喝，表示共沐佛光、喜结善缘的意思。后来，这种富有宗教意味的习俗传到尘世间，腊八粥的味道就变得甜腻起来。

　　比如，清朝的皇亲国戚是"外来民工"，但学习和弘扬中原文化不遗余力，

故而每年由皇帝签发红头文件，内务府主办，在雍和宫搭棚砌灶狂煮腊八粥。为保证质量，还有大臣现场办公。煮好后先敬佛，再呈御用，然后分送王公大臣，最后刮刮锅底分给施主和皇城根下的老弱病残。这顿粥大约要耗去公款十万两银子！可见年底突击花钱在中国形成惯例是从一碗腊八粥开始的。

腊八粥是深受人民群众喜爱的节令美食，于是商家从中发现了无限商机。为了动员大家年年喝，月月喝，天天喝，就巧妙地将腊八粥改成八宝粥，装进罐头里，腊月之外的春花秋月也可以尝尝花样经百出的那罐粥了。外出旅行往包里一塞，很方便，野餐时也是一道蛮不错的点心——腊八粥迎来了它的黄金岁月。再说，上海是个移民城市，腊八粥也呈现出百花齐放的局面，原料并无定例，讲究一点的，除上述几样原料外还有白果、杏仁等。上海人家煮了八宝粥，还喜欢送邻居，一起暖暖身子。这真是一种温老暖贫的礼节，有助于加强人际关系，建设和谐社会，值得大力发扬。

过去，小康人家煮八宝粥，讲究盛在瓷罐里再端上桌，我也见过老家有这样一口青花釉里红的大罐，有盖，非常热闹的刀马人物图案。若放在今天，我一定偷回来藏着，或送进拍卖行换钱。台湾美食家唐鲁孙在他的美食散文集《酸甜苦辣咸》中写着：雍正官窑烧的白地青花瓷器雅赡古朴，最为瓷器鉴赏专家们称誉，皇上曾藻饰增丽地特制了一批白地青花的粥罐，赏给近臣内戚。嘉庆步武前朝，也做了批五彩实花描金的粥罐赏人，后来被人发现这两朝特制的粥罐，如果用来养植矮枝芍药，每天换水，要比一般古瓷的尊缶耐久四五天之多。经人相互传说，雍正嘉庆时代的窑烧的瓷器，都成了古玩铺的瑰宝啦。

看看，皇帝不仅是一个美食家，还是一个大玩家。

汤团和元宵不是一回事

提起汤团，广大吃货不免垂涎三尺，因为这款风味小吃几乎就是春节的代名词。有人不爱二师兄不爱河鱼不爱豆腐不爱大蒜不爱小葱不爱带皮连筋的食物，你可以有N个不爱，但说到汤团，没人说NO。

汤团白白胖胖滚滚圆的外形极具喜感，吃进嘴里甜在心里，合家团圆有了落实，来年求职、求爱、买房、生子、出国旅游、动拆迁等等也有了盼头。在我小时候，年关将近，石库门弄堂家家户户都会磨一两缸水磨粉，天井里、弄堂口，嘻嘻哈哈推石磨的场景总是温暖人心的。就拿我家来说吧，祖籍浙江绍兴，是稻米文化积淀最深厚的地方，过年做汤团理所当然成了一项重大工程。妈妈先要选几十斤上等糯米，淘洗干净后浸泡一天，第二天带水磨成米浆。这份苦差事通常由我来担当——我在读小学三四年级时就推磨了。

我家有一口相当考究的石磨盘，是妈妈从绍兴不辞辛苦一路背来上海的。开磨前要用碱水洗净，如果磨缝模糊了，还要请石匠上门来重新凿过。磨盘大如席面，推起来要用吃奶的力气，但看到雪白的米浆从磨缝里流出来，再想想汤团的美味，不由得再加把劲了。

糯米浆盛在缸里静静沉淀着，要吃时盛进布袋里吊一夜沥干，就可以包汤团了。墨漆乌黑的馅心已事先腌好，板油、绵白糖加黑洋酥，这是标配。馅心搓成小颗粒，糯米粉摘剂捏成小口袋，塞进馅子后收口，搓几下就成了。水磨粉性糯，表面很光洁，小风一吹，皮有点硬结，摸上去就像婴孩的屁股，托在手心相当可爱啊。下锅煮，看汤团一只只浮起，此时不能急，须加一勺冷水，让它们沉落，三起三落后才能盛在碗里。咬一口，糯性十足，但从来不会粘牙。又烫又甜的馅心往口腔里喷射，叫人满心欢喜。

吃了一个还有一个，甜甜蜜蜜，无穷无尽。上海人（包括祖籍在浙江、安徽、江苏等省份的上海人）是从大年初一一早开始就吃汤团的，一直吃到元宵，如果糯米粉还有多，那么换一个吃法：酒酿小圆子。

现在谁也没有推磨沥粉包馅心这般闲工夫了，但吃汤团、图个合家团圆的心理需求依然十分强烈，于是赶到超市或汤团店买点生坯来煮着吃也算一个安慰。离开故土几十年的华侨、海外华人，回上海探亲访友，吃到一碗汤团常常会激动得大呼小叫，上世纪80年代，船王包玉刚就是吃了家乡风味的宁波汤团而热泪满襟的。

在上海城隍庙九曲桥广场的南面，有一家宁波汤团店。其实宁波汤团店最早不在这里，而在往东一点，就是转角处再往东几步路，一家旅游纪念品商店的位置上。后来豫园商城进行铺面调整时，才搬到这里来了。那么它搬过来之前这个位置上有哪家店呢？就是桂花厅。

桂花厅也是一家老字号啊，以经营苏式糕点著称，现在这块老牌子搁置不用，实在可惜。

宁波汤团店因为坚持手工，就成了白相城隍庙的游客必定要去一尝风味的地方。它的成功秘诀在于：选用上等常熟糯米磨粉，再以定点出产的黑芝麻、剥了皮的板油和打成粉的白砂糖，拌透后腌成馅心，一只只手工搓成。在煮汤团时，用两口大铁锅，在沸水里煮熟浮起后，捞到清水里漂，从而保证皮子不破不烂，外形美观。轻轻一咬，香甜的芝麻馅心就缓缓流出，一股香味扑鼻而起。由于老字号口碑好，更由于质量上乘，宁波汤团店在平时生意就特别好，每至三节——冬至、春节、元宵，吃汤团、外买汤团的顾客特别多，店堂里挤得满坑满谷，你在这里吃汤团，别人早就贴在你身边等座位了。为了买到一盒汤团，要在西北风中排一个多小时的队。有顾客向店方负责人建议：宁波汤团能不能实行工厂化生产，并打进超市上架销售？龙凤、海霸王能做到，城隍庙为什么不能做到？

以豫园商城今天的实力，开一条流水线是举手之劳，但宁波汤团店为坚持传统工艺，至今还在一只只用手来搓，糯米粉里不加任何添加剂和黏合剂。这种手艺精神令人钦佩。

说起宁波汤团，还想起宁波汤团店的一则轶闻。当年卓别林来上海观光，由上海本土笑星韩兰根陪同游玩了城隍庙，流连之际，东道主请他吃宁波汤团。卓别林胃口好，一口气吃了三碗，抹抹嘴巴问韩兰根：弹丸大的团子，馅心是怎么放进去的。韩兰根故作神秘地说：这是我们中国人的独门秘技，恕不奉告。卓别林听了哈哈大笑。

宁波汤团店近年来还推出蟹黄鲜肉汤团，一咬就是一泡黄澄澄的鲜美汤汁，蟹黄明亮，鲜肉不柴不团，味道真的很好。他家的细沙汤团和枣泥汤团也值得一尝。

真要说起来，宁波汤团也是"外来物种"，顾名思义，它的家乡在宁波，宁波汤团中又以"缸鸭狗"为翘楚。这家汤团店本来开在宁波城隍庙前面，经营者的大名叫江阿狗，大字不识几个，但选料讲究，加工精细，出品相当好，食客近悦远来。他的小店本无店号，食客就以他的大名来代替店号。后来他干脆将店号换成"缸鸭狗"三字，还在门楣上高高地放了一口缸、一只鸭、一条狗的模型，行人老远就可以看到。因为通俗，因为奇特，这个广告做得相当成功。上海人现在吃的宁波汤团，就是以缸鸭狗为蓝本的。

闲话说到这里，读者朋友会问：那么，上海人不是还吃鲜肉汤团吗？

且听我说啊，若论上海江湖上沉浮百年的汤团，主要有三大帮派：徽帮的鲜肉大汤团、本帮的菜肉大汤团，还有占据主流地位的宁波汤团。如果你过年做客朋友家，朋友端上一碗菜肉大汤团招待你，那么他家多半是浦东本地人。

徽帮的鲜肉大汤团在三十多年前是很容易吃到的，鲜肉大汤团的关键在于肉馅拌得好不好。取肥瘦得当的新鲜猪肉夹心，轧成肉糜后，加调味和适量的水打匀，打到起韧劲，插入一双筷子而不倒，也不见有水渗出，才算合格。包鲜肉汤团也比包猪油黑洋酥汤团难一点，先要将糯米剂子捏成一个小口袋，再用汤勺将鲜肉馅装进去，收口后揪出一个小尾巴，入锅后三点水方可至熟。由于拌肉馅时加了水，熟后一咬就是一包鲜汤。

现在王家沙、沧浪亭、沈大成、美新、东泰祥等店家的鲜肉汤团，以及七宝老街、召稼楼、新场古镇的好几家点心店里的花式汤团还是以"古法"加工的，选料到位，味道不错，网上好评如潮。

本帮汤团以菜肉大汤团给人以丰实感。菜肉以荠菜与猪肉为黄金搭档，若以青菜为使佐，口感就明显差多了。周浦、七宝、枫泾、朱家角等地有些小店的本帮汤团也是值得一尝的，荠菜猪肉馅，包得超大，收口处捏出一段小尾巴，一碗盛四只就满了。七宝老街上还有豆沙馅的大汤团，枣泥馅的大汤团也硕大无朋，笨拙可爱。

宁波汤团一般作为点心，点点饥，解解馋，鲜肉汤团和菜肉汤团可以当饭来吃。

今天有许多人还搞不明白汤团与元宵的区别，还常常在网上吵得不可开交。这里我要澄清一下，南方人吃汤团，北方人吃元宵，两者在外形上相似，但做法不一样。

那么同样是糯米制品，同样是裹了馅后水煮，叫法却如此不同，这不仅让小青年头晕，更让老外糊涂。

怎么说呢，咱中国地广人多，百里不同风，十里不同音，一方山水养一方人，在饮食这档事上也就变化无穷了。北方由小麦文化统领餐桌，烙张饼啊，蒸笼馒头，他们绝对拿手。南方是稻米文化主导全局，煲锅粥啊，做笼糕啊，包只汤团啊，阿拉小菜一碟。所以，北方的元宵是按小麦制品的思路操作，馅是甜的，且以百果为主，将桃仁、松仁、蜜枣、糖冬瓜等切碎了拌匀，先压成饼，再切成骰子那般大小的颗粒，然后蘸些水后放在盛有糯米干粉的笸箩里滚来滚去（南方称作"筛"，北方称作"摇"，也有叫做"打元宵"的）。馅心沾上干粉后越滚越大，像滚雪球似的，最后就成了外表不甚光滑的圆子，但好歹没有漏馅。小时候在城隍庙童涵春饮片厂门口看师傅们做乌鸡白凤丸，就是这个样子的。

做元宵还有一种适应较大规模经营的生产工具：把整张干驴皮卷起来，做成一个桶，一头封口装上轴，一头装上把柄，搁在一个H形的木架子上。桶内投入干粉，师傅将馅心颗粒放进去后有节奏地摇动把柄，让馅心在里面翻滚，馅心沾上粉后很快就"大出来"啦，这方法要比摇竹匾快得多，也极具观赏性。

我吃过北方的元宵，紧实，皮厚，馅心也无甚特色，就连一碗汤也是混的。北方人一旦吃过南方的汤团，再也不敢吹牛了。

那么上海今天还有没有供应元宵的地方呢？有，在洪长兴就有。洪长兴不是经营涮羊肉的老字号嘛，怎么与元宵扯上了关系？且听我说嘛，洪长兴是有历史渊源的回族馆子，据说是当年京剧名家马连良来上海跑码头时，跟亲戚合伙开出来的，至今还保留了浓浓的北方风味，每年过年，自会做元宵满足客人所需。

有人写文章将元宵与袁世凯扯上了关系。说袁世凯篡夺了辛亥革命成果后，一心想复辟登基当皇帝，又怕人民反对，终日提心吊胆。一天，他听到街上卖元宵的人拉长了嗓子在喊："卖元——宵来！"觉得"元宵"两字谐音"袁消"，暗喻"袁世凯被消灭"，心里极不痛快，就下令民间禁称"元宵"，改称"汤圆"或"粉果"。这说法流传甚广，但极有可能是民间艺人用来开涮袁大总统的。

白切羊肉与羊肉汤面

　　上海郊区几乎都有吃羊肉的风俗，崇明的羊肉多从海门过来，属于湖羊，膻味重了点，但好这一口的人就是爱至入骨。白汤羊肉是崇明的特色菜，羊肉嫩，羊皮软，羊骨香，羊汤鲜。陈家镇的农家乐，几乎家家必备。还有一款白烧羊脚骨，就是羊的膝盖关节加上羊蹄，带筋带肉，我也津津有味地啃过几回。据当地老人说，吃羊脚骨可以治腿膝绵软无力。当地老人大多清癯有神，行走矫健，大概就与吃羊脚骨有关吧。七宝的白切羊肉也相当不错，老街上有好几家疑似老字号的羊肉店，白切羊肉冻成大块形状，码在橱窗里，游客游玩一天，回家时就带一包走。周浦镇的白切羊肉也遐迩闻名。而庄行镇呢，至今还流行大伏天吃羊肉、喝烧酒以补体虚的习俗。

　　高桥也不例外，自清代光绪年间起，镇上就汇聚了几家老字号，白切羊肉和羊肉汤面遐迩闻名。

　　高桥有两家专售白切羊肉的老字号。一家位于东街原39号的黄泰隆羊肉面馆，开设于1914年。另一家是位于北街原388号的陈德兴羊肉面店，开设于1931年，直至1956年停业。

　　两家羊肉店的羊肉烹制工艺相差仿佛，积几十年灶火经验，创出了高桥独特的白切羊肉和羊肉汤面品牌。

　　上海城郊没有大规模饲养湖羊的历史，但有农户零星养羊的习惯。本地山羊品种优良，肉质细嫩而无膻味。故而两家店的店主常到高桥南片一带农村去收购，挑选生长期为一年左右的、沿口长两颗牙的羔羊为最佳。其时也有崇明岛的贩羊人来高桥卖羊，大多在春节前到高桥给两家店送羊。黄泰隆羊肉面馆的店主黄正大还曾在张家弄住处外专设一个小院，内建羊棚以存活羊备用。

　　高桥店家煮羊另有一功，整羊对半切开洗净后入大锅闷烧。一般从午夜之前坐灶开烧，火候大小要间断掌握，中间有两次稍停。在烹煮中，羊体不能翻身，然后在锅中加入一碗老汤糟露，熟后闷锅至天明。此时，羊肉处于皮包窝紧状态，不能"出封"，即不能将皮肉捅破，也不能切开大块。整体出锅后放在特制的银杏木做的砧板上，用尖刀剔去骨头，最后冷却凝结。应市时由厨师飞刀切成薄片装盆，每一小碟盆呼作"一买"，约十六两制的二两重，售价也相当便宜。

天寒地冻之时，北风呼号，一盆白切羊肉当前，蘸面酱而食，再温一壶佳酿黄酒，诚为高桥镇民众悠闲生活的写照。

为照顾不同口味，两家羊肉店还推出红烧羊肉。红烧羊肉用小锅烹烧，配调料讲究，内有冰糖、茴香、桂皮、甘草、酱油等。出锅后的红烧羊肉浓油赤酱，咸中带甜，回味十足，带皮吃，口感更佳。

白切和红烧羊肉都可作为面浇头，覆盖在羊肉汤面上飨客，成为高桥民众早餐首选。此外还有腰和（羊腰部位）、腿肉、脚剎（脚爪）、羊肝、羊杂等，任选几味，可在店中配白酒小酌。店中规矩，客人若吃羊肉，就奉送一碗羊血汤。羊血汤内加黄酒糟和青头（青蒜叶），异香扑鼻，食后通体舒泰。

对了，蘸食白切羊肉的面蘸也大有讲究。比如黄泰隆羊肉面馆是选用自己种植的上等小麦，磨粉煮饼后再晒成面酱。面酱内拌入冰糖、甘草、桂皮、茴香等配料，遂成专门蘸食羊肉的甜面酱。

雪夜涮羊肉

提起涮羊肉，北京人似乎特神气，因为他们有东来顺、西来顺什么的，其实上海也有地方吃涮羊肉的，老字号要数洪长兴名气最响，这是马连良在上海唱戏时一任性开起来的。马是回回，戏班里从琴师到跑龙套的都是回回。那会儿在上海跑码头，吃饭成了问题，马连良索性就开了一家，地方在连云路延安路口，上世纪80年代我去过几回，要排队！现在那里成了延中绿地。洪长兴搬到南京东路广西路口，云南南路延安路口现在也开了一家。店经理叫默哈默德·宗礼，当然也是回族，我跟他熟，知道他本名叫马宗礼，名片上加了默哈默德的姓，外籍客人就找上门来放心吃喝了。洪长兴的羊肉来源正，师傅刀工也好。割得正，是羊肉好吃不好吃的关键。还有羊骨髓、羊腰、羊肝等，羊油做的葱油饼特别香脆，别处吃不到。我不敢经常去那里，怕一不小心就吃多了，胃里的东西要慢慢消化好几天。

浙江中路上的南来顺，也是一家老店。这一带还有几处清真饭店，不光羊肉鲜嫩肥腴，羊杂汤鲜，馕也做得特棒。有一年我跟上海监狱管理局的干警押送犯人去新疆乌鲁齐木，为了一路上让犯人吃好睡好，监狱管理局的后勤人员特意到这里来采购几大袋馕。馕的味道不对，新疆籍的犯人吃得出的。

现在上海还有数不清的"小尾羊"、"小绵羊"，都是响当当的涮羊肉连锁店，谁说上海吃不到正宗的涮羊肉？在家吃也方便，电炉插上电，锅底就起泡了，从超市买来的羊肉片排列整齐，一烫就行了，调料也有现成的。现在什么都方便，就怕吃多了长膘。

提起涮羊肉，想起一桩往事。

妈妈在世时有一个很要好的小姐妹，同一条弄堂的，在我家对面，平时一起在生产组里绣羊毛衫。这个女人过去在百乐门里做过舞女，后来成了国民党军官的姨太太，解放军过长江后的第三天，这个上校军官带着大老婆奔香港了，把一个儿子和一个大老婆生的女儿扔给了她，从此杳无音信。

几十年来，她就是靠一枚绣花针绣出了一家三口的吃喝，尴尬头上也会趁天黑未黑之际跑跑当铺。她居住的那套统厢房里有一堂红木家具，沉沉地坐着一丝底气，也仿佛守着一份微弱的希望，可是短短几年里就一件件地搬光了。十年动乱时，红木家具贱如粪土，她家的一具梳妆台雕饰极其精美，台上插着三面车边的花旗镜子，人面对照一点也不走样，才卖了60元！

这个女人因为从前过惯了养尊处优的日子，据说还吸过一阵鸦片，身板单薄，脸颊瘦削，一副弱不禁风的样子，但是鼻梁很挺，肤色也白，眼角没有一丝皱纹，满脸沧桑感，特别在她静静抽烟的时候。

她的酒瘾极大，每天要喝两顿白酒，她家里的茶杯没有一只不残留浓郁的酒味，怎么洗也洗不掉。给我留下深刻印象的还有她家里的筷子，象牙筷上镶嵌着闪闪发亮的螺钿，真是漂亮极了！以这样的筷子去搛红红的、圆溜溜的油爆果肉，一次没搛住，再搛一次，真是很有点情调的呢。

大人叫她老三，因为她在家里排行老三。我则叫她李家姆妈。

李家姆妈对吃是讲究的，一到冬天就开始筹划吃涮羊肉了。今天的青年人听到"筹划"两字或许会笑，但在当时确实要群策群力的筹划，在猪肉需凭票供应的情况下，羊肉在菜场里几乎看不到，就得到郊县或外省去找。北风紧了，羊肉还没买到；屋檐下挂起了晶莹的冰凌，羊肉还是没买到；下雪了，密密麻麻的雪片飘到头发上、眉毛上，粘住了不肯融化，我再去她家里。哦，厨房里说说笑笑的好不热闹，七八条人影在灯火下晃动，女儿在升火锅，儿子在拌花生酱和腐乳，还有不知从何处弄来的韭菜花，气味刺鼻。我心中一喜：羊肉一定买到了。李家姆妈在里面的房间里找酒杯，大大小小摆了一桌子。

"再过一小时来吃涮羊肉，一定要把你妈拖过来啊。"她欢天喜地地说，简直是有点老天真了。今天，这张笑脸还清晰可忆，眉宇间有一丝凄凉冻着。

涮羊肉当然好吃，菠菜和粉丝也很好吃，只是火力不足，一锅汤起沸常常要过些时间，七八双筷子一起开涮，小小火锅怎么经受得起。吃着喝着，看一眼窗外大雪飘飘，额头上就止不住渗出汗来，我的脸很烫很烫。李家姆妈的儿子快要中学毕业了，像个大人，但动作稍嫌粗糙。她女儿在一家街道工厂做，朋友已经谈了好几个，一个也没成功。她很懂得打扮，一件大红的绒线衫，领口扎了一条亮晶晶的白绸巾，乌黑的头发披在肩上，喝了点酒后非常美丽。这个时候我已经知道哪种女人漂亮了。

很温暖的一夜。

偏偏，李家姆妈喝多了，先是唱样板戏，唱着唱着，唱起了电影歌曲，然后

冬令時節京派京味涮大鍋

生腰肉
五花
雜碎

道清芥令時

是很好听的小曲，最后居然哭了，眼泪像断了线的珠子一串串掉下来。妈妈和邻居们一起劝她，她不听，有点撒娇的样子。儿子放下筷子，一筹莫展的样子，女儿平时跟娘话就不多，此刻早躲进自己的小屋看《白毛女》剧照了。

一锅汤噗噗地沸腾着。

绿的菠菜，红的羊肉。

最终，我还是拉着妈妈的衣角回家了。妈妈手里挟着一包李家姆妈来不及绣完的羊毛衫。雪停了，弄堂里的积雪很厚，也很白，我迟疑了一下，还是踩了上去。冷冷的月光叫我想起李家姆妈的脸。

鲞冻肉与虾油卤鸡

上世纪70年代末至80年代初，对中国人而言是一段特别温馨的记忆，在汹涌澎湃的大时代洪流中，不时会溅起属于个人的感情浪花，有点甜蜜，有点紧张，有点惆怅，有点伤感，还免不了有点粗糙。特别是当春节来临之际，大街小巷摩肩接踵，"十月里，响春雷"的豪迈歌曲和大甩卖的吆喝混杂在一起，每个人的脸上书写着解脱与企盼，在这样的气氛中，采购年货就是一趟"痛，并快乐着"的旅程。

如果家里有知青自远方归来，乡下还有亲戚兴冲冲地进城探访，年菜就可能体现乡土气和多元化的特色。比如我家祖籍绍兴，在鸡鸭鱼肉之外，还有几样美味是必不可少的：一大砂锅水笋烧肉，一大砂锅霉干菜烧肉，一大砂锅黄鱼鲞烧肉，还有一大砂锅素菜：油条子烧黄豆芽。这四大砂锅年菜在小年夜烧好，置于窗台风口，让砂锅表面凝结起一层白花花的油脂，色泽悦目，腴香温和。有大砂锅垫底，节日期间有不速之客踩准饭点光临寒舍，妈妈也不至于在锅台边急得团团转了。

水笋烧肉和霉干菜烧肉，久居上海的市民都吃过，不属于本帮菜，却比本帮菜更加亲民，唯黄鱼鲞烧肉不一定有此口福，即使吃过一次也不一定有格外的关切。绍兴靠近浙东沿海，以前大黄鱼是寻常食材，一时吃不完，就要用古法腌制妥善保存。腌后并经曝晒成干的大黄鱼就是"黄鱼鲞"，堪称咸鱼中的极品。如果少盐而味淡者，加工更须仔细，表面会泛起一层薄霜样的盐花，被称作"白鲞"，是黄鱼鲞的豪华版，吃口更加鲜美。

周作人寄居京华时写过文章称道黄鱼鲞："我所觉得喜欢的还是那几样家常菜，这又多是从小时候吃惯了的东西，腌菜笋干汤，白鲞虾米汤，干菜肉，鲞冻肉，都是好的。"

绍兴人对黄鱼鲞烧肉怀有特殊的感情，过年烧一大砂锅，要从正月初一吃到元宵，这是年味的最好注脚。鱼与肉是中国美食中两大阵营的统帅，素来井水不犯河水，但绍兴人有大智慧，将两大阵营一锅焖。想来它们先是泾渭分明，骄矜自恃，但在柴火的作用下，从对抗走向联合。故而黄鱼鲞烧肉，吃口奇谲，鲜美无比，犹如罗密欧与朱丽叶的旷世奇恋，超越偏见，冲破门户，你中有我，我中有你，最终融于一体。

袁枚在《随园食单》中也写到黄鱼鲞："台鲞好丑不一。出台州松门者为佳，肉软而鲜肥。生时拆之，便可当作小菜，不必煮食也，用鲜肉同煨，须肉烂时放鲞，否则鲞消化不见矣，冻之即为鲞冻。绍兴人法也。"

可见，台鲞在中国地方菜谱中是老资格。而"绍兴人法也"的"鲞冻"，也是我家的招牌。妈妈从砂锅中小心起出一大块，改刀成小块装碟，膏体鲜红如琥珀，配上一壶热黄酒，乡情十分浓郁。而我年少时不知其味，以为腥气，更以为咸鱼干与鲜肉共煮犯了冲，不合体统。现在野生黄鱼几乎绝迹，人工养殖的黄鱼肉质松软，鲜味淡薄，根本不配做鲞，这款乡味就很难吃到了。

除了黄鱼鲞，周作人还钟情青鱼干，在《鱼腊》一文中他这样写道："在久藏不坏这一点上，鱼干的确最好。三尺长的螺蛳青，切块蒸熟，拗开来的肉色红白分明，过酒下饭都是上品。"

青鱼大面积养殖早已实现，那么青鱼干就比较容易买到。若有幸买到河塘里的螺蛳青，活杀下盐制成鱼干后，上笼一蒸，色如火腿，少淋白酒，香气馥郁，还是上海人家下酒、过粥、过泡饭的一时之选。

绍兴还有一道知名度颇高的菜肴——虾油卤浸鸡。如果过年前乡下亲戚送来一只肥硕的阉鸡，妈妈就会满脸红光，差我去南京路邵万生买一瓶虾油卤——瓶子上写着是"鱼卤"。将阉鸡按白斩鸡之法煮熟捞起冷却，鸡汤中倒入一整瓶极咸的虾油卤，再下花椒、姜块、葱结和黄酒等，煮沸后徐徐倒入一口粗陶缸内冷却，再将白斩鸡斩成大件浸在卤汁里，密封一两天后启封，一股香味扑鼻而来。改刀后的虾油卤浸鸡咸中带鲜，回味清甜，下酒佐饭两相宜。虾油卤还可以浸五花肉，浸猪肚猪门腔等，等所浸之物吃光之后，妈妈还不舍得将卤汁倒掉，烧白菜汤时舀一勺卤汁进去，菜汤就像中了魔法似的鲜美无比了。

江南正月，水仙花开，春回大地，有那么几天气温会突然蹿升，虾油卤封在缸里就不保险了，鸡肉、猪肉会发黏，卤汁也有点臭哄哄。但绍兴人是逐臭之夫，虾油卤的异味或许更能刺激食欲，于是虾油卤浸鸡当前，我低头猛扒泡饭，两大碗！

岁月如梭，花开花落，每年我还要去邵万生买瓶虾油卤来与春天约会，这几乎成了一种家族的传承仪式，但太太和孩子不能接受这个味道，瓮中美味，天长地久，最后都由我一个人承包。

　　酒足饭饱之际，不由得长叹一声：老味道，这是一种别人难解，也不一定愿意费力破解的密码。

大雪和腊肉的约会

　　当然，腊肉对上海人而言也不算新生事物，在上海农村，腊肉以及酱油肉是经常自己做的。在本帮风味的饭店里，或有腊肉炒蒌蒿、腊肉炒西芹、腊肉炒螺蛳、腊肉炖白菜……看到有这样的菜，我都会叫一样来尝尝，不管是谁买单，也不管席间有小姐女士告诫：腊肉里有致癌物质，多吃恐怕不利健康。

　　人生一场，白驹过隙，吃什么要看医生的脸色，那多没趣！即使医生断定吃猪肉会中毒，但腊肉我还是要吃它一回的。平时我滴酒不沾，但腊肉上桌，我会抿一小口白酒，它是腊肉的最佳拍档。

　　记得在我小时候，西北风一起，有条件的家庭就会风干或腌制一些鸡鸭和猪肉，此类操作得有一系列前提：首先得有钱，其次得有路——也就是找熟人才能买到这些紧俏商品。当时，一般家庭只能凭票在萧索的菜场里买些冷冻的鸡鸭鱼肉，还有冻得像块石头的冰蛋，而且必须排队！因此，谁家的厨房要是传出活禽的叫声，可真羡煞了众芳邻。最后，还得有闲情——正是那个时候最最稀缺的精神资源。

　　风干的技术难度可能要大些，比如风鸡——活杀之后，掏空肚子，保留鸡毛，然后挂在风口，任尔东南西北风。那时候我一直想不通，土法炮制的一只母鸡木乃伊，为什么不会腐烂发臭？

　　我家从没做过风鸡，吃到风鸡也是很多年后的事了，也许是对家禽木乃伊有成见，总觉得有一股棺材板的味道。而在当时，一只风鸡挂在家门口，不亚于今天门口停了一辆大奔。

　　但是悲剧总是悄悄发生的。比如邻居老刘，来客人了，相谈甚欢，要留饭，女主人想蒸半只风鸡作下酒菜，拿了"丫叉头"来到屋檐下抬头一看，傻眼了：昨天还挂得好好的风鸡风鹅，一夜之间全都不翼而飞。

　　后来才发现，有些顽劣的中学生，因为要抽烟、要赌钱、要在女朋友面前摆阔，就动起了坏脑筋。他们在一根足够长的竹竿顶端绑一把剪刀，剪刀的另半瓣接一根绳子，拖至下面。趁着夜色四合之时，悄悄穿行在弄堂里，四下望，北风

紧吹着，唯有远处的老虎灶还亮着昏黄的灯光，屋顶上的烟囱蹿着零乱的火星，于是一声口令，将竹竿伸到风鸡风鹅上方的绳口，剪刀张开，再用力一拉，那些宝贝就应声而下，正好掉进后面同伙张开的面粉口袋里。

这些战利品，他们是不会自己吃的，而是换钱。后来，小蟊贼被邻居抓到几个，一顿毒打，但偷去的风鸡风鹅是飞不回来了。

还有自己暴盐的咸肉、酱油里浸得已经变成暗红色的肋条肉、成串的香肠、腌制的板鸭，还有尾巴一直可以拖到地板上的鳗鱼，肚皮用竹签撑开，都是地道的佐酒美味。如果是咸猪头或酱猪头，高高挂起的样子不由得让我想起古代处决犯人后悬于城门的人头，而且，细看之下，猪头也有与人相似的表情，它在笑呢。

我家做过少量的酱油肉，母亲将猪肋条切条抹干，在酱油里浸泡一夜，酱油里已经放了适量的糖和花椒，还有黄酒，取出后用线绳串起，挂在屋檐下。经过小半月的风吹，酱油肉已经硬得像一段老红木了，细嗅之下，有一股浓郁的酱香味。如果遇到天气转热，它又会散发一种酸溜溜的味道。

酱油肉用大火蒸后切片，是待客的佳肴，如果是自己改善伙食，可与青菜、豆腐干一起炒，肉红菜绿，豆腐干象牙白，还未开口尝就已赏心悦目了。大雪天，蔬菜断档，母亲切几片酱油肉放在煮至收水烘干的米饭上，饭熟，肉也焐熟了。盛饭时我故意挑印有零星酱汁的那部分给自己，那也是比白饭香多了。因为酱油肉稀少，规定只能吃一两片而已，也因为少，味道特别鲜美。

我们家有个广东籍邻居，他们对衣着很不讲究，而花在饮食上的开支倒占了大头。他们经常烧广式腊味饭，一烧就是一砂锅，当那股香味轰轰然地蹿出来时，我真的是垂涎三尺。

后来——整整二十年后，有一次我在外开会，中午散会后突降鹅毛大雪，出租车也叫不到，转身躲到福州路一屋檐下，一股香味正好从门缝扑鼻而来。原来到了杏花楼，一楼店堂正在供应广式腊味煲仔饭，就不假思索地冲进去要了一份，腊肉当然不少，饭也煲得颗粒分明而且有劲道，那一餐午饭吃得真香。

现在如果与三五知己在广帮饭店聚餐，选择主食时我会建议上腊味煲饭，广东话叫做"煲仔饭"。而且我事先会去厨房探个班，如果看到一排小眼灶头上坐着十几只甚至几十只直径不到七寸的小砂锅，就知道这家饭店的腊味饭一定不会差。这是专人负责的灶具，厨师应该是煲饭高手。宴席进入尾声，腊味饭吱吱作响地上桌了，通常还会跟上一盘绿叶菜，比如白灼橄榄菜或白灼油麦菜，细心的服务员按人头分作数小碗，端至各人面前。饭粒吸足了腊肉的油脂，油光锃亮，晶莹饱满，近乎半透明，碗尖上顶了几片腊肉和香肠，还有一株碧碧绿、爽爽脆的菜心，无论色彩和口感，构成了强烈对比。煲仔饭上桌，无人不欢，等于为友朋聚餐画了一个圆满的句号。

有烟囱的锅子

俗话说：穷归穷，还有三担铜。意思是再穷的人家，搜搜罗罗，还总有几件铜器。这句话形象透露了铜器与中国人日常生活的密切关系。我也是苦孩子出身，家里的铜器不多，印象中有这么几件：铜脸盆、铜水壶（口语叫做铜吊，我想这个吊字应该写作"铫"，这是一个古代常用字），还有一口铜暖锅。前两件铜器是每天使用的，铜脸盆怎么摔也摔不坏，只是容易积垢，得经常用煤灰擦，一擦就亮。有一次我到浦东的高桥镇采访，当地一老农拿出一只铜脸盆嘡嘡敲了几下向我显宝：这是杜先生做五十大寿时送给老乡亲的，每家一只，用到今天还不曾坏。他说的杜先生就是赫赫有名的杜月笙，这个黑社会大哥大过五十岁生日时，正爬上生命中最显赫的顶峰，梅老板都来给他演了一场戏，区区铜脸盆算得了什么？至于铜铫，在我记事时，已经为我家烧了无数壶开水，该寿终正寝了。有一天，母亲领着我到市百一店，将它换了一把铝水壶。那口铜暖锅，平时锁在深闺人不见，只有到了逢年过节，才请它出来把把场面。

铜暖锅是紫铜打造的，造型有点像北海的白塔，底座外撇，有小门进风，中间是碗状的汤锅，圆中心竖着一支小烟囱，周身散发出一种迷人的光泽。每当贵客大驾光临前一小时，父母就下达"把暖锅升起来"的指令。我得令后就忙开了，将凭票供应的钢炭引燃，不停地扇风，因为暖锅是微型的炊具，此举让我重温了办家家的乐趣，故而不认为辛苦。

暖锅引发了勃勃生机，母亲就在锅内加底汤，再整齐排列白菜、粉丝、鱼圆、肉圆、肉皮、蛋饺、猪脚，年份好的时候则有肚片和熏鱼，就是豪华版了。当主客喝酒至脸红，话也说不圆润了，暖锅吱吱叫着登场了。为什么吱吱叫？是因为那支小烟囱已烧得很烫，遇到汤汁晃上去，产生物理反应。这种吱吱声为家宴增添了喜庆色彩。客人会嗔怪父母："我们已吃不下了，还来个暖锅。"当然这是客套话，必须说的，而暖锅也是必须上的。因为我发现，这个暖锅最后总是被"已吃不下了"的客人吃得精光。不过我也非善类，锅内的每一样东西都不放过，而且父母会在客人面前夸我的暖锅升得旺，这也怂恿我放开肚皮猛吃猛喝了。

烟
得
来……

有时候，火锅太旺，就得在烟囱口扣一只盆子，压压火。反之，炉膛内的钢炭将尽，就得再加几块接火，再插一支小烟囱拨火。这玩意儿前不久我在旧货摊上看到有卖，两老外不知它"从哪里来"，左看右看，最后放在嘴前比画，他们以为是传声筒呢。

我家的这口紫铜暖锅最后没能成为传家宝，在革命化、战斗化的春节，在亲戚朋友疏于往来的年份里，它多少显得奢侈和不合时宜，也应该退出历史舞台了。父亲偷偷将它抱出去，转了一圈回家了：称分量的，三元六角。父亲用这点钱买了两双尼龙袜子，塞在哥哥的行李袋里，让他带到黑龙江去。

暖锅是炊具与餐具合二而一的器物，是中国饮食文化的代表作。在物资供应匮乏的那个年代，它是餐桌上的压轴大戏，也类似阅兵式最后的导弹部队方阵，为寒素的生活增添了热量和气氛，是我们回忆童年的线索。从哲学命题上说，它的命运也是中国老百姓的命运。

今天，三鲜火锅仍然是上海人家过春节时营造气氛的极佳道具，羊肉火锅是冬令进补的经典节目，海鲜火锅是节假日尝鲜的选项，蔬菜火锅是素食主义者的慰藉，鸳鸯火锅以外乡风味刺激着上海人的味蕾。在物流迅捷、供应丰足的今天，火锅的食材应有尽有，有生有熟，有中有西，跌宕起伏，精彩纷呈。但是我们不能忘记它的初级版，就是有点笨拙精神的暖锅。

当猪头笑看天下

哈哈，周作人居然也爱吃猪头肉。"小时候在摊上用几个钱买猪头肉，白切薄片，放在晒干的荷叶上，微微撒点盐，空口吃也好。夹在烧饼里最是相宜，胜过北方的酱肘子。江浙人民过年必买猪头祭神，但城里人家多用长方猪肉……"

在这篇题为《猪头肉》的短文里，周作人还忆及在朋友家吃过一次猪头肉，主人以小诗两首招饮，他依原韵和作打油诗，其中有两句："早起喝茶看报了，出门赶去吃猪头。"为吃猪头肉写诗是比较迂阔的，但周作人的打油诗就不然，有点自我嘲解的开脱，算不上矫情。苦茶老人写这篇短文时，已是万山红遍的1951年，所以与时俱进地在文中应用了"人民"这个词。应该说，政府对他不薄，每月的工资相当于国务院一个副部级干部，但他对过去的吃食念念不忘，这段时间里写了不少美食短文，包括不上台面的猪头肉。

周作人说得不错，江浙人民过年时必定要备一只猪头，但不再用猪头三牲祭神了，纯粹打牙祭。我们家也将猪头视作重头戏，父亲——这个任务通常由父亲完成，从菜场里拎一只血淋淋的猪头回来，事先请师傅劈成两瓣，交母亲刮毛、分割、烹饪。一半白煮，一半红烧。我喜欢白切猪头肉，酱油碟里打个滚，大块入口，在嘴里盘来盘去，满足感最强。

上海人有一句俚语："猪头肉，三不精"，形象地概括了猪头肉作为下酒菜的基本状态。猪头肉是肥瘦相间的，皮层厚，韧劲足，即使是最厚实的肥皂状部分，如果煮到恰到好处的话，冷却后也能保持和田玉似的外观，入口后予牙齿恰当的抵抗，耐咀嚼，有香味。这句俚语的另一层社会学含义，特指个别人动手能力较强，常识也能过关，在朋友圈里称得上是个通才，但不一定术有专攻。与此对应的一个形容词是"三脚猫"。

红烧猪头肉比较油腻，虽然加了白糖和茴香、桂皮，口感上比较有层次，但不能与白切对决。吃剩的红烧猪头肉以碗面上一层雪白的油脂，与寒冬腊月的窗外景色构成寒素生活的基本色调，筷头笃笃，胃口一天比一天差。最后，滚烫的菜汤面里，焐一块猪头肉进去，香气才懒散地逸出，和着面条呼啦呼啦吃下去，

也算补充营养了。

熟食店里出售的猪头肉都是白切的，过去在烧煮前是用盐硝擦过的，瘦肉部分微红，似一抹桃花色，吃起来香气扑鼻。后来食品卫生部门发出警告，硝是致癌物质，多吃有害身体。从此猪头肉里严禁加硝，肉色是白了，风味却逊色许多。扬州的硝肉、硝蹄是大大有名的，特色的形成也在于加硝。大哥到镇江工作那会，每次回上海探亲必定带三样吃食：水晶硝肉、蟹粉小笼、酱菜。硝肉和小笼是用干荷叶包起来的，装在网篮里，盖一张红纸，棕绳一扎，诚为馈赠佳品。因为硝肉里有汤汁凝结，状如水晶，美称水晶硝肉。醋碟里撒多一些嫩姜丝，蘸食可以解腻。后来也不能加硝了，硝肉吃口就不能与过去相比。现在饭店里还有扬州硝肉当作冷碟飨客，因为不加硝，在菜单上一律写作"肴肉"。但上海人读白字，仍然硝肉硝肉地叫。肴肉毫无想象力，并不专指烹饪方法，而且大热天存入冰箱，吃起来有冰碴碴的，很煞风景。

上海以前的苍蝇馆子一直有猪头肉供应，一只只盆子叠床架屋，让酒鬼自己挑选。还可分成脑子、耳朵、鼻冲、下颚、面孔、眼睛等，会吃的酒鬼酷爱享受眼睛及"周边地区"，据说有一种异香。我大着胆子尝过，果然不同凡响，那股香味与上等皮蛋相仿。鼻冲是活肉，因为二师兄每天用它拱墙，锻炼得相当坚实，切薄片，韧劲十足。猪脑清蒸，嫩过豆腐，鲜过龙髓，但此物胆固醇极高。耳朵不用多说了，两层皮紧紧包住一层软骨，三文治风格，上海人都爱吃，它的价格比其他部位高一些。有个别酒鬼还特别爱吃猪牙床，呵呵，这种东西想想也恶心，不过很便宜，两角钱软嘟嘟的一大盆。

猪头煮熟后，拆颌骨是一件难事，得借用一块抹布，手里带一点巧劲，三转两转出来，赛过庖丁解牛。折得不好肉就碎了，卖不出好价钱。

糟头肉、糟猪耳是夏天的下酒妙品，过去熟食店里都有供应，买回后在冰箱里稍搁片刻，晚上开几瓶冰啤酒，看电视里直播的球赛，这是男人的幸福时光。

我在湖南吃过腊猪头。除了腊肉的特有香味外，还比一般腊肉更有韧劲，也更宜下酒。在山东吃过红烧猪头肉，与我家风格不同，剁大块，加大蒜，更加肥腴，一大盆放在桌子中央，夹饼吃。有一年临近过年，我在南京路上三阳南货店里看到腊猪头面市，产地在广东，一只索价一百多元。它被师傅挂在显眼处招摇，已经压扁成寸把厚，塑封得相当精致。猪头的面容本来就带点笑意，此刻它的身价上去了，格外得意。太太说，从前她父亲在过年时也拎一只猪头回家，一家人就算有荤菜吃了。说这话时她眼里噙着泪花。她想起了去世已经十年的父亲，我的老泰山。

张爱玲在《异乡记》里描写看农村人家杀猪："一个雪白滚壮的猪扑翻在桶边上，这时候真有点像个人。但是最可憎可怕的是后来，完全去了毛的猪脸，整个地露出来，竟是笑嘻嘻的，小眼睛眯成一线，极度愉快似的。"这一表情一直保留至今，恒古不变，也与我儿时的观察是一致的，这就是张爱玲的厉害了。

我是爱猪头肉的，不过这东西拎回家后，肯定由我一个人承包，最后我只买了一包腊猪鼻冲回家。蒸熟后切薄片，撒花椒盐，韧性十足，香气浓郁，好吃得不得了。随园老人说了，黄酒是文士，白酒是光棍。那么喝白酒，吃腊鼻冲，简直就是光棍配寡妇了。

咸猪头在冬天吃相当不错，一小碟咸猪耳朵，一大碗热粥，人生一大快事。咸猪头看上去也是带点笑意的，因为有很深皱纹和盐花，赛过饱经风霜的老上海的表情。猪头笑的时候，一般是逢年过节的当口，笑容浮现在底层人民脸上。从这个意义上说，猪头代表了上海人民某一时段的幸福指数。

邑城内外的浓油赤酱

"鸳鸯"与"黄浆"

　　很久很久以前，城隍庙的正门东侧有一家老桐椿，在老城厢无人不晓。民国时由一个名叫杨桐椿的无锡人创办，以锡帮点心为人称道，其中最受赞誉的就是面筋百叶——俗称"双档"。

　　据说彼时城隍庙卖双档的小吃店也有好几家，最著名的是"兰斋"——这名字起得好雅，赛过是笔墨庄而与油盐酱醋无缘。"兰斋"门面极小，开在福佑路小世界后面，灶台上坐一只分格的紫铜锅子，原料生熟分开，由一老太太掌炉，分单档、双档。也有老上海将一只百叶包配一只油面筋塞肉呼作"鸳鸯"，一进门就关照堂倌："一碗葱开面，再加一碗'鸳鸯'！"堂倌再歌咏一般传唱至厨房："五福弄的刘老板要一碗葱开面加'鸳鸯'，面要硬面啊！"

　　"兰斋"的汤水是用开洋、扁尖笋吊出来的，百叶由黄豆磨成后自制的，味道很正宗。旧时的生意人，虽然赚你蝇头小利，做起来却一点也不马虎。

　　据从业三十多年的老师傅说，城隍庙的面筋百叶之所以好吃，是因为汤里加了一点点碱，百叶碰到碱，立马骨头酥了，变得软糯适口，颜色也显得白，但口味不变，放多了则会涩嘴。而面筋也是特制的，不像平时家中吃面筋塞肉，先戳开一个洞然后塞进肉末，而是在油炸时就以湿面筋裹了肉馅下油锅的，汤汁不会走失，故而味道很好。

　　以前在淮海中路上有一家老松盛，也供应面筋百叶汤，有名气。

　　上海弄堂人家也经常做油面筋塞肉，冬天荠菜上市，开水一焯，斩成细末。新鲜猪腿肉也斩末，与荠菜一起拌匀，小心地塞进油面筋里。要是红烧呢，可以多放一点酱油和糖，味道浓点无妨。在夏天多半是煮汤，配上碧绿生青的鸡毛菜，很送饭。这两种做法都比纯猪肉馅的香，吃口好。百叶包，自己也能做，里面包了肉末荠菜，小心卷起来，好几只一叠，用纱线捆起来白煮，吃时松绑。胃口好的孩子可以一气吃三四只。我小时候就是这么贪婪的。上海本地人过年必定要做这道菜，红烧的，俗称铺盖，上盆前滗去汤汁改刀，刀面露出菜肉馅。我太太的祖籍在浦东合庆，我去她家吃饭，经常吃到这款本地风味，起初还以红烧为怪。

但面筋与百叶一起煮汤似乎没有，节俭的上海人认为空口白吃是很浪费的。在外面当点心吃则另当别论。

还有一味"黄浆"，知道的人可能就少了。上海方言中，称麻雀为"麻将"，打麻将也叫"雀战"，麻将牌也叫"雀牌"。那么跟"黄浆"有何关系呢？这味美食说来也简单，就是豆腐衣包肉糜，入油锅炸至金黄色，然后再烧汤。因为豆腐皮包肉的外形像只拉长了的麻将牌，所以老上海就叫它"黄浆"，点心、送饭两相宜。

豆腐衣与百叶是两回事，百叶是豆腐浆水舀在木格子里，用白布覆盖，一层层挤压成形的，所以现在你看菜场里买来的百叶，边缘是毛糙不平的，赛过毛边纸。而豆腐皮是用更浓的豆腐浆盛于木桶内，表面经风吹过后会凝结成一层皮，师傅轻轻揭下来挂绳子上晾晒，就成了圆形的豆腐皮。反复吹，反复揭，所以豆腐皮来之不易。从口味上说，豆腐皮也比百叶好吃多了，细腻光滑，且有韧劲。包了肉糜后，再经过油炸和汤煮，不梗不烂，味道自然更胜一筹了。

过去在中华路董家渡路转角上的本帮老饭店"一家春"常年有供应，后来十六铺的德兴馆因为地块改造，从原址迁到这里，"一家春"被人鸠占鹊巢，自己都无家可归了，那么"黄浆"也没有了。

前不久与沪上美食家江礼旸兄去肇嘉浜路一家名叫"万年粮仓"的饭店品尝江阴菜，江兄点了一道红烧黄浆。上桌一看，不就是过去一家春招牌菜的改良版吗？江兄有点小得意地点点头告诉我：就是我叫他们挖掘出这个老古董来的，来，尝尝味道如何？

氽鱿鱼与烘鱿鱼

炸鱿鱼的正式叫法是油氽鱿鱼，以前也是老城隍庙的一款著名小吃，有个叫做过桂秋的小贩设摊经营，人称"鱿鱼大王"。他的鱿鱼发得最好，放在瓷盆里肥嫩光亮，客人选中后用剪刀剪成方块下锅氽，然后蘸上自制的调料，味道是又鲜又嫩。这一手艺后来大概传给了他的后代，我小时候是见过这一幕的。也是摆摊头的，氽鱿鱼的师傅操作时颇具观赏性，但那股油味却不好受。可以说，水发鱿鱼体内百分之九十以上是水，一下油锅水火不容，马上翻脸，所以手脚得快。也因此，氽鱿鱼讲究现做现吃，氽好后没人来买，就会走水，做小生意的老兄就要蚀老本了。

上世纪80年代，我在鲜得来排骨年糕店吃到过氽鱿鱼，价格已非二十年前可以相比了，大约是一客年糕的两倍。但得承认，氽得也相当不错，涂了些许自制的果酱，能让我寻回一点童年的印象。现在鱿鱼的价格更加高不可攀了，在饭店里点一道葱爆鱿鱼卷，赛过吃老虎肉。但在松运楼等几家小吃店门口还以推出新版本怀想往事，以鱿鱼须替代，现氽现卖，聊解游客一馋。吃鱿鱼须的年轻人也许并不知道，过去上海人是吃整只头氽鱿鱼的。

何止氽鱿鱼，我还吃过烘鱿鱼。也是在童年，看到马路边有广东人摆小摊，一个小炭炉就可以做生意了，身边的麻袋里装满了干的鱿鱼，扁扁的，表面上挂着一层白乎乎的霜花，大约是盐或碱吧。你若选中一只，小的两角，中的三角，大的四角——有手掌那么大了。我钱少，只能吃小的。师傅拿着鱿鱼在炉子边上拍去白霜，用剪刀熟练地剪成鱼骨状，然后夹进一个铁丝夹子里，放在炭炉上两面烘烤。被剪开的鱿鱼丝很快就卷起来了，就像女人烫发。行了，不需时间太久，再拍去浮灰，刷上自制的果酱，一丝丝扯来吃吧，甜中带咸，富有嚼劲，如果慢慢吃，可以消磨很长时间呢。

上世纪90年代初，上海的街头或公园里经常举办小吃展销会，有一次我就在油氽臭豆腐和大肠粉丝汤中间看到了烘鱿鱼，现烘现卖，都是老上海买来吃，五元一只啦！

小廣東戲館門口煙魷魚

上海老味道

螺蛳兄弟连

对上海市民而言，一只小小螺蛳，构成了寒素生活的温暖背景。江南民间有句俗语："清明螺，顶只鹅。"到了清明时节，螺蛳就长得相当肥硕了。不过螺蛳再肥硕，也不能与鹅有一拼啊，这就是民间口头文学的夸张手法了，很让草根阶层知足。我老家绍兴还有一个说法：螺蛳笃笃，道台不做。有一盘炒螺蛳嘬嘬，连市长也不想做了，可见阿Q的同乡以前是何等的豪迈！绍兴人还称螺蛳为"肉罐头"，非常形象。

螺蛳以青壳为上品，壳薄肉嫩味鲜，黄壳、褐壳的就差多了。青鱼就是吃青壳螺蛳长大的。阳澄湖里的大闸蟹主要吃草和玉米，偶尔吃点螺蛳算是开荤了。吃蟹的季节一到，上海的食客开车到湖边船家饭店摆开圆台面，大闸蟹、白斩鸡、鸡格郎之外，也要叫老板娘炒一盘螺蛳来嘬嘬，这是最开心的时候。妈妈告诉我，螺蛳以小江所产为妙，所谓"小江螺蛳"，我想大约是生长在小河里的吧，或者在稻田里。现在的螺蛳味道总不如过去的鲜美，这可能与河道污染日益严重有关。后来有人告诉我，现在的螺蛳都是人工养殖的。蟹农对每年的行情和反腐倡廉形势十分关切，但养螺蛳的农民笃定泰山，收入虽然少，但一直稳定。

螺蛳经过一个冬季的滋养，在清明前后是长得最肥硕的时候，嘬出来的螺头肉极其饱满，有韧劲，外加一股鲜汤喷射而出，下饭最佳。螺蛳尾巴是一团活肉，或有微苦，却糯软爽滑，也可吃。再过一段时日，它的尾巴就附满了乳白色半透明的子，肉就变得瘦而紧，风味大逊于前。

上海人喜欢吃炒螺蛳，放葱姜、黄酒、酱油和糖，火头要急，爆炒几下盖上锅盖，待螺蛳脱了"盖头"，马上盛起来，多炒后肉头会紧实，可能塞牙。一碗炒螺蛳，在物资匮乏的时代也算一道小荤了。上世纪80年代，夜排档盛行的日子里，炒螺蛳是小摊头里必备的下酒菜，嘬螺蛳的声音在路灯光下体现的是小市民的乐趣。

除了葱姜炒，上海人还有一道酱爆螺蛳，在前者的基础上加点面酱，主要是增味。我家还有一道蒸螺蛳，螺蛳壳用刀尾磕一个口子，放碗里加少许酱油蒸熟，淋几滴麻油就可以上桌了，在买食油要凭票的日子里，这也算一种吃法。再说，蒸螺蛳最能保持原汁原味。

清明过后，春韭初裁，挑出螺肉与头刀韭菜一起旺火爆炒，是一道时令小鲜。或与嫩豆腐一起煮羹，也风味卓然。

上海人吃螺蛳的绝技，外地人目为异秉。我认为，若要整治一下对上海男人酸溜溜、嘲叽叽的北方汉子，就请他吃炒螺蛳。面对小小螺蛳，北方汉子的舌尖就笨了去啦，手忙脚乱，就是吃不到壳里的那一小团肉，气得他两眼通红。俗话说，一钱逼英雄汉，移植到螺蛳上面也是行得通的。

前不久，我在松江吃到一款农家菜，螺蛳与河鲫鱼、蛤蜊、毛蟹一锅煮，味道鲜到家了。小毛蟹两螯高举，八脚朝天，一副神气活现的腔调，而螺蛳沉在最下面一声不吭。一帮画画的中年男人都是很会吃的，满世界找锅底的螺蛳，因为此时它吸足了鱼蟹蛤蜊的汤汁，肉质肥腴，味道最佳。

我还吃过一道很搞笑的菜：螺蛳吃鸭。就是鸭子与螺蛳共煮一锅，加黄酒、生抽、盐、糖和两枚干辣椒，螺蛳中渗进了鸭肉的油脂与鲜香味，比家常的炒螺蛳更胜一筹。老板说：平时螺蛳都是被鸭吃的，在这道菜里，我让螺蛳去吃鸭子。

螺蛳有个哥哥，对的，就是田螺。热油锅煸香葱段姜片，再下剪去尾巴的田螺，加黄酒、盐、糖之外还可放些甜面酱，加水稍多，盛起后油光锃亮，赏心悦目。在上海弄堂人家，吃田螺算是盛宴了，一股香气会引来邻居的赞美与艳羡。在城隍庙里的和丰楼等店里，田螺鲜香肥腴，壳薄油亮，顶了一支红辣椒，一碗碗叠床架屋地逗引着四方食客，浓妆艳抹的美眉们跷起兰花指，用牙签挑出田螺肉塞进涂成紫红色的两片嘴唇中，用一句俗得不能再俗的话来形容就是"一道亮丽的风景线"。

听豫园商城集团饮食公司的总经理张耀他说，和丰楼的糟田螺每年要卖出一百多吨！

不过实话实说，现在的糟田螺也不如以前好吃了。过去的水稻田里是可以放养鲫鱼的，为了让鲫鱼活得自在，还在里面放养田螺，有时鸭啊鹅啊也会到水稻田里来找吃的。好在春暖花开时节，田螺繁殖极快，也够聪明，总能躲过鱼和鸭子，不过它终究不够聪明，因为躲不了人。立夏将近，田螺肥硕，农民就会摸些上来炒炒下酒吃。水稻田里的田螺肉头肥厚，壳薄，滋味也好。

现在的田螺是河塘里养大的，吃人工饲料。

老家附近有两家点心店，糟田螺一流。一家是大世界下面的五芳斋，汤包之外就是糟田螺。另一家在柳林路金陵路的转弯角子上，简称"金中"。我常常看到"金中"的师傅将柏油桶改装的炉子抬到人行道上，架起一口大铁锅煮田螺，靠墙的那边是几个女学徒嘻嘻哈哈地剪田螺尾巴。煮田螺是马虎不得的，据师傅说，他们选用的是安徽屯溪出产的龙眼田螺，壳薄肉肥，味道好。采购来后，先用清水养两天，让田螺吐净泥沙，剪尾巴后倒入锅内，加茴香、桂皮、酱油、糖、姜块等佐料，糟头肉当然是不可少的，割两大块扔进去，及至大功告成前，再将陈年香糟捣成糊状投入，稍滚即可出锅。在行人熙攘往来的街上，师傅烧煮糟田螺的细节，带着一点幽默的表情，烘托起都市的流金月岁。

　　糟头肉的作用可以增加田螺壳的亮色，丰富田螺肉的滋味，并使汤面泛一层宝贵的油花，对劳动人民来说这是至关重要的。这种山寨气很重的烹饪方法虽然被上海人取笑，却也是评估糟田螺正宗与否的关键——两块糟头肉浮在汤面上，虽然经汤色浸染，肤色不再白皙，但按照火候的指令，兢兢业业地将油脂析出，去润泽那一只只田螺。是的，它们都来自乡间，或许还是同乡，不过在彼此的生命历程中却是鸡犬之声相闻，老死不相往来。此刻，为了向人们奉献世俗的美味，它们赴汤蹈火，相濡以沫。特别是貌不惊人的糟头肉，真有点蜡炬成灰泪始干的毅然决然了。

　　螺蛳宜旺火快炒，田螺宜文火慢炖。我多次在家里烹制糟田螺，耗时三四个小时，但风味还不如店里的出品，主要是肉质不够酥软。也有人认为店里大锅烩，大铁锅里的小环境特别温暖，容易焐酥，而自己家里只能用小砂锅，或许焖烧煲能够"使命必达"。

　　吃糟田螺可以享受大块吃肉、大碗喝酒的快感。它是粗俗的食物，用大碗装，用手抓来吃，满手油腻、满口酱汁也不碍事。夏天已如约而至，啤酒从冰箱里取出来，与酒香浓郁的糟田螺一起，赞美晚霞中的平民生活。

　　螺蛳兄弟连，上海滩上不能没有你们！

作为备胎的辣白菜

　　辣白菜在很长时间内担当了一个不甚光彩的角色。读者朋友可能会问：貌似美食家的你，为什么要如此糟蹋一棵清白的菜呢？其实不是我故意要这么八卦的。只怪上世纪80年代初的那一幕印象太深刻，无论婚丧嫁娶，酒席上还摆不开今天八冷盆的排场，也没有玻璃转盘，更别说电动的玩意儿了，一般是一个直径十寸的什锦拼盆，各色冷菜堆得小山样高，有熏鱼、白肚、皮蛋、五香牛肉、油爆虾、素鸭、叉烧等，山尖上堆一小撮太仓肉松，远看像富士山。服务员刚往桌子中央一搁，十几双筷子就雨点般地落下，一眨眼工夫盆子就见底了。那情景要说爽，也真够爽的。

　　年轻读者别笑，那个时候咱们中国人民还没有从物资匮乏的阴影下走出来，吃的东西少，肚子里的油水更少，逮着一次机会就放开来猛吃猛喝，别说一座小山，两座大山也照样给你扫平。

　　酒家的收费也不贵呀，一桌酒席收你三十四十就相当狠心了，过了这个标准物价局也会找上门来。大师傅只得在冷菜热炒的原料上节约成本，还要保证让大家吃饱，最好是吃剩有余，主客双方都有面子。在这个指导思想下，大师傅想到了辣白菜。所以无论大小酒家，也无论南北帮派，应运而生的什锦拼盆都以辣白菜为核心内容，先做成一座小山，然后将鱼啊肉啊贴上去，赛过今天改造荒山秃岭铺排的植被一样。客人放开一吃，辣白菜就浮出水面了。而且这玩意儿味道辣，吃起来还不能狼吞虎咽，一不小心就叫你咳嗽打喷嚏热泪盈眶，得悠着点，筷头斯文点，多喝点鲜橘水！

　　辣白菜虽然以实际行动诠释了"绣花枕头一包草"的俗语，但也为上海人保持体面的吃相起到了积极作用。辩证法的灵魂就是一分为二。

　　酒店的这种思路也影响了上海老百姓对家宴的设计，我就是在这种餐饮环境下学会做辣白菜的。选一棵好看一点的大白菜，色泽上，白要白得如山顶的千年积雪，不能带一点点绿叶子，但一掐就会出水的那种。外形上，得紧紧实实，剥一张叶子也不容易找到突破口，松松垮垮的不要。洗净了切丝，菜心留着煮汤。白菜心有苦味，不适宜生食。然后放在瓦缸里，下盐，揉匀，手要不轻不重。没有瓦缸，木桶也行，千万不要放在铝盆里，那会留下一股很腥的金属味。下盐后的白菜丝用纱布包起来，一时找不到纱布的话拆一只卫生口罩也成，打成小媳妇回娘家的那种包袱，上面压一块石头。一小时后，它会渗出不少水。

脱水还不那么彻底的白菜丝可放在一只大碗里，待用。洗一块生姜，刨去皮，切成细丝堆在白菜上。熬油，看它冒青烟了，就将半碗辣火倒下去，吱地一下锅内会飞出许多橘红色的油泡，到处乱窜。飞到邻居家中，王家阿婆就遭殃了，手扶门框不停地咳啊咳啊，真要把你这个小棺材骂死了。所以熬辣油前得跟邻居打声招呼，什么是友好环境？这就是。

辣油熬成了，兜头浇到白菜丝上。对了，事先要搁些糖，搁多少，由自己的口味。然后等白菜丝冷却后再加点醋，多少也由自己的口味。不要加味精，辣的酸的菜，加多少味精都是白搭。

装在盆子里，会看到周边慢慢汪出橘黄色的油，很悦目。家里嘛，就单独让它成为一道菜算了。

辣白菜又辣又酸，吃口爽利，是一道经济实惠的开胃菜，佐酒最妙，裹煎饼吃也别具风味。在寒素的80年代，它是上海人家宴的先头部队。

现在，在上海的本帮饭店里还有辣白菜供应，不过售价与80年代不可同日而语，做起来毕竟要费点工夫，但又不能卖出鹅肝或醉蟹的价格，所以一般酒家不愿做。绿波廊是做辣白菜的，早几年美国总统克林顿访问上海时，在三楼廊亦舫和同僚们吃过一顿工作午餐，八只冷盆里就有一款辣白菜。结果他的大嘴女儿切尔西吃得手舞足蹈，一盆见底意犹未尽，服务员立刻再上一盆。因为这顿饭的标准是每人一百元人民币，这盆辣白菜也不再另收钱了，所以严格说来，是美国总统揩了绿波廊的油。

小吃界四大名汤

中国人评价事物，喜欢凑足一个数字，或四，或八，或十，鲁迅先生当年嘲笑过的"十样锦"情结，如今还存在于日常语境中，影响力巨大。我还发现"四"这个数字的使用频率特别高，比如四大美女、四大名著、四大名旦、四大公子、四大剧种、四大道场、四大公司、四大供石、四大刺绣、四大名捕、四大名导、四大名花、四大名妓……在今天娱乐化的背景下，还有四大天王、四大名嘴、四大乳模……那么我也来凑个热闹，说一说上海小吃界的四大名汤。

上海小吃界，与大吃大喝大醉大呕大放厥词的大饭店大酒楼相对应，乃草根社会之慰藉、之缩影。四大名汤，是上海城市化的结晶，是饮食市场的选择，更是老百姓心中的寒素恩物，自我犒劳，不朽品牌。若按人气排列，允为：油豆腐线粉汤、面筋百叶汤、鸡鸭血汤、咖喱牛肉汤。

四大名汤的历史，说来也就一百多年，它们是随着租界的开辟而登陆上海滩的。初来他乡，张皇环视，举目无亲，语言隔阂，得靠同门精诚团结，胼手胝足，在冒险家的乐园里杀出一条血路，方能咸鱼翻身，做一个体面的新上海人。名汤四兄弟的创业史，其实就是上海移民的奋斗史。

先说老大油豆腐线粉汤。旧时上海多小吃摊和串街走巷的小吃担，连汤带水的小吃中，就有馄饨、糖粥及油豆腐线粉汤。小贩是这样操作的：从南货店买来价钱便宜的海蜇头（海蜇被浙江籍市民买回去烧海蜇冬瓜汤，诚为夏令家常菜式），用纱布扎成一只小包袱，扔进铁锅慢慢吊汤。油豆腐在沸水里焯过，使之发软，并去豆腥气。线粉在水里浸泡后盛在洗得十分干净的杉木桶里。俟开市后，在灶头上置一口深锅，中间用铝皮分隔，一半煮油豆腐，另一半烫线粉。路人叫上一碗，师傅就抓一把线粉放在圆锥形的铁丝漏勺里，浸入锅里烫一下，倒入蓝边大碗，另加剪开的油豆腐若干只，浇上鲜汤，淋几滴辣油，撒些葱花，即可上桌了。喜欢吃辣的，辣火自便。

如果是骆驼担，则在街巷之间叫卖，客人一声唤，小贩就将担子放下，当街操作，盛起后客人当街吃，这小买卖做得相当活络。

油豆腐线粉汤可配干点，比如大饼油条、蟹壳黄、粢饭糕、山东高庄馒头等。四大名汤的特点都是价廉物美，老百姓几十年上百年地追它们绝对是有道理的。后来，海蜒成了稀罕货，卖油豆腐线粉汤的师傅只得改用肉骨头吊汤，干发小海鲜特有的那种鲜味没有了。

老二面筋百叶汤，出身或许要高贵一点。在我小时候，逢年过节拉着父母衣角游白相城隍庙，注意力只集中在玩具和小吃上，印象最深的是面筋百叶汤或桂花赤豆粥。城隍庙的正门东侧有一家老桐椿，百年老店。八扇大门顶天立地，杉木质地，髹朱砂漆，嵌有玻璃，就像老底子石库门的前客堂。直到上世纪80年代，大概因为城隍庙改扩建，才从地图上抹去的。在上世纪二三十年代，它由一个名叫杨桐椿的无锡人开的，以面筋百叶汤——俗称"双档"等锡帮点心为人称道。

两只油面筋两只百叶称为"双档"，投料减半凑成一碗则叫"单档"，也有老上海将单档呼作"鸳鸯"的——风俗性真强！

现在九曲桥边的宁波汤团店还有供应，味道还似旧时。呵呵，在高大上的西郊宾馆，这几年着力开发老上海风味以飨四方来宾，不仅推出微型豆浆配徽子，还有微型双档。

以目前的经济形势论，上海各大商场里的餐饮这一块成了支撑危局的主力军，那么不少风味小吃也在此设点，借船出海，游客就能吃到双档、单档，再配上葱油饼或蟹粉小笼，一顿午饭就相当乐胃了。

老三鸡鸭血汤，也是在城隍庙出道的名小吃。寻根溯源，由一个叫许福泉的小贩首创，他使用一个俗称"铁牛"的深腹铸铁锅烧汤，中间用铝皮隔开，一半烫血，另一半以鸡头鸡脚吊汤。有客人光顾，就从盛器里拨出少许鸡心、肝、肫、肠和小蛋黄，浇上一勺血汤，撒上葱花，淋几滴鸡油，红黄绿相间，煞是可爱，再撒一点胡椒粉，味道更佳。在城隍庙大殿前还有一个名叫"老无锡"的小贩，鸡鸭血汤生意也不错，心、肝、肠、蛋由客人随意挑选。

1973年，流亡到中国的西哈努克亲王到上海访问，在此之前，亲王已经游玩了南京夫子庙，并在那里吃了十二道点心。此番来上海"参观社会主义建设新成就"，接待方安排他白相城隍庙，那么城隍庙的点心当然也应该让他尝尝吧。南市区饮食公司接下这个光荣而艰巨的任务后，从区内各大饭店里调集精兵强将，全力以赴。为了胜过南京夫子庙，还精心设计了一份十四道点心的菜单。

据绿波廊总经理肖建平回忆，参与接待的厨师、点心师要查三代，政治上绝对可靠的才获准下厨房。他当时刚刚参加工作，出身好，又是单位里的培养对象，就参与了这次接待。他说，为了保证点心的质量，黑芝麻是一粒粒拣出来的，瓜仁也要选一样大小的，半粒的不要。

当时还没有绿波廊这家店，亲王与公主是在豫园绮藻堂享用美味的，点心装在竹编提篮里，通过豫园的后门送进去。这一天城隍庙封城，一个外头人也不能进来。

这十四道美点中就有一道鸡鸭血汤，这原是下里巴人的美食，用它来招待亲王，就得精工细作。如何个精法呢？师傅们三下南翔，寻找最最正宗的上海本地草鸡，然后杀了108只鸡才找到所需的鸡卵——真叫是杀鸡取卵了。这个鸡卵并非成形的鸡蛋，而是附着在肠子里没有出生的卵，才黄豆那么大小。黄澄澄、规格一样的卵，配玉白色的鸡肠和深红色的血汤相当悦目。但是当天亲王跟莫尼克公主举办家庭网球赛，打得兴起，一时难以收场，传话出来：明天再去城隍庙吧。于是第二天师傅们又杀了108只鸡。当这道汤上桌时，亲王一吃，赞不绝口，一碗不过瘾，又来一碗。

听了这个故事，我希望它仅仅是一个传说。但当时参与接待的老师傅均言之凿凿，我也只能相信它曾经有过。不过在政治压倒一切的年代里，几百只鸡又算得了什么呢？

今天，鸡鸭血汤最佳者，要数云南南路上的小绍兴。小绍兴以白斩鸡名扬四海，一天要煮几百只鸡，鸡汤鸡什多的是。烧全色血汤，肫肝心肠一个也不能少，装碗后再淋一勺黄澄澄的鸡油，色香味俱全，是老吃客的最爱。有些小吃店号称鸡鸭血汤，用的却是猪血，汤也顶多是用猪骨吊的，不够正宗。

老四是咖喱牛肉汤。老四不必因名列最后一位而委屈，谁叫你以牛肉为原料呢。早先上海本土居民不爱吃牛羊肉，以为腥膻。设宴招待客人，宁上猪头，也不上牛排。开埠后，洋人登陆上海，才有了牛羊肉的专卖店，顾客多为外邦。慢慢的有了买办，有了通事，有了教徒，有了更多的兄弟民族，上海人才吃起了牛肉。实事求是说，牛肉汤以清炖为妙，但为了盖住那股上海人骨子里并不喜欢的膻味，聪明的厨师就用了重味的咖喱。这个方法的另一个好处就是：一锅牛肉汤从早卖到晚，汤的味道只会越来越淡，但是咖喱粉一加，似乎足够浓郁，颜色还是充满诱惑力的。

用心一点的店家，会在大块的牛肉腱子或牛腩煮熟后，将牛肉仔细起出，晾凉后，看准牛肉纹理，切成风都吹得动的薄片，再从大锅里舀出一些原汤来存在

大脚粗料细作成佳味

雞鴨血

上海老味道

铝桶里，等大锅里的汤味渐淡，分作几次添加。偷懒的店家则看到锅里的汤快见底了，顺手将自来水龙头一开，哗哗哗哗！这锅汤经过自来水的多次勾兑和咖喱粉的多次上色，还有多少牛肉味道呢？所以我的经验是，凡锅子上面安装了水龙头的，那味道大致不会美妙。

咖喱牛肉汤是四大名汤里最具异国风采的，价格也最高，它一般与生煎馒头、牛肉煎包、三丝春卷、两面黄等比较上档次的点心配伍。大壶春、萝春阁、四时新等老字号以生煎馒头著称，他们也卖咖喱牛肉汤。

煮牛肉是有点讲究的，煮得过烂，切不出应有的份，生意要蚀本。煮得不到位，肉质偏老，牛筋难断，客人吃起来要塞牙。切牛肉也是技术活，切得薄是必须的，还得斜着纹理切。顺着，肌理长，不易嚼咬。逆着，容易碎成肉末，最终都化在汤里。小学徒吃三年萝卜干饭，也可能不得要领。

过去煮牛肉汤还会加点菜油，油花浮在汤面上赏心悦目，与咖喱互为表里。清真店家的牛肉最干净，他们不会用地沟油，大可放心喝。

上海的小吃界是海纳百川的，汤汤水水多了去，但四大名汤的江湖地位不可撼动，想想还有哪个汤可以取而代之？四大名汤已然成为经典，大上海应该为它们颁奖。

小笼和汤包

　　小笼和汤包是一对孪生兄弟，只不过，今天哥哥的名气盖住了弟弟，弟弟几乎隐姓埋名，退出江湖了。在二十年前，金陵东路上的那家老字号天香斋还是吃客盈门，上午供应小笼，下午供应汤包。小笼每客八只，个儿大，皮儿薄，肉馅儿足，一咬一口汤。汤包也是一客八只，也是半发面的皮子，软韧有劲，不同于它哥哥的是，折裥打在底下，上面光溜溜的赛过和尚头，吃的时候还配一碗清汤。汤包入口，借一口鲜汤再送一程。每天，天香斋的老师傅踏黄鱼车到肉松厂拉一桶煮猪肉的汤来，加点盐就很鲜了。从某种程度上说，这桶肉汤使天香斋驰名遐迩。有些老吃客喜欢把汤包浸在汤里吃，以为正宗，其实纯粹是多此一举。

　　后来，天香斋关门了。此后我再也没有吃到过汤包，只剩下小笼在江湖上独往独来。

　　城隍庙的南翔馒头店是大大的有名，所谓馒头，是旧社会不分大小的叫法，如今大家吃得细，称谓就也不可马虎了，馒头特指大的那种，比如巴比馒头，两只落肚，一顿管饱。小笼的身份确认，就特指一两六只以上的袖珍肉馅包子。

　　南翔馒头店是脉络清晰的百年老店，它创始于清同治年间，至今在中国饮食史上已经走过一百三十年的风雨历程。最初它叫日华轩，是一家专营糕团的小店，老板姓黄。黄老板去出后，家业由他的养子黄明贤继承。那个小老板比他的养父见识要多，脑子比较灵活，眼瞅着糕团生意不行了，就赶快掉头做起了馒头、馄饨。这两样吃食以小麦为皮，馅心都是猪肉的。清末的江南一带，养猪的人家还不少，猪肉并不贵，肉馒头是一种很受欢迎的小食。但刚开始时，肉馒头做得跟今天的巴比馒头一般大小，两个管饱了。只不过黄老板做的肉馒头，质量很讲究，皮子薄，肉卤足，味道鲜，馒头的收口，认认真真地打了十四个裥，非常好看。当地人都叫这种馒头为南翔大肉馒头。后来黄明贤儿媳妇的表弟吴翔昇进店来当学徒，学会了这门手艺，并且顺应当地人爱孵茶馆的习俗，想法子将馒头送进茶馆里卖，但喝茶的人主要是消磨时间的，对吃食的要求就是精细。于是黄翔昇就将馒头越做越小，放在小型的竹笼格里蒸，一口一个，与茶配伍两相宜。这种小馒头就被大家称为小笼馒头。生意火了，吴翔昇的资本也越来越大，后来他又发现，南翔镇这个地方太小，吃馒头的人就这么点嘛，就跟家里商量之后，决定跑到上海去发展。那个时候，开埠已经有四十年的上海，成了一个华洋杂处的大码头，经济发展很快，人口也多，是个饮食消费的大市场。

我们可以想象的是，年轻的吴翔昇将南翔镇上的小店关了，怀揣着原始积累起来的一点资金，带了一个姓赵的师傅，拖着一根细细的辫子，摸到老上海人集中的"城里厢"，在城隍庙转了几圈后，两道极具商业意识的眼光，刷地一下盯住了九曲桥边的那块风水宝地。那可是荷花池畔的船舫厅啊，在潘家的豫园内，它与主要楼群保持着若离的距离，是老爷们吟诗作画唱小曲的地方，也是吃花酒的地方，在豫园破败之后，几经修复，还占据着两面向水的好风光。吴翔昇选中这个地方，还有一个原因，是当时的许多茶馆都开在它的周围，保证了它的客源。

这一年，正是光绪二十六年（1900年）。遥远的北京，皇城根下的老百姓为躲避骑马扛枪拉大炮的洋人们，到处乱窜，而那个保养得很好的老佛爷，正带着皇上"西狩"去了。

处于东南互保政治格局中的上海，此刻却异常的太平，城隍庙里香火旺盛，庙会照常举行，出巡的大汉们照样吆喝得抑扬顿挫，茶楼里也照样人声鼎沸，只不过茶客们突然发现城里的各种小吃中多了一种叫做南翔馒头的袖珍肉馒头。那么，叫两笼来尝个新吧。

船舫厅从此成了一家店心铺子，取名为"长兴楼"，此为南翔馒头落户城隍庙的肇始。

那个时候城隍庙的饮食业已经相当繁荣了，竞争非常激烈，没有独门秘技如何落地生根？这个嘛，吴翔昇当然也有几招，比如选用的猪肉就是黑毛猪，并能根据季节的更迭调整配方，瘦肉与肥肉的搭配比例，放多少肉皮冻都是大有讲究的。店内有一只桌面那般大的银杏木砧墩，由三个师傅鼎足而立，咚咚咚地斩肉，那场面想想也极有气势。南翔馒头店的秘方经过百十年来的不断改进完善，现在成了企业的命根子。

馒头的皮子也是大有讲究的。面粉不发酵，行业内称之为"呆面"，与做包子的"发面"不一样。手工揉得软硬适中，每50克面粉摘成八个剂子。在擀皮子时也是用油面板，不撒粉，这对师傅的技术要求更高，最起码手劲要足。裹了充足的肉馅后，收拢来捏出十四个褶子，侧面看犹如裙边，从上往下看呢，则宛若卿鱼的嘴巴，非常有趣。旺火急蒸，才几分钟就可出笼。连笼上桌时，吃客可以看到半透明的皮子里有淡红色的肉馅在晃动。忍不住一口咬下，有滚烫的肉汁喷射在口中，真是鲜美无比。当然，得蘸着店里配制的香醋和切得极细的姜丝，不仅可解腥，还能提味开胃。

长兴楼的南翔馒头除了堂吃，还由伙计送到附近茶楼里，老茶客吃了赞不绝口，名声一点点传遍城内外。大家嫌长兴楼的店名过于文雅，口口相传时都叫南翔馒头店，于是老板依了众人的习惯，就叫馒头店了。

现在，在游人如织的九曲桥边想吃一口小笼，就会知道"钱不是万能的"这句话确实是很有道理。你兜里有钱是不是？但小笼面前，人人平等，要吃就得排队。你要大款，上楼吃去，那里价格翻一番，但也还是要排队。衣冠楚楚的男女，就像在医院里候诊那样，正襟危坐在走廊里，伸长脖颈期盼服务小姐的那一声落座指令。

我与太太每次去吃南翔小笼，都被长长的队伍吓退，拐至左近的点心店叫两笼来煞一煞馋虫，味道自然与想象中的相去甚远。而南翔馒头店门口，从早到晚，无论寒暑，老百姓买了盒装的小笼当街吃，其中老太太与老头子争来吃，美眉要男友喂着吃，此一和谐社会的温暖情景为都市新风尚作出了形象的诠释。

上周，我与太太再次来到南翔馒头店，可能是下午三点左右的空档，总算在二楼一个餐厅里吃到了心仪已久的小笼。但令人不解的是，每人的消费不得低于25元，据说在另一个装潢最豪华的餐厅，每人标准还不得低于50元，我们还算幸运的。于是识相点闭嘴，点了几个品种。吃下来，自然是鲜肉和蟹粉的最具特色。

在有的点心店吃小笼馒头，常发现因为皮子的配方不对或蒸的时间不对，已经不堪拉扯了，筷头一碰即破，卤汁溢出后，小笼的味道已经走失大半。而南翔馒头店的皮子有足够的韧劲，筷子撮不破。小心撮起，先咬开一小口，吮出滚热的卤汁，体味一下它的鲜美和丰腴，再在醋碟里稍滚一下，吞下细嚼。有些老外不解风情，心急火燎地一口咬破，卤汁差点飞溅到邻座的美眉脸上，非常狼狈。我还看到一女老外，将筷子竖起，一箭中的戳进小笼中间，滚热的卤汁顿时四下流散。对这种正宗洋盘，我只能摇头。

在楼梯的拐弯角，一个半平方米的小房间里，挤了三四个姑娘在低头拆蟹粉，以示货真价实。

1986年英国伊丽莎白女王访问上海时游玩城隍庙，就在南翔馒头店厨房外被师傅们包小笼的飞快动作所吸引，陪同人员事后说："老太太看傻眼了，居然停留了三分钟。"1994年，来上海访问的加拿大总督纳辛蒂也乘兴游玩城隍庙，在经过九曲桥时看到一群人围着南翔馒头店，问陪同什么事，陪同就跟他简单地介绍一下南翔小笼的来龙去脉。此时正好出笼，热气蒸腾，好客的服务员将一笼小笼送到这位总督面前，他也不客气，搛起一只送进嘴里，虽然烫得他龇牙咧嘴，但从事后的照片看，还是相当满足的。

所以，站在街上吃小笼不算丢人现眼。

鸽蛋圆子和擂沙圆

今天再到城隍庙寻找桂花厅的游客一定会失望，因为鸠占鹊巢之故，这家百年老店现在成了宁波汤团店了。

想当初，桂花厅店招还高悬于市的时候，以独家经营鸽蛋圆子出名。这一小吃外形如鸽蛋，玲珑剔透，咬开香糯软韧的皮子，一股清凉爽口的薄荷水喷入口中，实为老少咸宜的夏令冷食佳品。别轻看这小小的鸽蛋圆子，做起来是有诀窍的，关键就在于熬制糖油，要把白糖熬成糊状，不能过老，也不能过嫩，看看时间差不多了，再加入薄荷香精后不停地翻炒至完全冷却。这糖油成馅后包在水磨糯米粉里做成形如鸽蛋的圆子，圆子入锅煮熟后馅心就成了液状，但稀奇的是圆子出锅后必须马上用冷水冷却，以确保馅心不结成硬块，故而一口咬破，会有丝丝凉、透心凉的糖水喷出来。

鸽蛋圆子是上世纪30年代由一个名叫王友发的小贩创制的。这个王友发是苏州人，有足疾，走路不利索，南下后在松江一家皮鞋厂里当学徒，后来不甘心一辈子做一个小皮匠，就跑到上海老城厢来创业。做什么生意呢？他看到城隍庙人流实在是大，逢到庙会时更是"轧煞老娘有饭吃"，是做小吃生意的旺地。王友发对甜食制作略懂皮毛，一开始他做点苏式的花生糖、枣子糖、糖山楂等提篮叫卖。冬天生意倒也可以，一到夏天，糖品在高温环境下容易溶化。于是他动脑筋试制了鸽蛋圆子，在家中做好后每天清早出门提篮叫卖，并穿梭于茶楼书场，五枚铜板买三枚。客人一试，软糯适口，妙的是有一股薄荷糖喷射在口腔里，在大热天吃令人神清气爽，一时哄传，生意奇好。

后来这个点心的配方由桂花厅的师傅继承下来，在店内制作供应。当年上海滩上有名的"潮流滑稽"刘春山常在老城隍庙举行庙会时在桂花厅前唱"潮流滑稽"——街头脱口秀，吸引了不少路人。游客一边吃鸽蛋圆子，一边看白戏，把桂花厅的生意带上去了。

现在，这款名小吃在宁波汤团店有买，鸽蛋般大小的圆子躺在透明的塑料盒子里，上面撒了几粒白芝麻，下面垫一张碧绿的粽箬，看看也悦目赏心。根据不同季节，每天做几十盒，卖光算数。我每次逛城隍庙，必定要去买一两盒回家解馋。有一次在家招待外国朋友，就买了鸽蛋圆子和桂花拉糕做点心，结果老外吃了眼睛都发直了，还把吃剩的几只打包带走了。但要是下午去买，常常落空。为什么呢？因为鸽蛋圆子得现做现卖，隔一夜风味尽失，而许多顾客并不知道它的奥妙，店家也相当无奈，每天的供应量只得递减，现在即使在节假日也只做三十盒，纯粹是虚应故事了。在此提醒各位：要吃鸽蛋圆子，得赶早。

圆子干吃，除了鸽蛋圆子，还有乔家栅的擂沙圆。据老上海回忆，创始人是一个名叫李一江的安徽人，人称"小光蛋"，清宣统年间到上海来讨生活，先是挑担串街叫卖徽帮汤团，后来在凝和路乔家小弄（百子弄）栅门旁有了一个固定的摊位。经过若干年的打拼，生意做大后，"小光蛋"就借了栅门内街面双进市房一间，开了一家永茂昌点心店，但市民为便于表达和记忆，都将永茂昌呼做乔家栅。擂沙圆是这里的名点，开始是将包有豆沙、芝麻的汤团煮熟后沥干，滚上一层熟赤豆粉趁热吃，风味独特。上海人将汤团上粉的动作称作"擂"，于是这款小吃就叫做"擂沙圆"了。后来还有一些小贩每天到李老板那里批发擂沙圆，串街叫卖，辐射远近，老城厢其他地方的市民也可享此口福了。

擂沙圆可作为快餐外卖的初级教程。因为这道点心当初是可以送进茶楼书场的，不需要任何餐具，如果宁波汤团连汤带水送进去，不仅麻烦，还可能给势利眼的伙计赶出来。

我敬佩的台湾老作家唐鲁孙在一篇文章里回忆乔家栅和擂沙圆："上海乔家栅的汤圆，也是远近知名的，他家的甜汤圆细糯甘沁，人人争夸，姑且不谈；他家最妙的是咸味汤圆，肉馅儿选肉精纯，肥瘦适当，切剁如糜，绝不腻口。有一种菜馅儿的，更是碧玉溶浆，令人品味回甘，别有一种菜根香风味。另外有一种擂沙圆，更是只此一家。后来他在辣斐德路开了一处分店，小楼三楹，周瘦鹃、郑逸梅给它取名'鸳鸯小阁'，不但情侣双双趋之若鹜，就是文人墨客也乐意在小楼一角雅叙谈心呢。"

小时候吃过妈妈做的擂沙圆，糯米圆子外面滚的是黑洋酥或者黄豆粉，没有一次是赤豆粉的，但想象中赤豆粉应该不比黄豆粉差。

我现在走遍城隍庙也没找到这款小吃，原来是建国后迁到中华路的乔家栅，又在近年因为地块动迁，搬到陆家浜路会景楼底层，城隍庙内已经不见它的踪影了。至于令人想入非非的"鸳鸯小阁"，自我识字起就一直没见过。前年我去日本，在人头攒动的东京浅草寺领略"江户风格"的大摊档，意外发现有人现做现

卖擂沙圆、卖擂沙圆……

上海老味道

卖一种滚了赤豆粉的糯米团子，我买了一盒，用竹签挑起一尝，软糯和甜度十分适口，黑麻馅，红豆馅，这不就是上海城隍庙的擂沙圆吗？中国的美食居然要跑到日本才能吃到，想想我当时有多郁闷呀！

其实，精明的生意人应该知道，一种值得传承而且物美价廉的风味小吃，可以为店家带来旺盛的人气，更是一种可以挖掘开发的人文资源。乔家栅如果不能重返城隍庙，至少可以将这个品种引进嘛，鸽蛋圆子能借宁波汤团店"曲线救国"，至少争到了一个非遗名分，那么擂沙圆为什么不能呢？

青鱼秃肺、汤卷以及"爧鸟"

许多人不知道"秃肺"两字是什么意思，其实它就是一道用青鱼的肝做的菜。

"秃"字，在老上海的方言中有"纯粹"、"独有"、"全部"的意思，秃肺，就是全部用鱼肝做的一道菜。上海不是还有一道很牛逼的秋令风味吗——"秃黄油"，全部用蟹黄蟹膏炒成一份，拌上雪雪白、亮晶晶的新米饭，吃得满嘴流油，飘飘欲仙。鱼的肺呢，其实也不真是肺，就是鱼肝。木渎石家饭店不是有一道"鲃肺汤"吗，就是用鲃鱼肝做的。不过，青鱼秃肺在魔都怎么看都像是一个另类的存在，没办法，个别同志就好这一口。

这道名菜是这样制成的，取活青鱼（潜伏河底专吃螺蛳的"乌青"，或称"螺蛳青"，不是寻常的草青）宰杀后，剥取附在鱼肠上的鱼肝待用，每条青鱼才这么一点点，得凑足十余条鱼肝厨师才肯接单。所以在城隍庙上海老饭店吃这道菜，得提前几天电话预订，店家每天只供应三四份，卖光算数。

此菜还受季节制约，得赶在秋、冬、春三季乌青的肥壮期实现食材的终极价值，且每尾乌青的重量须在2000克以上。鱼肝太小，猫也不理。死鱼腥气，更不宜录用。

如果用现代人的话语来描述的话，此菜的知识产权还属于老正兴。话说清朝末年，老正兴真是生意兴隆啊，以致后来有许多"新开豆腐店"都称自己是老正兴的分号，弄得老正兴打侵权官司都忙不过来，只得在招牌上写明白：起首老店，别无分出。那会儿，上海人还不知道开加盟店，更不知道名牌输出是咋回事，白白地放走了一大笔银子！

就是这家坚称"别无分出"的正宗老正兴，治河鲜的手段绝对超一流，尤其以下巴划水、红烧肚裆等名菜笑傲江湖，无以比肩。当时上海所有酒家用的河鲜家禽，都须活杀，老正兴青鱼用得多，青鱼内脏也就多，内脏腥味重，不能成菜，只好扔掉。这个时候，高人出场了。这个高人就是杨庆和银楼的老板杨宝宝。杨宝宝的名字有点搞笑，赛过大世界唱滑稽戏的，事实上是无可争议的美食家。杨宝宝是老正兴的常客，红烧肚裆是他的性命，看到青鱼内脏就这么扔掉，未免有点心痛。他跟大师傅说："这么嫩的鱼肝，也可以做一盆菜啊。"

厨师听了他的话，就鼓捣起来。师傅直取七八斤重一条的青鱼的鱼肝，洗净后加笋片、葱姜等入油锅略煎一下，再加调味，以浓油赤酱路数烹治，成菜香气扑鼻，肝体细腻无比。又因为在烹饪过程中鱼肝汩汩渗出大量鱼肝油，使此菜具有很高的营养价值，能补气明目。经过数十次的试验，老正兴的伟大名菜——青鱼秃肺终于研制成功了。师傅专门请杨宝宝来试吃，这个老饕举箸点尝后咂咂味道，吃口肥嫩滑口，咸鲜带甜，表示认可，此后也经常用青鱼秃肺招待自己或朋友。

杨宝宝在当时的餐饮界绝对是意见领袖，他认可的名菜，岂有不尝之理，老正兴附近的报社编辑、记者也前来争相品尝，再弄一篇文章吹捧吹捧，于是，青鱼秃肺名满申城。

说到这里容我补充一点，不少人以为老正兴是靠本帮菜暴走江湖并立身扬名的。不对，老正兴始创于清代同治年间，那个时候还没有本帮菜一说呢。它是以苏锡菜立足上海滩的，善治河鲜和家禽，素有"活鲜大王"的美誉。从上世纪70年代起，苏锡帮在上海莫名其妙地"卧床不起"了，苟延残喘之际，只得投靠本帮阵营。后来，青鱼秃肺这道经典名菜如何归在老饭店的名下，我也弄不明白。十多年前我去老正兴吃饭，翻烂他们的菜谱也找不到青鱼秃肺，更奇怪的是，对我的疑问，从大堂经理到服务小姐均一脸茫然。前不久有朋友兴冲冲地告诉我，老正兴也有秃肺了。

新闻界老前辈、新民晚报总编辑赵超构先生在老饭店品尝了青鱼秃肺后著文写道："所谓秃肺，其实非肺，而是鱼肝，此物洗净之后，状如黄金，嫩如脑髓，卤汁浓郁芳香，入口未细品，即已化去，余味在唇在舌，在空气中，久久不散。"这是老文化人，也是老吃客的真切感受。

我好几次在老饭店招待客人，或许是临时抱佛脚，都没吃到这道名菜。后来听说刘国斌兄认识楼面经理，就请他帮忙，一只电话搞定。青鱼秃肺入口，不须劳动牙齿，舌尖一顶"天花板"，就溶为甘露琼浆，再进一杯古越龙山十年陈，俨然跻身老克勒行列了。一盘秃肺卖出，余下的肚裆和尾巴做爆鱼和红烧甩水，价廉物美，群众欢迎，现在私房菜不是很流行吗，能做好红烧甩水的几乎没见过。

今天，一盘青鱼秃肺的售价是298元，作为经典名菜的价值，就在于厨师对河鲜的完美诠释，可惜味道不如从前了。有一次与吴越美食界前辈华永根先生说起此事，他说原因就在于野生乌青几乎绝迹，过去苏州几家老字号饭店也有此菜，取野生乌青，味道绝对鲜美。华先生还不无遗憾地说："苏州的青鱼秃肺吃口嫩肥，也很有名，现在已经无处可吃了。上世纪四五十年代苏州还有一道用青鱼做的名菜：去骨糟卤划水，糟香扑鼻，鱼尾无骨，又能保持原状，如今也不见踪影了。还有一道水晶脍，也只能看看老菜谱而神驰一番了。"

有一次我在永福路上一家装潢得非常豪华的饭店里看到有青鱼秃肺，虽然价格昂贵，却如他乡遇故人，马上点来一尝，却是满嘴腥味，鱼肝虽然也算酥嫩，但一碰即碎，不能成形。山东来的朋友本来听我吹得天花乱坠，吃了一口就搁下筷子，叫我大丢脸面。从此又懂了一个做人道理：自己的口味并不能代表别人的口味。

偏偏这家店，在去年米其林上海首秀时得了两颗星。美食侦探吃没吃过青鱼秃肺啊？倘若没吃过，或者吃不出其中的奥妙，回家卖红薯算了！

有人吃青鱼的胆，以为可以明目清火，不料一粒入肚，脸色立刻发白，一头扎进卫生间，耽误时间送医院的话，小命也搭上了。青鱼的肝无毒，可以吃。

本帮厨师有两个方面值得肯定，一是善治动物内脏，二是善用酒糟，糟钵斗、余糟、煎糟、糟扣肉、糟鸡、草头圈子、白切肚尖、炒虾腰、下巴甩水、青鱼秃肺……都成了经典名馔。与秃肺相比"下真迹一等"的大概就是汤卷。汤卷，小青年中有吃过的大概很少吧，我也只吃过三四次，当初印象不佳，随着年龄的增长，则越发思念。汤卷是用青鱼（草青、花鲢鱼等均可）的头、肝、肠、子还有气泡等下油锅，加蒜头、姜片一起煸炒后红烧，最后加粉皮的一道汤菜，旺火油煸，文火煨煮，装碗后撒一把青蒜叶，浓油赤酱的农家风味，宜酒宜饭，芬芳馥郁。华先生曾向我强调："汤卷本是姑苏风味，也叫卷菜。《随息居饮食谱》里指出：青鱼内脏除了胆不能食，其他都能入烹。"

还有一次我与陆康、忠明、继平诸兄专程去昆山巴城老街酒楼吃饭。老街酒楼的顾老板是我们共同的好朋友，雅好书画，风趣诙谐，待人绝对掏心掏肺的热忱，叫他当了衣服换酒给朋友喝也不会打个嗝愣。知道我口味奇葩，就嘱老板娘烧了一道鱼子鱼泡上来。十二寸的大盘子，堆满了不上台面的"零部件"，硬结结的鲤鱼子，软糯糯的青鱼肝，韧吊吊的花鲢泡，浓油赤酱的口感丰富而扎实。食材新鲜，烧得用心，加了蒜头和姜片，一点也没有鱼腥味。吃不停的节奏啊，最后相扶而醉。

但是这个老顾啊，不管谁埋单，也不管你刷卡还是现金，就是不肯收。我们扔下一叠钱夺门而出，他大呼着一路追来，街边坐着闲聊的大妈们也不知怎么回事，个个惊诧。一直追到桥上，高高的石拱桥上，两个人你推我挡，像煞了"双推磨"，弄不好连人带钱一起掉进河里。此时又有一阵呼声从岸边传来，老板娘双手提着几只燠鸭，跑得满面通红。啊呀，白吃白喝还要让你带走，这对夫妻哪里是做生意呢，简直就是败家！

　　对啦，这燠鸭也是昆山风物。"燠"是古法，将食材埋入灰火中煨烤至熟的烹饪方法就叫做"燠"，春秋已有，此后演变为将鸡、鸭、肉等原料，调以五味加水用文火慢炖。在江南的嘉定、苏州、太仓、昆山等地也有燠鸭，但巴城的燠鸭却是用白汤制成。白汤以猪蹄、老母鸡吊成，但还须有老卤来点化。老卤是用三十多种芳香型中草药配制而成，当地中药房里有配好的药包，每副也就几元钱。当地人进得药房，朝柜台上喊一声："来一副燠鸭！"柜员就拉开抽屉取出一包草药来。

　　燠鸭选用散养的青头麻鸭，个头不大，皮下脂肪较薄，肉质鲜嫩，纤维适中，改刀后刀面呈浅浅的桃红，在口中盘桓，一股含有草药芬芳的肉香便在唇齿间发散。

　　与别处稍有不同，巴城人在做燠鸭时还会拿几只锦鸡、山鸡或鹌鹑埋入锅里提香增鲜（这与传说中腌金华火腿时每缸放一只狗腿如出一辙）。每次张罗我们吃饭时，老顾都要强调：桌上的那只散发着奇香的碟子是老板娘亲手做的。

　　巴城人将野鸡和鹌鹑一律叫做"吊"，这个字在《水浒》里有，写作"鸟"，读作"吊"，上海人听得懂，报以切切地笑。老顾还说："我喜欢单独做一锅燠鸟，中药房也有专门配方。"

　　想象着憨厚的老顾一脚踏进药房便朗声高呼："来一只吊！"那不等于骂人吗？但店员还是乐呵呵地拉开抽屉，"看好了，你的吊！"跟着嗖地一下，一个药包飞到他面前。老顾当然配得出燠鸟的方子，他去，无非是会会老朋友，递上一包红中华，说说镇上的消息。

相当八卦的八宝

八宝鸭在上海人的心目中是一道节庆大菜，被赋予了不同寻常的意义。"八宝"一词，在中国的民俗中素来代表丰富与吉祥，古典家具中就有八宝螺钿嵌的工艺，建筑、瓷器、刺绣、竹刻等装饰纹样中也常见八宝图案。那么鸭子的"八宝"从何说起呢？在1887年重修的《沪淞杂记·酒馆》中有记载，八宝鸭是上海苏帮菜馆的名菜，取鸭肉拆出骨架，塞入馅料蒸制而成。但此菜何以转换门庭成为本帮菜的压轴大戏呢？

有一个故事颇有卖点，相传上世纪30年代，一个老顾客到城隍庙老饭店吃饭，酒足饭饱后对一位姓黄的厨师说，虹口有一家饭店供应一款八宝鸡，味道不错，吃的人也不少。厨师告诉了老板，老板就派遣"暗探"去买一只回来仔细分析。鸡肚子里有莲子、火腿、开洋、冬菇、栗子、糯米等辅料。哦，所谓八宝就是这么回事啊！于是老饭店的师傅也试着做了几次，并将原来的老母鸡由拆骨改为带骨，改红烧为油炸后上笼蒸透，使主辅料相互渗透，鸡肉酥软，吃起来味道果然更胜一筹。

后来老板想到八宝鸡的版权是别人的，万一卖到火了，人家告上门来颇为麻烦，就将鸡改为鸭，一道传世名菜就此出世。

如今老饭店的八宝鸭有标准规格，选用520克至560克一只的江苏草鸭，所谓的八宝有鸡丁、火腿丁、鸭肫丁、冬笋丁、香菇丁、杏仁、栗子、干贝等，每样辅料约50克。与洗净的250克上等糯米一起拌匀，加酒、盐、葱、姜等调味，塞入鸭膛内，再把膛口缝好，下油锅炸四十分钟，然后取一只笼屉，小心垫上粽叶，将鸭子放在上面蒸四小时以上，待到出笼，哈哈！香味四溢。

凡到老饭店来吃饭的客人，四五人以上，点这道菜是比较讨巧的。有些客人吃了意犹未尽，再买一只带走。有一年大热天，日本相扑来华公演团的三位选手——其中一位日本籍蒙古选手还是横纲级别，相当于冠军，牛气冲天。他们三人顶着带髻的发式，身穿晃荡晃荡的缂丝和服，足蹬一路滴呱作响木屐逛了一圈城隍庙，拐进老饭店吃饭，点了一只八宝鸭，嗯，味道不错啊！又点了一只，后

上
海
老
味
道

来又点了一只。相扑运动员的饭量是蛮吓人的。

后来听说老饭店在某次烹饪大赛上制作了葫芦八宝鸭，一举获得金奖。这道菜的思路是大菜精做，取鸭头颈上的一段皮，塞进八宝，两头封口，然后用青葱拦腰箍紧，扎出一只小葫芦的样子，接下来的做法与平时的八宝鸭无异，油炸后上笼蒸透，每人一只。但我想，鸭头颈的表皮有很粗糙的毛孔，外观上就输人一筹，再怎么做也不会好过整只的八宝鸭吧。如果我是评委，对这种画虎不成反类犬的创新菜，只能给一个低分。

老饭店里还有一道菜：八宝辣酱。这道辣酱颇具海派特色，食材包括腿肉丁、笋丁、香菇丁、香干丁、猪肚丁、鸡胗丁、开洋，大火收汁后盛盘，上面兜头盖上一勺另做的清炒虾仁，有白雪压顶之美。看上去食材边缘汪出一圈红油，其实并不很辣，四川人、江西人、湖南人若是一吃，必定大皱眉头：这算什么辣酱，非但一点也不辣，而且还有点甜津津！

但是上海人喜欢吃。上海的女当家谁不会做辣酱啊？八仙过海各显神通，但又万变不离其宗，这个"宗"，就是老饭店的这盆八宝辣酱。除了常用的几种食材，还可以加点白果或茭白，最好再加一勺油炸后冷却的花生仁，脆、香，下酒一流！

点心方面，还有八宝饭和八宝粥。八宝粥我另外单说，这里就说说八宝饭吧。

八宝饭在"文革"时被革过一回命，跟阳春面只许叫"光面"一样，八宝饭也只许叫"甜饭"。不过不管你怎么叫法，豆沙馅心与顶上的红丝绿丝是少不了的，本质上仍然又香又甜又糯。北方人从小吃烙饼、馒头、水饺，对糯米的感觉不敏感，市场上几乎看不到八宝饭，那么外地人来上海过春节，吃了八宝饭后一定会赞不绝口，印象深刻。八宝饭为上海加分不少。

八宝饭以乔家栅、王家沙、杏花楼、新雅等出品最佳，临近春节，八宝饭就列入主妇的采购计划。过春节怎么可以没有压岁钱、水仙花和八宝饭呢，一桌筵席热热闹闹，最后就靠它画上圆满句号了，一人一勺，回味浓浓。

八宝饭在冬天可搁置一段时间，不少人就买几个放着应急，实在买不到，就自己做。我做过几回，从食品店里买来现成的豆沙，糯米饭烧软些，用熟猪油炒匀，冷却待用。取一只蓝边大碗，搪瓷碗也行，在碗底抹层熟猪油，巧妙布排蜜枣、糖冬瓜、核桃仁、瓜仁以及红绿丝，我看到邻居小姑娘将蜜饯铺成一个"福"字，太厉害了。然后在碗底铺垫一层饭，中间嵌入一大坨豆沙，上面再盖

店飯老

本幫百年老店

承辦喜慶宴席時令名菜

薄薄一层饭。临吃前入锅蒸透就行，取出，合扑在白瓷盘里，脱碗而出，有形有款，招待客人，十分体面。

进入互联网时代，八宝饭也百花齐放了，椰蓉、紫薯、南瓜、板栗、奶酪、蓝莓、枣泥等都可以形成八宝饭的核心竞争力。最近在城隍庙绿波廊吃到一款八宝饭居然是咸的，馅心与八宝鸭里的内容相差无几。八宝饭原来也可以如此八卦啊。

前不久我在某公馆吃私房菜，老板娘特别客气，上了一道八宝肚。味道不错，我就记了几笔，现在供各位分享。

选一只厚实一点的猪肚，洗洗干净，剥去肚子内壁的猪油，将鸡丁、火腿丁、鸭肫丁、冬笋丁、香菇丁、杏仁、栗子、干贝等辅料和浸过一夜的糯米一起拌匀塞进去，不用油炸，只须放在一口深锅里，水浸没肚子，不能露出来啊，露出部分会发黑，卖相就不好了。汤里加十几颗白胡椒粒，少许盐，慢慢煮三小时，但经常要去看看，筷子戳戳，如果煮熟了就马上端走。

捞出肚子后改用炒菜锅子上色，加生抽、老抽、白糖等适量，经常翻转，煮个半小时也就差不多了。取出冷却，然后切成厚片，装入大碗中，旺火蒸十分钟后上桌。每人一片，香气四溢，肚子有韧劲，肚内的八宝也相当有嚼头。

虾子大乌参

如果在城隍庙的老饭店摆酒席，这道名菜非点不可，否则会被别人认为有怠慢客人的意思。这么说，好像有点为老饭店做广告的嫌疑。其实是我本人有此体会，好几次在那里请客，怕北方客人吃不惯浓油赤酱，赶快将此页菜谱翻过去。结果事后朋友说我小气。

关于这道名菜的创制，老上海跟我讲起一段故事。1937年淞沪会战历时三个月之久，后来中国军队南撤，市内公共租界和法租界沦为"孤岛"。其时，小东门外法租界洋行街（今阳朔路）一批经营海味的商号生意清淡，对外贸易中断，原来销往港澳及东南亚的一批大乌参积压仓库。此事被德兴馆的著名厨师杨和生获悉，便以低价采购了一批，然后在店里以本帮菜的原理进行试制，从选料、涨发到烹调，一次又一次试验，终于创制出一道具有本帮菜风味的"虾子大乌参"，一炮打响，不少社会名流尝后广为传播。后来上海浦东三林塘人李伯荣来城里学生意，拜杨和生为师，成为名菜虾子大乌参的衣钵传人。李伯荣在建国后是老饭店的当家主厨，按现在港台的说法行政主厨，通过他与一班徒弟的精心研制，精益求精，使虾子大乌参的质量又上一个新的台阶。

海参有很多品种，老饭店采购大的乌绉参，色乌、肉厚、体大，一般500克干品有五至六头。其次，当每年六七月间子虾上市，他们就专门去太湖选购个头大的青虾，自行剥制虾子，烘干后置于冷库供全年备用。这种河虾子有芳香味，鲜味也足，是形成特色风味的重要因素。

海参本身并无鲜味，故而要将辅料的滋味烧进去，烹调一环就显得相当重要。老饭店的厨师先将干乌参置于炉火上烘焦外皮，用小刀刮净后放入清水中涨发十余小时，然后洗净用清水煮沸，反复三次，以期洗净消腥，肉质柔软，浸于清水待用。烹制时，先将备用的大乌参放入八成热的油锅中炸爆，使参体形成空隙，便于入味，然后捞出乌参滤油；再用猪大排、草鸡等原料加红酱油煮的红高汤卤作调料，配以河虾子以及黄酒白糖，在加盖的锅中煮十分钟后，加适量的水淀粉，勾芡再加入滚热葱油，盛于长圆形瓷盘中，色、香、味俱佳。

十年前我采访过这位名厨，他的理论就是本帮菜中的河鲜，一定要煸香烧透，才不会有腥味。他还透露，过去大乌参是在最后用红烧肉的卤打开芡汁的，现在以喷喷香的葱油增亮。有一次李师傅带领一班徒弟北上参加全国烹饪比赛，他烧了一盆虾子大乌参。出锅后的大乌参哧哧作响，温度非常高，而北方天气寒冷，冰冷的瓷盘遭遇滚烫的乌参后，一下子爆裂。赶紧换一只瓷盆，仍然爆裂，最后李大师叫人将瓷盘送进微波炉里转一圈，总算成了。

　　虾子大乌参以其丰富的营养、糯软滑柔的口感和鲜香浓醇的滋味，令人百吃不厌，老少咸宜，八十年来一直是本帮菜的金字招牌。现在供应虾子大乌参的本帮饭店也不少，但出品最佳的仍属老饭店不让。有一次我在西郊五号吃到一道脆皮虾子大乌参，个头大，肉质饱满，富有弹性，以本帮菜的古法烹治，色泽红亮，卤汁紧包，但因为食材质地厚实，吃时必须用刀划开，当一大块乌参欲分未分时，可以看到丝丝缕缕的细线在颤悠悠地晃动，藕断丝连的样子，并闪烁着水晶般的光亮。入口后，与老饭店的乌参不一样，它相当弹牙，有适当的嚼劲，滋味有层次感，一改我以前对大乌参的印象。帅哥总经理孙兆国告诉我：这个乌参来自新西兰。

　　2006年春节前，朋友送我三只大乌参，太太拿到一家饭店里请师傅代发，发好的乌参赛过一支大萝卜，拿在手里沉甸甸的，叫我豪情满怀。大年初三请朋友吃饭，我按照老饭店的办法烹制一头，以山东的章丘大葱代替虾子，也浇得浓油赤酱，芡汁红亮，用一只特大腰形盆盛起，场面相当隆重。谁想到大家举箸一尝，一股涩味将舌头大大地刺激了一番。原来那个师傅没将乌参的表皮烘焦后刮净，再则，太太拿回家后也没有在水里浸透，含有不少沙子，再怎么浓油赤酱也难以挽回败局，弄得我很没面子，差点儿钻桌子底下。

内脏并不脏，味道交关好

上海人向来胆小如鼠，但美食当前，却常常是"明知山有虎，偏向虎山行"。比如内脏，医生认为此种下脚货高脂肪、高胆固醇，吃了不利于健康。嘿嘿！上海人就是看作性命。本帮菜之所以让人一膏馋吻，终生难忘，就因为经过一百多年历代名厨衣钵相传，出了好几只用内脏做的名菜，比如草头圈子、炒猪肝、酱爆腰花、糟钵斗等。

草头圈子以猪直肠为食材，取其肥厚，洗净焯水，切段后下高温油锅，稍煸后加葱姜调料，转小火焖一小时以上，再改大火收汁勾薄芡，碧绿生青的生煸草头（苜蓿）打底，兜头盖上浓油赤酱的圈子，在热油哧哧冒泡声中上桌，筷子一夹，入口即化。如果觉得油水太足，就再撮一筷鲜嫩爽脆的草头，味道即刻得到中和。本帮馆子若是没有这道菜，就别跟人争江湖地位。

炒猪肝档次较低，过去是路边饭摊上的压饭小菜，亦是浓油赤酱底色，劳动人民出卖体力，需要油水来增益动力源啊。猪肝去膜后切片上浆，旺火爆炒，临起锅前撒一把青蒜叶，那个香气啊，飘满了半条街。

酱爆腰花档次比较高，猪腰批净腰臊（这是关键步骤），利刀剞出菱形花，沸水一焯去除臊腥气，并让腰片绽放出一朵朵鳞片似的"腰花"，再入油锅颠炒。可清炒，也可加冬笋片或韭菜段等。总之，断生即可出锅，趁烫入口，享受它的嫩滑与香脆。近来有些本帮馆子还从扬帮馆子中偷来了麻酱腰片这道著名冷菜，点击率也相当高。扬州饭店还在南京东路的辰光，每天要卖出一百多道麻酱腰片，我曾在他们的厨房里看到四个厨师面对面地清理腰片，那是扬州饭店的黄金岁月。是的，清理腰片是技术活，在此剧透一下，腰子批净腰臊后，还须在自来水里冲洗一小时。这是厨师不会告诉你的秘密噢！

对了，白切肚子也是逢年过节时必不可少的精妙冷盆，在上海郊区的农村尤其重视，白切肚子要取肚尖部分，切阔条装盆，蘸酱油吃，醇厚扎实，腴香满口，大口咀嚼，满脸幸福。吃了本帮的白切肚子，就不想再吃川帮的麻辣肚丝了。

如果我上本帮馆子吃饭，以上几道菜是必点的。如果人多，而且臭气相投，那么再来一道大菜——糟钵斗。当然，此物小馆子不会弄，非老正兴和上海老饭店不能为也。

　　糟钵斗是一道古董级的名菜，相传始创于清代嘉庆年间，由浦东名厨徐三首创。清代《淞南乐府》曾有记载："淞南好，风味旧曾谙，羊胛开尊朝戴九，豚蹄登席夜徐三，食品最江南。"这是竹枝词，当时的流行歌曲。后面还有注释："羊肆向惟白煮，戴九（人名）创为小炒，近更以糟者为佳。徐三善煮梅霜猪脚，迩年肆中以钵贮糟，入以猪耳脑、舌及肝、肺、肠、胃等，曰'糟钵头'，邑人咸称美味。"到清代光绪年间，老饭店和德兴馆等本帮饭店烹制的糟钵斗已经驰名沪滨。

　　想象徐三此人，应该是肥头大耳的本地人，最喜吃肉，而且一吃便是一大碗。这是感情问题，否则不会想到用猪内脏做菜，而且做得如此出色。早在乾隆年间，徐三就开始取猪脚暴盐加糟制成所谓的"梅霜猪脚"，后来与时俱进，不断添加材料，并盛入钵斗中，终于成就了糟钵斗这一名馔。

　　据说在清代光绪年间，老饭店和德兴馆等本帮饭店烹制的糟钵斗已驰誉沪邑城。近百年来，此菜几经改革，臻于完善，这两家老字号的厨师功不可没。现在为适应消费者的饮食习惯，大师傅精选了猪内脏，制作上更加精细。比如将香糟压榨成汁，加上好的黄酒和水调和成糟卤待用。内脏是分批投入锅内炖的，至内脏酥软后，加笋片、熟火腿、油豆腐等，再小火炖十分钟，兜头浇上一勺香糟卤，见滚即装大海碗上桌。看过《舌尖上的中国》的朋友一定知道，吃遍全国各地的摄制组慕名而来老饭店，将糟钵斗的风采真实再现。

　　谢晋在世时曾假座老饭店，请已赴美国发展的陈冲吃饭，专门点了一道糟钵斗。女演员怕胖，陈冲面对糟钵斗有点为难，谢晋跟她说：不要怕，偶尔吃一点猪内脏没事，据说还能美容呢。哄女人吃某样食物的最好办法就是把美容两字祭出来。果然，大明星陈冲动心了，吃了一块不过瘾，情不自禁又吃了一块，结果大开杀戒，吃了很多块。谢晋还向服务员建议：这道菜要是真的用钵斗来装，就更地道了。

　　钵斗，现在的小朋友真还没见过呢！钵斗质地坚而脆，是一种介乎陶与瓷之间的盛器，学名为"炻"，广口深腹，内外施釉，形状像一只低矮的木桶，一度流行于江南，是盛装食物的廉价器材。

　　那么，尝尝内脏的滋味是否必须去本帮馆子呢？那也不一定，上海街头的小

饭店也有美妙无比的内脏供食客一解馋吻。炒猪肝之外，还有令人趋之若鹜的大肠煲、大肠面或肚肺汤。比如复兴东路的大肠面，天天吃客盈门，非排队一小时不可尝也。

大肠与肺头这对"宝货"，过去讲究点的上海人家是不进门的。为何？嫌其清洗起来颇费手脚，而且你在公用厨房清洗时，排场很大，左邻右舍看在眼里，当面不讲，背后未免讥笑。上海人以为只有吃不起大排蹄髈的人家，才会靠大肠、肺头来润泽一下贫瘠的胃袋。我老家在卢湾区，菜场里有猪腰猪肚，大肠、肺头却难得一见。菜场里的师傅说，大肠、肺头这种东西要过了苏州河，在药水弄、番瓜弄才会有人抢来买。这句话的含义上海人是听得懂的。

但三十年风水轮流转，今天大肠与肺头的身价刷刷蹿升。如今我在广帮饭店吃饭，坐下后问服务员的第一句话就是：你们有北杏猪肺汤吗？若有，先来每人一碗，然后再问乳猪烧鹅。出差去外地，我也经常寻找大肠、肺头做的菜。有一次去广州，朋友陪我到郊外一屠宰场旁边的饭店里喝猪肺汤，用刚从腹腔里掏出的猪肺、大肠和夹肝等下脚料煲成的汤，汤色乳白，猪肺软绵腴香，一碗下肚，浑身带劲。

与肺头一样，大肠也要整治到位，方可烹煮软酥而略有弹性，吃得出<u>丝丝缕缕</u>的纤维。烹治失当的大肠，对牙齿是可怕的折磨，像在咬啮自行车内胎。另外——我与不少大肠爱好者持同样观点：大肠再怎么洗，难免有一丝臊气。而这，正是大肠的本色与风格，就像男人不妨留有一点点脚臭一样。否则大肠不好吃，男人也没脾气。

前几天有一家茶餐厅吃饭，在菜单中我发现了"性命"——生啫大肠头，马上点来一尝。厨师直取大肠精华段落，焯水后煮至九分熟，改刀待用。砂煲坐灶，下洋葱、青椒、南姜、蒜子等煸炒，下广东出产的煲仔酱，最后将直肠片覆在上面，盖上盖子煲一刻钟，将绍酒沿着盖缝浇上一圈，上桌后当着食客的面才揭盖，一股香气冲天而起。尝一口，直肠表皮带了一点脆性，肥厚而带嚼劲，经煲仔酱提鲜增香后，味道好极了，吃了还想吃。

猪内脏是个宝，家禽的内脏也是优质资源，可以做成炒时件、盐水鸭肫、烤鸡心、鸭脚肠、鸡鸭血汤等，大人小孩都爱吃。河鲜的内脏也有精彩表现。有一次我在巴城老街酒楼吃到一盘"鱼子烧鱼泡"，此菜用鱼肠、鱼肚、鱼泡、鱼肝、鱼子一锅烩，粗瓷大盘装了上桌，成菜红光锃亮，赏心悦目。鱼泡比较恐怖是吗？但韧劲十足，与鱼子、鱼肝等不同质地的内脏混在一起，口感相当丰富，有说不出的美妙！鱼肚的名字不够雅驯是吗，现在都改叫花胶了，这一改口，立马高大上，大摇大摆进了高档会所。再比如青鱼秃肺，这也是本帮经典。此菜用青鱼（乌青）的肝（俗称肺）为食材。厨师取活青鱼，宰杀后小心剥取附在鱼肠上的鱼肝，每条青鱼才这么一点点，得凑足十条青鱼才做得成这道菜。所以在老饭店点这道菜，得提前几天预订，而且每天只供应三四份。

上周我与朋友在六合路一家新开饭店品尝了一盆青鱼秃肺，食材还算新鲜，浓油赤酱也到位了，可惜不够肥腴嫩滑，香气也不足。

我发现座中一位美女久不动筷。一人向隅，举座不欢。我便问她为何不试试青鱼秃肺？于是她说了一番道理："脏"字在上海方言中有两个读音，一是内脏的"脏"，一是肮脏的"脏"，这说明内脏天生就是肮脏的。

被她一说，我倒愣了一下。不过我马上反驳："你以为内脏很肮脏？其实它很重要噢。一个人断手断脚后仍可活命，五脏六肺若是少了一个，你就一命呜呼了。再说欧洲三大顶级食材——鹅肝、松露、鱼子酱，其中两样就是动物内脏，欧洲人不也争先恐后吃到今天吗？"

美女又蛾眉一皱说："但是欧洲人不会吃那么夸张的青鱼秃肺啊、肚肺汤啊！"

我说："错！欧洲人不吃，是因为他们没有吃过，一旦吃过，终生追求。我告诉你，我有一朋友在意大利开了家小饭馆，专营中华料理，但生意不见起色。后来他发现附近有一个家禽屠宰场，鸡鸭鹅的内脏都当生物垃圾处理了。他便从屠宰场里免费获得这些废弃物，做成了鸡鸭血汤、盐水鸭肫、卤鹅肝等小吃，结果你猜怎么着，不仅中国人爱吃，亚洲人也爱吃，欧洲人更爱吃，他在高速公路旁边新开了一家专营店，生意火得不行！"

是吗？美女顿时蛾眉舒展，举起筷子伸向那盆所剩无几的青鱼秃肺。

杜月笙也是本帮菜的超级粉丝

　　游访高桥，松饼是不可不尝的。以前市中心有一家高桥食品店，但与高桥关系不大，是借名气做生意而已。不过在不少食品店里都能看到高桥松饼，圆圆胖胖煞是可爱，豆沙馅与百果馅也很甜蜜，今天在城隍庙还有卖。松饼是沪式糕点特色品种之一。其实用料很简单，面粉、猪油、豆沙或百果，以酥皮做成小圆饼烘烤而成。外观有点像月饼，但一年四季都有供应，是高桥人居家或走访亲戚的必备。现在松饼也成了浦东新区的非物质文化遗产，在老街上看到有买，每只不过六七角，真是便宜到想不通。吃口松软，甜度适中，不亚于苏式月饼。在我走访高桥时，适遇"2009上海盛夏农副产品大联展暨浦东新区第一届农产品博览会"在上海农展中心举办，前方传来消息称：高桥松饼在会场里"卖疯了"。

　　在高桥还可以看到不少本帮菜馆，比如德兴馆，原先开在十六铺，现在开到高桥来了。算是回故乡吗？不算，高桥的爷叔———一位当地研究文史的老先生告诉我，德兴馆不算正宗的高桥本帮菜。本帮菜的源头在川沙和高桥两地，德兴馆是以川沙本帮菜为主的，正宗的高桥本帮菜，要算长兴馆最出名。

　　长兴馆是高桥的老字号，1903年，周悦卿在西街陆祥泰的东壁间开了一家小饭店，后经营得法，致富而扩建成长兴馆。长兴馆的发达，据说还与高桥海滨浴场有关呢，上世纪30年代，高桥海滨浴场是上海富裕阶层的消夏之地，长兴馆为满足他们的需要，顺势而为推出一批本帮菜，并改善了就餐环境，到30年代末，长兴馆已名声大振，楼上楼下有24张八仙桌。老板还包了长江口捕鱼队四条大船，为他捕鱼捞虾，当天用不完的河鲜则用竹篓盛着潜放在厨房后面的活水河浜里，鸡鸭和猪都是定点饲养的。

　　长兴馆的看家菜有炒三鲜、八宝辣酱、扣三丝、生炒虾仁、蟹粉炒蛋等，尤其是红绕鲫鱼，是客人的必点佳肴。直到50年代，长兴馆一碗阳春面还是用鳝鱼骨吊的汤，异常鲜美。

　　2002年，长兴馆因高桥港的整治而拆除了，非常可惜。但现在镇政府准备通过招商恢复长兴馆的老字号与特色。

高桥的本帮菜源于农家菜，最有名的是"四盆六碗"，冷盆有白鸡、白肚、爆鱼和海蜇头。六热菜有红绕肉、红烧鱼、全鸡或全鸭、咸肉水笋、肉皮汤等，"四盆六碗"是高桥人家婚丧喜事的"格式菜色"。后来高桥也出了孙炳、张和尚等名厨，成为本帮菜中的领军人物。

但是，让高桥本帮菜名气大振，走出高桥的，还得靠杜月笙。杜月笙是高桥人，四岁丧母，六岁丧父，靠外祖母抚养，落难时还吃过"百家饭"。杜月笙后在十六铺"潘源盛"水果行发迹，并得到陈世昌和黄金荣的提携，靠三鑫公司暴富，在上海市区定居。杜月笙对本帮菜情有独钟，每有重要客人到访，辄以本帮菜招待。他最爱吃的是高桥风味的炒虾仁和炒鸡蛋。这盆虾仁严格来说不是炒的，而是油淋的，厨师取新鲜个大的活河虾剥壳，用干毛巾挤去水分，蛋清上浆后再冷冻一小时。临吃时将虾仁倒在笊篱内，用滚烫的猪油淋在上面，稍加搅拌即熟装盆。炒鸡蛋的做法也十分特别，熟干贝撕丝、熟火腿切丁，齐齐打入鸡蛋液中。蛋液盛于大盆之内，也用滚烫的猪油徐徐淋入，一面搅拌，一面成熟。此时蛋液会随高温而膨胀起泡，吃口十分松软肥腴。如此重油水的菜，现在不可能供应了。

有时杜月笙也会去十六铺的德兴馆。他的学生、杜家总管万墨林在那家店有股份，1948年大米供应紧张，杜先生一只电话，一卡车大米即刻运到。杜月笙喜欢吃那里的炒肚裆、糟钵斗、炒圈子、炒鳝糊等。社会上的朋友或生意场上的合作伙伴得知他偏好这一口，凡请杜月笙吃饭，也必定选择本帮饭店。

成为72家企业董事长的杜月笙对高桥还是有感情的，1931年他在家乡买地建造杜家祠堂，成为轰动一时的新闻，但后来在抗战中，杜家祠堂被日机炸毁大部，现仅存藏书楼，由部队占用。我两次前往高桥，都没能进入看个究竟。

杜祠举行落成典礼时，上海市长吴铁城率党政要员前来祝贺，全国军、政界的头面人物和社会名流都来祝贺，特别为后人津津乐道的是，梨园界名角如梅兰芳、程砚秋、尚小云、金少山、马连良等都汇集于此，粉墨登场演了三天堂会戏，锣鼓铙钹，管弦悠扬，皮黄婉转，滨海盛会，场面空前。

杜祠周围搭起牌楼和大棚，彩旗招展，灯光燤灿，三天之内大宴宾客，四乡八镇的乡亲均可来大吃大喝，流水席每天招待千人以上。酒席由上海的杭州饭店操办，本地名厨孙炳主掌，指挥若定。这一次大宴宾客的豪举，也使高桥本帮菜声誉鹊起，八宝鸭、糟钵斗、虾子大乌参、草头圈子等名菜遂为沪上老饕刮目相视。

杜月笙在少年时得到乡里的接济，发达后对家乡人一直是知恩图报的。有一次，一位高桥人遇到难事，辗转来到市区华格臬路（今宁海路）杜府，看门人见是乡下人打扮，不耐烦地赶他走，正巧杜月笙送客人出门看到："这不是高桥爷叔吗？快快请进里面坐。"并吩咐下人，以后凡有高桥爷叔来，一律请进，不准怠慢。从此，"高桥爷叔"成了家乡人的代名词。至今高桥人遇到口角，就会说："算了，我不跟你多争了，你是高桥爷叔！"

前几天我在高桥见到了一位吴老伯，他是正宗的高桥爷叔。他父亲在杜月笙落难时曾给予一些关照，后来杜先生发迹了，还拉他一起做过生意，当然是让利三分了。杜先生离开大陆前往香港前，曾跟少年吴先生作过一小时的长谈，并叹息道："爷叔最对不起你的是，没有让你一起跟我做事体。以后你还是要好好读书，这个社会不管啥人当家，读书总是要紧的。"后来，吴先生考进了沪江大学，毕业后在上海市五金一店工作，成为业务骨干。

吴先生是高桥的大户人家，至今居住的至德堂是文物保护单位，有一百四十年的历史，花园里种着梅、桃、石榴和桂花。厅堂里还有如今罕见的蛎壳窗，也就是用蚌壳磨薄后嵌在花格窗框内以透光照明，当时中国还没有玻璃厂，进口货还没有大面积用于住宅。吴老先生跟我谈起高桥的美食，眉飞色舞，口若悬河："小时候我们家里吃刀鱼饭，用硬柴引火，待大米饭收水时，将刀鱼一条条铺在饭上，改用稻柴发文火，饭焖透后，将鱼头一拎，龙骨当即蜕去，鱼肉与饭一起拌，加一勺猪油和少许盐，那个香啊，鲜啊，终生难忘。高桥羊肉，有白切和红烧两种，高桥人烧羊肉是不能翻身的，也不知有什么窍槛。凡吃羊肉，店家必奉送羊汤一碗，汤内有羊血羊杂碎，加一勺黄酒糟，那个香啊！现在吃不到啦。"

被处以宫刑的那只鸡

上海人喜欢吃鸡，在上海郊区的农家菜里，白斩鸡是一款雅俗共赏的风味。做法也简单，选一只当年母鸡，活杀后投入开水锅里，煮到筷子戳进不见血水渗出捞起，冷却后改刀装盆，跟酱油碟上桌，蘸食。

是的，白斩鸡的做法是简单的，就和"真理是简单的"这个真理一样。大味必淡，用在白斩鸡身上就是一个极有说服力的证明。白斩鸡烹饪时无需添加任何调味品，蘸料也可以是从造坊里买来的酱油，再淋几滴麻油。但原汁原味要求最高，格调也高。首先，这只鸡要好。过去浦东有九斤黄，黄毛、黄脚、黄嘴，煮熟后的皮色也是蜡黄的。皮黄，是因为皮下脂肪层较厚，更因为它的饲料以谷物为主，糠皮之类的粗纤维也来者不拒。农民也不会喂它过饱，逼着它自己到堂前屋后找补，蚂蚱、蚯蚓、菜虫、稻虫之类都是高蛋白营养品。自己觅食的形式，说明它们行动是自由的，饲养形式是开放的。用现在广东人的说法就是"走地鸡"。

走地鸡在野外活动，早出夜归，无拘无束，与狗猫友好相处，同属一个朋友圈。倘若花暖花开，鸡们袒胸负暄、扪虱而谈的话，潇洒诚如魏晋名士了。

走地鸡的生长时间比较长，一般要半年以上才能吃。因为有充分的运动量，肌肉强健，纤维较韧，吃口很有嚼劲，最明显的优点是有鸡肉特有的鲜香味。

过去一个世纪里，涌入上海的移民中有不少是来自浙江的外来务工人员，他们在上海安家立业后，也将浙江口味带到上海，臭乳腐、咸蟹、黄泥螺之外，堪为经典的还有白斩鸡。

绍兴人就特别爱吃白斩鸡，绍兴出产一种越鸡，在竹林里长大，爱吃竹虫，味道特别鲜美。据说在越王勾践时就培育成功了。绍兴还出产一种阉鸡，小公鸡初试啼声时，就请匠人对它施以宫刑。从此，小公鸡在青春期内不能胡作非为，不过，成大后也无法昂首报晓，它的冠也长不大，只有淡红色的一条卧在头顶，实在不像样子。它的颈羽虽然纷披如霞，却总也不能如伞般地撑开，更别说与昂首挺胸的雄鸡单挑决斗了。看到高冠博带的公鸡频频与母鸡调情，转而得手，翻云覆雨，阉鸡内心的痛苦是吃鸡人很难想象的。有时候，连温情脉脉的老母鸡也要欺侮它，争食时在它头上狠啄一记，它只会用沙哑的声音作出反应，落荒而走。

我们老家在绍兴，因此曾多次品尝阉鸡，也从小就熟悉阉鸡的生理特性。读小学时，正逢十年动乱惊涛拍岸，弄堂里的市井生活一度管理松弛，悄悄流行养鸡养鸭。我也养过几只鸡，其中一只长到初试啼声时，被母亲交给串弄堂的阉鸡人做变性手术。阉鸡时我在现场监视，只见那手艺人在鸡的侧腹开了个口子，从里边掏出两只蚕豆大小的"腰子"，然后用一把弓似的工具那么一套，一扭，"腰子"就活生生地带着鲜血被摘下了，然后拔下一把鸡毛塞在创口上。可怜那小公鸡从手艺人的怀里跳下，左右看看，悻悻地叫几声，从此它就失去了一只公鸡的天赋权利。

这只被阉的鸡禁欲后，将全部心思放在消化食物上，一直长到十斤左右。它的肉质确实鲜美无比。

鲁迅在回忆文章里写到他们家吃鸡的情景，祖父爱吃鸡胸肉，有一次家里人先将鸡胸肉吃了，他一气之下掀翻桌子。其实，会吃鸡的朋友不屑吃鸡胸肉，他们认为最好吃的部位是翅膀，老酒鬼称之为"大转弯"，那才是活肉呢。还有一些酒瘾更大的人偏爱鸡屁股，此肉更活。

上世纪80年代初，云南南路美食街上的老字号小绍兴恢复白斩鸡供应，不少老吃客闻之欣然，纷纷赶来品尝，其中就有不少人排在店门，等着吃一盆鸡屁股。一鸡一屁股，凑满一盆须四只以上，而小绍兴的白斩鸡都是现斩现卖的，屁股面前一律平等，所以谁都得等，但鸡屁股爱好者心甘情愿将宝贵的时间换取一盆黄澄澄的鸡屁股。在这帮大快朵颐者中，我亲眼看到滑稽演员杨华生，一盆鸡屁股、一杯啤酒是他的配标，历经磨难的老演员脸上堆满了幸福的笑容。

说起小绍兴，我是略知底细的。早在上世纪40年代，绍兴移民章氏兄妹在今天的云南南路、宁海路口一家旅馆前摆了一个鸡粥摊，他们从菜场里采购一点鸡头鸡脚吊汤熬粥，鸡头鸡脚作为下酒菜出售，直至生意做大了才卖点白斩鸡，那也纯粹是小本经营，小打小闹。当时这条街上各地风味小吃摊云集，鸡粥只是其中的一摊，不算鹤立鸡群。及至建国后，小吃摊走上合作化的道路，白斩鸡的生意才稍稍做大。

真正成为神话是在80年代，"必也正名乎"的小绍兴从浦东南汇、川沙等地选购农民家养的浦东鸡，现杀而烹之，大大满足了从四凶桎梏中解放出来的市民对味觉的强烈渴望。一时生意火爆，吃一盆白斩鸡要排一小时的长队。从早到

上海老味道

305

晚，店堂内外人山人海，喧腾不绝，看师傅杀鸡的、烫毛的、开膛的、斩鸡的，以及吃客到处找位子，找不到位子就拉出一只啤酒箱坐下开吃的等等，无不生动地展开一幅上海市民的饮食生活画卷。每逢春节、国庆等重大节日，外买白斩鸡的队伍一直要逶迤数十米，有人从江湾五角场赶来，买不到还急得直哭，有人买了白斩鸡再急急地赶到机场带回香港……反正，这样的市井故事每天都在发生。

有人说，小绍兴的白斩鸡之所以好吃，是因为鸡是活杀的，蘸食白斩鸡的调料是据酒家秘方配制的，这些判断都不算错。但关键还在于选用的鸡是散养的，有一点走地鸡的意思。而且在熟到恰到好处后，马上出锅，扔低温的过滤水里冷却，使之皮脆肉嫩。啪，一刀斩开，骨头里还嘟嘟地冒血水呢。好吃客看到有血水渗出，比见到亲爹娘还高兴。

80年代中期，在小绍兴神话般崛起的案例激励下，许多个体户也改弦更张开起了鸡粥店，也卖活杀现煮的白斩鸡。一时间，上海的鸡粥店多如牛毛，最高记录为一千多家。在这种竞争形势下，你想还有多少走地鸡能活到它应该活的分上？

经营鸡粥店的准入门槛很低，但食品卫生要求很高，很快，不少鸡粥店因卫生标准不达标而关闭。小绍兴在这轮残酷竞争中没被抢逼围的个体户们绞杀，挺过来了，而且做大做强了，店面店堂频频扩建改造，就餐环境一再优化，像模像样地跻身中国著名酒家行列，说它声震宇内、名扬海外一点也不过。但是随着对鸡的需求量不断增加，农村养鸡专业户也来不及饲养，一度因为鸡的来源紧张，出现过限量供应的局面。再后来，农民改进了对鸡的饲养方法，走地变为圈养，鸡的生长周期缩短了，出肉率也高了，但随之而来的是，鸡肉的鲜味下降了，一般顾客可能吃不出来，但老吃客的味蕾是极敏感的，他们知道，鸡屁股的黄金时代一去不复返了。

1992年，我写了长篇小说《小绍兴传奇》，在解放日报上连载两个多月，紧接着又与蓝之光根据小说合作编写了同名电视连续剧，由吕凉、宋忆宁等主演，次年播出，收视率达到30%多。电视剧播放那几天，小绍兴的生意翻番。后来小绍兴集团公司的董事长梅安生希望我写续集，我明白他的用意，但不接这个茬。我心里很清楚，虽然小绍兴后来在全国开了几十家分店，但它的后续故事应该由新一代的掌门人来书写。

百脚旗下

　　就我有限的美食经验来说，有些食物在入口的初始并没有特别的口感，更没有龙肝凤髓的惊艳，但在以后很长一段时间里屡屡记起，齿颊间恍惚又有异香缭绕。乡间的五谷与时蔬，就是这层意境的载体。

　　为朱家角的美食写下这点文字，便基于这点体会。

　　享用朱家角的美味，是比较早的事了。我姐姐在上世纪60年代被分配到交运局在青浦的一家船厂工作，回市区休假，常会带些河鲜和大米，老爸总是在吃了午饭后急急地催我去公交车站接她。百无聊懒地等在车站看人上上下下，那真是一桩苦差事，特别是炎热的夏日，你得找树荫躲着，但又不能走得太远，看见26路电车驶来就得一路小跑迎上去。不过接到姐姐，马上将烦恼抛在脑后了。活蹦乱跳的鱼虾，为供应匮乏的生活增添了欢悦的气氛。至于青浦大米，在大米定量供应的那个年代，简直珍同珠玉了。也从此，始知青浦"米鱼之乡"之名不虚，又得知"三泾（朱泾、枫泾、泗泾）不如一角"的朱家角镇离青浦县的行政中心城厢镇还有很长的一段路呢。

　　大约是因为朱家角俗称角里，青浦薄稻也叫青角薄稻了，一个薄字，又让我猜想因为米粒均匀齐整，板子薄阔，也可能是亩产较少的缘故。但不管怎样，用这种晶莹剔透并微微闪青的大米烧饭，粒粒分明，软糯适口，还有一股初阳般的清香。至今回想少年时盛饭扒饭的饿煞鬼腔调，不由得哑然失笑，紧接着长叹一声：人生几年好饭量？

　　吃了青浦大米，记得报答。后来我写长篇小说《小绍兴传奇》，就将小绍兴鸡粥之所以可口的原因之一归功于店家选用青浦薄稻——这也是史实。以小说改编的电视剧开播之际，常熟路近淮海中路口有一家米店贴出一纸广告，上书："沈嘉禄说：用青浦的薄稻烧粥最好吃。"

　　其实朱家角何止薄稻！单说近十年中，七八次往访朱家角，开始几次觉得古镇在苏醒，北大街的"穿堂风"渐渐有了暖意。最近三四年，简直是"女大十八变"了，北大街酒店屋檐下的百脚旗殷勤招展，小吃摊前蹿起的香气将行人的脚

上
海
老
味
道

307

步勾得踉跄，经过一番精心规划并开始实施大开发的朱家角兴旺了。作为旅游六大要素之一，首先表现在对传统美食进行梳理，然后以农家一贯的热情，大盘大碗地端到八方来客面前——在下好吃，谅我先着意盘中佳肴。

我不说淀山湖大闸蟹的螯肥膏满，不说"水晶虾"的体壮肉嫩，不说"鸡格郎"这种刀背样薄、多骨刺的河鱼与太湖白水鱼有相似的意趣，也不说塘鳢鱼烧笋尖咸菜是如何的鲜美，就说说在北大街一家饭店里吃到的几款时鲜菜，比如香螺炒虾仁，去了壳的香螺与拇指大的河虾仁一锅炒后，色如寿山石带一点巧色，口感又鲜嫩爽脆，在别地方是无论如何吃不到的。还有一款虾仁与鲜柚瓤共炒，以咸鲜提味，佐以果香与微微的酸甜，真是回味无穷。这说明朱家角的饭店还善于从客帮菜点中吸收技法与观念。而这条街上还有好几家创建于清同治年间的老字号，比如茂苏馆、渭水园等，也是凭招牌菜从容坐镇于老街的。

再说小吃，凡到朱家角一游的人，都不会对现烧现卖、满街飘香的扎肉、扎蹄、粽子、南瓜糕、熏青豆、桂花糖藕等农家味极浓的风味美食无动于衷吧。朱家角光是粽子店就有七十余家，其中以腿肉、栗子、咸蛋黄三合一者最具风味。每个摊子前都亮出剥了一半的粽子：酱红色的一握糯米衬着一指宽的腿肉、两粒黄澄澄的栗子和一只半透明的咸蛋黄，广告做得坦坦荡荡。据一个摊主说，早先他父亲煮粽子，糯米隔夜淘过，粽子必裹以新鲜的箬叶，大铁锅里放一点酒糟——放生桥边以前是有一家酒厂的。故此，锅盖一揭，满街飘香，吃口既糯又鲜。现在用新鲜箬叶的少了，酒糟也不放了，但因为游客蜂拥而至，朱家角的粽子名气却更响亮，生意比以前红火了。有几家粽子店因为出品地道，日销售逾万只！

而每家粽子店几乎都自制扎肉、糖藕和熏青豆。店家熏青豆是有点手艺精神的，对我们外乡人而言，只看到一个炉子，笃笃定定地燃着三个煤饼（蜂窝煤），上面覆一张铁丝网，铺开一层已经盐煮过的毛豆和笋丝。店主时不时地拨拉一下，经过小半天的熏烤，青豆粒粒利索，色泽爽然，咬一粒在口中，韧性十足，是很不错的佐茶小食。据说以前是用砻糠熏烤的，香味更浓。现在因为大家的环保意识增强了，砻糠熏烤时因为有烟弥散，古法就废弛了。

随着朱家角的旅游兴旺，熏青豆的大名也家喻户晓，如今几乎每个在北大街逛过的游人都会带一包回家。晚上全家围坐电视机前，一口一粒，青豆与电视剧的情节同时推进，纯粹的市民闲适生活。

熏青豆中有一种以"牛踏扁"毛豆熏制的最佳。这种晚秋毛豆外壳宽阔，扁

上海老味道

扁如腰形，中间有凹槽，酷似牛蹄印而得名。成品分甜咸两种，色泽并不青，微黄如玉，我从竹匾里捡一粒扔进嘴里咀嚼，与一般的青豆相比，糯性强似一筹。

过去镇上的老人去茶楼喝茶，一壶粗茶，一碟咸菜，泡上半天。如今日子好过了，熏青豆就成了寻常之物，随意抓一把，而且对老人来说有健齿的功效。也有老茶客直接将熏青豆泡在茶杯里，汤色碧青，也是一绝。

为适应市场需要，当地还推出一种朱家角土特产"套餐"，一盒内居然有八种之多，除了扎肉、粽子、腌菜苋、状元糕外，还有鳑鲏鱼！

这厮拇指那般长短，又名旁皮鱼，古称妾鱼、青衣鱼等，因为在水中，"每游辄三，一先二后"，有点像今天的轰炸机编队。白居易曾有诗云："江鱼群从称妻妾。"还听说，鳑鲏鱼把卵产在蚌壳内，有良好的孵化环境，成活率很高，江南地区的河湖港汊处处可见，农人网上来后油炸了下酒，因无款无形，以前是不上台面的。但以所含钙量论，一条小鱼抵得上一瓶牛奶。故而今天的朱家角不少酒家也将此鱼油炸后浸入酱汁上味，用以餐前冷盆飨客，也算"下得厨房，上得厅堂"了。

若设三五知己，最好夹一个知趣的桃花红者，挑一家依傍漕港河的酒家坐下，叫几盘下酒菜——鳑鲏鱼必不可少。此鱼油炸后不枯不疲，骨刺俱酥，入口细嚼，鲜香甜咸，自有一味，再呷一口温热的黄酒。好个朱家角，至暮色四合，月上柳梢，渔火荧荧，浆声欸乃，真舍不得抽身回家也。

人见人爱的排骨年糕

相比红烧肉，上海人对排骨的感情似乎更深一层。特别是面拖排骨，从滚烫的油锅里捞起，码在砧板上，改几刀，松脆而滑嫩的断面马上出现在眼前，那是一块猪排应该呈现的粉红颜色。而表面紧紧包裹的一层面酱，经过油炸后又是浅浅的面酱色，保持着一定的坚硬与松脆。蘸了辣酱油，大块送入嘴中咀嚼，一股猪肉的腴香顿时弥漫在口腔内。外脆里嫩的感觉，是黏度很高的红烧肉所不具备的，也是上海人对猪身脊背部位肌肉的高度肯定。

面拖排骨是工厂、机关及学校食堂里的当家品种，面拖排骨一开锅，食堂里就飘起了令人垂涎三尺的香味，吃饭的人就会在一个窗口前自觉地排起长队，交头接耳，兴奋异常。面拖排骨在供应匮乏的年代，给了我们多少安慰啊！我亲眼看到有些女工，买了面拖排骨后刚欲大口咬下，突然想到家里豆芽般的孩子，于是就捡到饭盒里，自己吃排骨底下的炒青菜。面拖排骨要趁热吃，带回家后必定逊色不少，但可以想象的是，即使冷了软皮塌里的面拖排骨，在家里还是会引发一阵欢笑的。

面拖排骨是家常的，家庭主妇几乎都会做，只是面粉的厚薄问题，只是油温高低问题，只是脆与软的问题。但辣酱油上蘸，狂热的欢呼声中，什么问题都可以忽略不计。

比面拖排骨更胜一筹的是排骨年糕，这是独具上海风情的小吃，尤以鲜得来最最著名。据说早在1921年，有个名叫何世德的浙江台州人，在中法学堂（今光明中学）旁边的一条弄堂口，上海人称之为过街楼的下面，摆了三只半八仙桌（一只靠墙，故称半只），起了一个灶头，架起一只铁锅，小吃店就这样开张了。一开始，仅卖些牛奶、面包、吐司，西风东渐哦！因为吃客多为近邻中法学堂的师生，他们在美好想象中扑向西式早餐。但师生毕竟不是主流啊，而且天天吃吐司，谁都可能也吐啊。要做大生意，还得面对广大群众。而这老百姓又认为吐司这种东东不顶饿，味道也不对路，容易翻胃。于是何老板迫于形势，调整品种，卖起了五香排骨年糕和烘鱿鱼。

五香排骨的烧煮其实很简单：酱油红汤内加入五香粉、胡椒粉及糖、盐等，将排骨一块一块滑入锅内，用长柄铲子微微搅动，不使排骨粘底。不一会，红汤锅内飘出好闻的五香气息，排骨就熟了。关键是不能久煮，久煮必老，如木屑一样难以下咽。另一口锅也是红汤，里面有排骨原卤，煮的是小年糕。但要防止它们过于亲热，粘作一团，不分你我。

　　一块排骨配两条小年糕，是排骨年糕的基本配置。不够？那再来一客。

　　再后来，何老板发现油汆排骨更加吸引人。就改煮为炸，香气更为诱人，果然一炮打响。客人吃了之后连呼："鲜得来！"这声尖叫后来竟成了店名。

　　再后来，由于排骨年糕的生意太好了，烘鱿鱼就不做了。做好专业，就是成功。

　　后来我与何老板的儿子——旧时称小开——认识了，他也是一个厨师，曾经教我如何做奶油菜心和潮州鱼面，这两个秘诀我一直记得，过年时露一手，屡试不爽。也因此，我得知了排骨年糕的秘密。一斤排骨斩九块，大骨斩断，再稍微拍松，留一点肥肉，否则不腴。面粉与生粉按比例投放，里面加入鸡蛋、酱油、糖、胡椒粉等，打成浆后，将排骨投入拌匀待用。油锅升至五成，将排骨投入，断生后捞出沥油，等油温升至八成时将排骨再炸一次，此时排骨的颜色就更深一层了。这两次入锅，保证了排骨的外脆里嫩。装盆后淋辣酱油，我试过，以梅林黄牌最佳。再加两条年糕，年糕表面涂自制的酱料，这也是商家秘密，我在此透露一下：甜面酱稀释一下，加入果酱（最好是山楂酱）与味精提味。

　　怎么样？这刚出锅的排骨年糕，肯定诱人啦。我在家做过无数次，我太太也是个中好手，儿子读书时，考试出好成绩，就做一次奖赏他。如果不拦着他，这傻小子可以一口气吃四块！

　　在上世纪80年代，五香排骨在别处还有供应，比如外滩四川北路的曙光饮食店、西藏中路一条弄堂口就有，现在都不见踪影了。按照鲜得来的路数油炸的排骨，可以说是遍地开花了。对了，在改革开放后，鲜得来为了应付顾客日益膨胀的大好形势，借了弄堂下面的防空洞做店堂，接待能力一下子提升不少。我也曾钻进洞里大快朵颐，一客排骨年糕配一大杯散装啤酒，是当时草根阶层的美好享受。但鼓风机声音实在太吵，一直在你耳边轰轰作响，室内的空气只进不出，怕也都要爆炸了。后来鲜得来搬到云南南路去了，排骨还是香脆鲜嫩的，年糕还是软糯爽滑的。

奶油鸡丝焗面

　　人到中年就要怀旧，我这个中年男人也不能免俗，而且俗得不可救药的是，怀旧的内容总与饮食有关。比如今天的上海开出了许多西菜馆，据说已经达到一千多家，其中最受人欢迎的大约是意大利餐馆。可能是意大利这只"靴子"伸进地中海，意大利人热情奔放，意大利的菜肴也够得上率真二字，上海人对意大利菜馆是情有独钟的，更何况还有季诺和萨莉亚以平民化简餐亲切地招呼大家。但是，我不时地会想起天鹅阁。

　　天鹅阁开在淮海路、东湖路的角子上，据说老板是一个老克勒，有铜钿，懂得吃，出于自娱自乐的心态开了这家西餐馆，地段好，出品好，一炮而打响。但建国后不久天鹅阁就国营了，这个老克勒也无所谓，他关心的是意大利风味还能保持多久。我还听说，上世纪60年代这里是一班电影明星的欢聚场所，秦怡是常客，带了儿子去吃牛排和奶油鸡丝焗面，"文革"后还经常去的。

　　我从小就知道有这么一家意大利餐馆，路过时还要踮起脚尖张望一下，但窗帘总是拉得严严实实，从门缝里飘出的一缕香气勾出我肚里的馋虫，狠命地抓啊抓啊。真正走进去吃一顿，要到上世纪80年代了，借了谈恋爱的名义和勇气，推门进去，坐下，点了牛排、汤，还有大名如雷贯耳的焗面，然后安安静静地等着。

　　很快，焗面窝在白瓷罐里上桌了，表面的奶酪微微鼓起，象牙色中带些微金红色的"斑疤"，用叉子挑开，一股香气直冲鼻孔，不，那股香气是顶上来的，顶得我有点手足无措。不管吃相了，大口吞咽。结果，将表面最最好吃的奶油鸡丝吃光，剩下半罐头面条味道就淡了，好在此时已经打起了饱嗝。邻桌的两个老外冲我点点头，善意地笑了。我知道，他们惊愕于我的吃相。

　　后来又与同事去过两回，焦点当然是焗面。再后来，天鹅阁说关就关了，我根本来不及跟它告别。不像今天德大西餐馆，搬场前报纸会大做文章，煽动大家的怀旧情绪。从此，这只天鹅不知何处去，"天鹅巢"上很快筑起了摩天大楼。东湖路一带开出不少日本料理店，"塞西米"当然不错，但每逢路过，脑子里就出现一罐香喷喷的烙面。

后来听朋友说，天鹅阁搬到了双峰路，改名为"天鹅阁面包房"，只有面包，没有烙面。我吃过不少意式餐厅，在菜谱上找不到烙面，这不由得让我怀疑烙面是不是意大利的风味？就好比海南岛根本没有海南鸡饭、扬州也不是扬州炒饭的发源地一样。

前不久在离我们报社不远的进贤路（近年来，这条小马路上的饭店雨后春笋地开了不少）上开出一家天鹅申阁，跟天鹅阁有没有血缘关系呢？不知道。开春后的某个中午，约了《上海文学》的金宇澄和民生美术馆的小芹去吃个新鲜。推门一看，空间不大，纵向三排桌椅摆得比较紧凑，墙上挂满了老上海的照片，黑白调子的，家具和墙面及软装潢方面强调摩登时代的风格。背景音乐呢，自然是上海老歌了。前来就餐的大多是老头老太，面对面，有说有笑，气氛祥和。半小时后，店堂里坐了七八成人。

我问老板娘一些问题，她支支吾吾。在我一再追问下，她终于坦白说，跟淮海路上的天鹅阁没有任何关系。"但是老师傅是从那里出来的，菜是原汁原味的。"哈哈！我大笑，她也只好以有欠自然的微笑来回应我。

老金和小芹让我点菜，我就点了洋葱牛尾汤、炸猪排、起士烤蘑菇、烤羊排，自然，经典的奶油鸡丝烙面是不可少的，但我只点了一罐，大家分来吃。洋葱牛尾汤确实不错，进烤箱烤过，表面结了一层奶皮，香浓可口。炸猪排是金宇澄要点的，他说上次吃过，上了浆的外壳很厚，两面炸得石骨铁硬，里面薄薄一层猪排又如干柴一般难咽，毫无鲜味，不知这次如何。但这次上来一看，依然如故，看来这个厨师脑子就是顽固的啊！但起士烤蘑菇的味道很好，一歇歇就吃光了。羊排也可打70分。最后上来的是奶油鸡丝烙面，表面结皮，一挖开就香气扑鼻，起士放得也比较慷慨。三人分食，一致叫好。而在我印象中，与天鹅阁还有不小的差距，但聊胜于无了。

在今天物价飞涨的形势下，天鹅申阁的菜价不贵，相当亲民，要不然老头老太是不会光顾的。

前不久，我在控江路上一家叫做泰晤士的西餐社里，意外地吃到了烙面。是我的连襟提供这个情报的，位于大杨浦的这家西餐社开了二十年，烙面也烙了二十年，我居然不知道，白吃了几斤盐！

于是点了一盆烙面，黑椒铁板牛排、罗宋汤、土豆色拉等统统屈居配角，我是为烙面而来的。来了，亲爱的烙面。还是那股浓郁的奶酪香，挑开金红色的

"疤斑"一吃，味道与记忆中的一样。又因为这里的烙面是装在鱼形盆里的，拌起来方便，更加入味。两个人吃一盆，也撑到喉咙口了。

这里还有8元一份的罗宋汤，10元一块的炸猪排，25元一块的牛排！被我视如旧情人的奶油鸡丝烙面也不过25元。对了，这里还有好几种烙面，比如金枪鱼烙面和蘑菇烙面。

餐后与总经理丁美凤聊天，她是一位有着三十年从业经验的巾帼，二十年前，杨浦区几乎没有一家西餐馆。窗外这一片社区也是以中低收入家庭为主，生活水平尚属温饱阶段。但她就是趁企业转制的机会，筹集资金将一家饮食店盘下来，打造成这家西餐社。

丁美凤愿望很好，但没有经营西餐馆的经验，于是就请来一位老法师做顾问。这位老法师名叫徐震东，早在上世纪40年代就获得英国皇家二级厨师职称。抗战后期他在大后方工作，宋美龄、陈香梅以及李公朴、闻一多等名流都吃过徐师傅烧的大菜，对他的手艺大加赞赏。直到80年代，陈香梅每次回祖国大陆，都要问起徐师傅，希望尝尝他烧的菜。

老法师名声显赫，脾气也大，看到服务员摆放刀叉的声音太响，收盘子时分工不明确，就要骂人。有一次他看到服务员上菜时不小心将沙司滴在盘子上，她马上用口布去擦，照理说也算补位及时了，徐震东却严厉指令马上换一只盘子。收工后，他看到服务员用拖畚拖地板，拖后留下水印，马上大声喝止，要她们跪在坚硬的地砖上用抹布一寸寸地擦。服务员洗好的盘子叠起一大摞，他拿起一只检查，发现留有水渍，顿时勃然大怒，将盘子统统推倒在地，哗啦一声，满地碎片。洗碗的小姑娘哪里见过这个阵势，当场吓得尿裤子了。

想想吧，在这样一位老法师的严厉调教下，服务员只有两条路可走：一是脱胎换骨，重新做人，提升素质；二是马上走人，另找出路，或者跑到梁山上去做个压寨夫人。好在丁总也算见过风雨的，打落牙齿朝肚皮里吞。终于，西菜社一天天走上正轨，近悦远来。

后来，徐师傅还请他的师兄弟赵三毛来帮忙指导。这位赵师傅十四岁开始就在外国人的邮轮上当厨，对世界各国的餐饮特点了如指掌。这两位在餐饮界让人肃然起敬的老法师聚到一起，不仅提升了泰晤士西餐社的服务质量，还教会厨师许多种西菜西点，现在泰晤士西餐社供应的一百多款西菜西点，不少就是他们留下的。

霞飞路上的罗宋大菜

十月革命一声炮响，给中国带来了马列主义，也给上海带来了罗宋大餐。

沙皇政权垮台后，白俄贵族与旧俄军官纷纷往外逃避兵燹，中国的东三省是他们最先落脚的地方。然后难民辗转南下至上海，这里发生了许多曲折的故事，比如"埃利多拉多号"战舰在吴淞口被发现装载了不少武器而被驱逐。不过两年后，远东哥萨克军团却成功地将"鄂霍次克号"运输舰开进吴淞口，到了码头，军官上岸，破旧不堪的轮船就卖给跑航运的上海老板。……就这样，这一拨仓皇南逃的难民与早就在上海工作生活的白俄冒险家们汇合，构成了活跃在法租界的俄侨族群。上海，成了他们不沉的方舟。

白俄贵族与灰头土脸的军官何以选择上海租界？拿破仑当年不是率领数十万大军长驱直入攻占了莫斯科？俄罗斯人对他有杀父之仇啊！但是，从世界历史看，文化的影响往往比战争大得多。再从两国文化交流情况看，法俄文化渊源很深，特别是法国的文艺复兴与后来的启蒙运动，对他们影响至深。俄罗斯贵族在社交场合以说法语为荣，最精准、最优雅、最含蓄，甚至比较暧昧的话，必须用法语来说。再说，法国人对旧俄贵族怀有深深的歉意，他们认为俄国如果不履行《俄法协定》，就不会卷入第一次世界大战，也就不会发生十月革命，因此，法国是对流亡白俄照顾最多的国家。上海法租界当局对布尔什维克视如仇寇，对丧魂落魄的俄侨则实行救济，免费诊疗，优先安排就业，允许他们在法租界金贵的地皮上建造东正教堂，并帮助他们建立教会学校、俄侨巡警机构以及俄国退伍军官联合会。

不过，虽然法租界是一个相对自由与安全的地方，但由于苏联新政权废除了所有政治流亡者的公民身份，俄侨就成了无国籍者，他们中有些人即使持有国际联盟签发的南森护照，但也与在华的其他外国人不同，不能享有中外条约赋予的治外法权的特权。要不是法国人允许他们建立一系列自治性质的机构，真不知如何混下去呢。

颠沛流离的白俄在上海舒了一口气，环顾四周，生死茫茫，抱团取暖的本能使他们集聚在法租界的核心地带（少量落脚在公共租界的四川中路与武进路一带），并在淮海中路大致为重庆路至陕西路这一段抛头露面。当时这条马路为纪念法国一战时期的著名将军霞飞亲临上海而被叫做霞飞路，但因为白俄的云集，这一段就被上海市民称为"罗宋大马路"，而俄侨将此称作"东方的涅瓦大街"。

1920年，法租界仅有210名俄侨，而到了1936年，在上海的俄侨已经达到21000人。迫于生计，俄侨在霞飞路上开设珠宝店、服装店、百货店、书店、药房、俄菜馆、咖啡馆以及食品店、糖果店等，最多时有一百多家商铺。有些穷困潦倒的白俄女人只能在俱乐部里教人家跳舞、在电影院里领位、在酒店里做招待。男人混得再差的，就只能去修皮鞋、磨剪刀、拉黄包车甚至街头卖艺，这群人也因此被上海市民呼为"罗宋瘪三"——不大厚道是吗？

1935年，国际联盟在上海的一份调查报告称，16岁到45岁之间的俄国妇女中，有22%从事卖淫业。还有相当多的成年男性和成年女性在不同领域从事犯罪活动。1929年，上海公共租界巡捕房估计，有85%的上海外国罪犯都是俄国人。

时局改变人生，环境改变人生，机遇也改变人生，我们经历过多次大动荡的中国人，也应该对白俄难民的沦落持同情态度，那么这里还是回归正题，说说霞飞路一带的俄罗斯餐厅吧。俄菜馆的厨师大多是山东人，这些山东人，真正说起来是胶东人，早年闯关东而远赴海参崴、伯力、哈尔滨俄租界等地，在那里学会了做俄式西菜，然后再跟着白俄难民来到上海。在上海，他们被业界称为"山东帮"。山东厨师根据上海人的口味特点对传统俄罗斯菜进行一些改良，比如红菜汤，减少红菜头的用量，而增加番茄酱，使之适应中国南方人的口味，也使罗宋大菜名声大振，有了与欧美菜抗衡的能力。至今，罗宋汤和罗宋面包还是上海人的最爱。

霞飞路上的罗宋大菜，不仅满足中上层白俄贵族的思乡怀人之情，也能满足一般俄侨的疗饥之需，上海的老克勒和大学生也经常跑到霞飞路享用价廉物美的罗宋大餐。在这一带的俄菜馆有客金俄菜馆、特卡琴科兄弟咖啡馆、文艺复兴、拜司饭店、DD'S、伏尔加、卡夫卡、克勒夫脱、东华俄菜馆、康司坦丁劳勃里、飞亚克、华盛顿西菜咖啡馆、亚洲西菜社、锡而克海俄菜馆、奥蒙餐厅、库兹明花园餐厅、沪江俄菜馆等四十余家。而开设最早、档次最高、规模最大的要数坐落在思南路上的特卡琴科兄弟咖啡馆，这家咖啡馆不光有现磨现煮的咖啡，更有近乎宫廷规格的俄式大菜飨客，一吃就是老半天。餐厅里挂着俄罗斯画家的原版油画，唱机里播放着柴可夫斯基、里姆斯基等俄罗斯著名音乐家的作品。阳台上还有一个露天大花园，可放一百张小桌子，接待四五百人。建国后，这个餐厅改建为邮政局，现在仍在。

霞飞路上的文艺复兴是一家白俄经营的咖啡馆，久居上海的老一辈作家对此怀有特殊的情感。曹聚仁先生在《上海春秋》一书中就这样写道："文艺复兴中的人才真够多，随便哪一个晚上，你只须随便挑选几个，就可以将俄罗斯帝国的陆军参谋部改组一过了。这里有的是公爵亲王、大将上校。同时，你要在这里组织一个莫斯科歌舞团，也是一件极便当的事情，唱高音的，唱低音的，奏弦乐的，只要你叫得出名字，这里绝不会没有。而且你就是选走了一批，这里的人才还是济济得很呢。这些秃头赤脚的贵族，把他们的心神浸沉在过去的回忆中，来消磨这可怕的现在。圣彼得堡的大邸高车，华服盛饰，迅如雷电的革命，血和铁的争斗，与死为邻的逃窜，一切都化为乌有的结局，流浪的生涯，开展在每一个人的心眼前，引起他的无限的悲哀。"

霞飞路上的俄式食品店也不都由俄侨经营，有一家名叫费雅客的俄菜馆，就是由奥地利犹太人汉斯·雅布隆纳开设的，以供应前奥匈帝国的菜肴著称。宋美龄最喜欢费雅客的赤甘蓝烧鸭子和奶咖，宋庆龄、宋子文、梅兰芳等人经常去这家餐馆吃饭，美国麦克阿瑟将军也曾光临此店。看来费雅客的风味应该不俗，奥匈帝国尽管已经瓦解，但老欧洲的情调也可能是个卖点啊。

于是，在上世纪30年代，上海西餐馆的重心就转移到法租界霞飞路一带。除了前述的几家俄罗斯餐厅，还有茜顿、老大昌、宝大、华盛顿、复兴、蓝村、檀香山等欧美风味的餐厅被兼容。如果从上海的租界地盘来看，在老克勒记忆中难以磨灭的还有沙利文、爱凯地、德大、马尔赛、起士林、凯司令等。华懋饭店、汇中饭店、礼查饭店、国际饭店里也设有西餐部，那是比较高档的了，主要以外国的住店客人为对象。对了，俄侨中造诣很高的音乐家们还组成小乐队，经常在礼查饭店等高级场所为客人演奏世界名曲呢！

为满足俄侨的生活之需，白俄老板还在南昌路开了一家维也纳灌肠厂，出品南欧风味的肉肠，极其粗壮的模样，吃起来很过瘾。又在嘉善路开了一家季塔尼亚酒厂，以酿造啤酒为主，后来又开了一家专门酿造伏特加的马尔采夫酒精厂。俄罗斯人的生活怎么能离得开大列巴、肉肠与啤酒、伏特加呢？

树棻是一个正宗的老克勒，他在《上海最后的旧梦》一书中写到自己儿时的"西餐经验"，他是这样记录的："罗宋大菜的内容是一汤、一菜、一杯清红茶，面包不限量供应。那时，我常能在那类餐馆看见进来个在路边奏乐卖艺或当小贩的白俄老人，坐下后要上盘罗宋汤（50年代初期每客罗宋大餐价格0.8至0.9元。单份汤价格0.3至0.35元），然后就着汤吃下一大叠罗宋面包，但即使这样，也决不会受到老板和侍者的白眼。"

他还写道："浓郁的罗宋汤中有一大块厚实的牛肉，主菜也很厚实，一般是两块炸猪排或两只牛肉饼或三只炸明虾任选一样，价格只和一碗花色浇头面或一客两菜一饭的中式客饭相仿，因此也吸引了不少工薪阶层前来进餐。逢到假日，也许要连跑上几家才能找到座位。"

一个上海老克勒也告诉我，当时的罗宋大餐上，能吃到正宗的黑鱼子酱和法式鹅肝酱。窗帘是海蓝色的天鹅绒，缀着长长的流苏，沉沉地垂到柚木地板上，满桌子擦得锃亮的银餐具，长桌两端还摆放了支架形银烛台，头顶上则垂下层层叠叠的水晶吊灯，夜幕降临，顿生金碧辉煌之感。

有关资料表明，到30年代，上海已有英、法、俄、美、意、德等西菜馆上百家，解放前夕达到高峰，约有近千家。其中俄式西餐数量不容忽视，罗宋大餐以及罗宋汤、罗宋面包等至今还是上海人难忘的风味与味觉体验。

1947年8月6日，苏联政府派出的"伊里奇号"轮船停泊在黄浦江边，在上海俄侨的命运面临着再次改变。随着这艘轮船在汽笛声中驶出吴淞口，第一批约1100名俄侨含泪与第二故乡挥手告别，有的回到故乡，也有的去了美国、菲律宾。他们在离开时，或许默默背诵着俄侨诗人阿恰伊尔的诗句："即使山穷水尽，濒于绝境，我们也从未低头认命，虽然被逐出国门，漂泊四海，我们仍日夜对祖国怀念……"

俄罗斯侨民与淮海路西餐馆的因缘结束了。

三角地菜场叫卖鲜鱼的"欧巴桑"

上海这座世俗的城市是被菜场的叫卖声唤醒的。

上海人把西餐叫做"大菜",在西餐馆开洋荤就叫"吃大菜"。而自己家里招待亲友或平常下饭的菜肴再丰盛,也只能叫做"小菜",卖菜的市场就叫"小菜场"。但菜场在上海出现,是在开埠后。之前,上海县城算得繁华了,但一直没有真正意义的菜场。我们在光绪初年创刊、由吴友如主笔的《点石斋画报》里可以看到,市民买菜,取自挑着菜担串街走巷的菜贩子,所谓"一肩蔬菜里中呼,小本生意藉糊口","山蔬野蕨类纷如,唤卖声喧绕市闾"。

在老城厢里呢,则在某些小街自发形成了相对固定的业态,专营面筋、豆腐、咸鱼、咸肉、鸡蛋、火腿、酱菜、杂豆、米面、粉丝、饴糖、油酱等,城里城外的市民都知道怎样买到自己想要的东西。

开埠之后,人口剧增,城市面貌和社会形态发生了极大变化,但小贩叫卖蔬菜的形式依旧,随意占用街道、沿街设摊、弄堂叫卖的情景叫租界当局相当头痛,小贩也常常与巡捕玩猫捉老鼠的游戏。

为了从根本上解决这一城市管理的难题,租界当局于1893年率先辟建了一个固定的交易场所作为样板,虹口菜场就这样"横空出世"了。

虹口菜场是上海第一个真正意义上的菜场。它创造了几个上海之最:建成时间最早,规模最大,交易量最旺,税收最高。又因为虹口菜场建造在三条马路(汉阳路、塘沽路、峨眉路)中间的一块空地上,上海人就称之为"三角地菜场",这个诨名一直叫了一百多年,嘿嘿!

一开始,三角地菜场简陋得近乎寒酸,一个木结构建筑,瓦坡顶,地面开有纵横交错的排水沟,但四周没有围墙。进出是方便了,刮风落雨时,买卖双方却相当狼狈。后来,菜贩不断"加盟"进来,生意越做越大,税收也滚滚而来,租界当局笑不动了,就于1913年进行扩建,造起了一个钢筋混凝土结构建筑,有点像欧洲国家的老式火车站,容量扩大了一倍。有了空间,蔬果瓜菜与鱼肉虾蟹就分开来做生意,还有罐头食品和点心店点缀其间。所谓"造成西式大楼房,聚作洋场作卖场。蔬果荤腥分位置，双梯上下万人忙"。

再后来，这样的商机和环境也吸引外国商人进来"捡皮夹子"，比如日本人就在底层拥有了近百只摊位，俄罗斯人也申请了十几只摊位，这是"机会均等"的思路。

到了20世纪初，公共租界内已经建成了七只正规的小菜场：中国、虹口、爱尔近、汇山、新闸、东虹口、马霍，后来又有福州路、北京路、齐齐哈尔路、伯顿路、平凉路、辽阳路、小沙渡路等菜场闪亮登场，总量上呈快速增加的趋势。

1941年太平洋战争爆发，日本人势头比较强劲，在日军庇护下的日本商人在三角地菜场也不断扩张，占有110家商铺，除了蔬菜肉类，还有豆腐店、水果行、馒头店、酒店和烤鳗店等，简直就像一个日本的小型超市了。怪不得住在虹口的日本人也得意洋洋说："内地（指日本国内）物品，这里没有不具备的，由于有这样的生活环境，居住在这里的日本人已经忘记了自己身在国外。"

三角地菜场附近是日本侨民的主要聚居区，为适应日侨的需求，日本商人每天从长崎运来新鲜的蔬菜和鱼，让客居上海的同胞"咪西咪西"。那些从长崎鱼码头批来的真鲷和秋刀鱼，运抵上海时湿淋淋的似乎刚刚出水呢。当然，日本鱼市的价格波动，也敏感地影响到三角地的价格。

在日本侨民与中国人近距离混杂的那个岁月里，在三角地菜场叫卖鲜鱼的日本女人，给虹口居民留下深刻的印象。她们都是些半老徐娘式的东洋婆，被称为"欧巴桑"。在上海人的印象里，"欧巴桑"泛指性格开朗、说话直爽的女人，但说难听点又有点"十三点"腔调。她们嗓门大，脸庞通红，眼泡虚肿，身穿沾有鱼鳞和污血的和服，常常又是罗圈腿，形象有欠文雅，整年一双木屐叽呱叽呱地很烦人，说话也不注意对象和场合，而且跳来跳去没有逻辑，同时也喜欢传播小道消息。不过她们给菜场带来了无限的活力，还有点东洋婆的风骚。

日本战败后，三角地菜场里的日本商人陆续收摊，欧巴桑也失去了往日的风采，神情黯然地收拾起衣衫和家具，踏上归国的破船。

直到上世纪80年代，三角地菜场依然是上海最大的室内菜场，排在上海四大菜场之首（其后的三家分别是：长寿支路菜场、巨鹿路菜场和陕西北路菜场）。今天，三角地菜场在城市改造的推土机前消失了，但它的名字永远是上海人不灭的记忆，连缀着丰富的生活细节与感情。

十二道金牌

上世纪70年代初，中美关系解冻，但经历过抗美援朝和抗美援越的老百姓对美国佬还是怀有一种复杂的情绪。在尼克松总统访华时，坊间流传着一个笑话：说是总统与他的随行人员想在上海吃一顿饭，随手扔出相当一万人民币的美元。这个价位是有极大挑战性的，美国佬估计伟大的中国人民整不出一桌豪华版的筵席。没想到他们来到锦江饭店，吃了饭，一分钱的找头也没有，一万元刚好花完。总统随行人员不相信，聪明的厨师就将他领进厨房，拉开冰箱，请他看一箱子龙虾，一般长，一般粗，只是都断了须。

"先生，刚才你们是否吃到一盆叫做炒龙须的菜？"美国人回答是的。"这道菜就是用一千只龙虾的须炒的，剪去了须的龙虾就成了下脚料，所以这道菜成本非常高。还有一道菜：绿豆芽嵌肉丝，吃了没有？"美国人回答是吃了。"那么一根细细的绿豆芽里嵌进肉丝，要花多少人工？告诉你们，我们中国人民是好客的，所以才收一万元，如果照实收的话，两万元也打不住。"总统与他的幕僚听了很受教育。

这个笑话以一种幽默的方式体现了中国人在闭关自守闹革命时的自卑心理。继尼克松之后，不少美国政治家相继访华。有一回，上海来了一个美国参议员代表团，大约十个人，到新雅饭店（当时叫广州饭店）吃饭，席间上了一道清炒虾仁，90元。这个价钱已经将上海的老百姓吓坏了，但是美国人吃了认为非常值得。

我钩沉这个"当代掌故"的动机，是为了向读者强调一个事实：当时的物价是低的，但工资也低，一盆清炒虾仁相当于一个工人两个半月的工资。

80年代初，饭店里恢复供应结婚喜宴，每桌也就几十元而已。记得我哥哥在新雅饭店办喜宴，每桌40元。有一个朋友在和平饭店办喜宴，每桌才35元。我当时也在饭店工作，我们店里的喜宴有三种规格：25元，35元，45元。当时的喜宴有约定俗成的套路：一个什锦大冷盆，八道热菜，一道汤，两道点心。俗称"十二道金牌"。什锦大冷盆以辣白菜打底，上面放射状地铺排油爆虾、熏鱼、

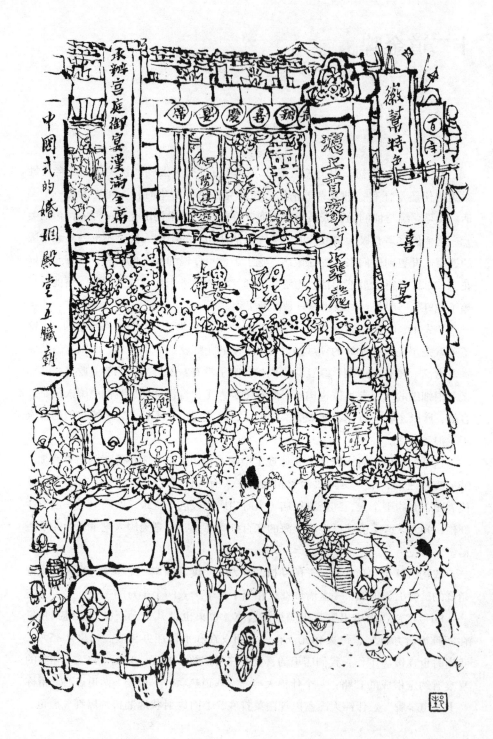

中国式的婚姻殿堂五脏剧

上海老味道

肚子、红肠、皮蛋、酱牛肉、白斩鸡、酱鸭等，有一次我看冷菜师傅正在挠头皮：皮蛋断档了。我就建议他用白煮蛋，他连忙摇头：白煮蛋是办丧事用的。

喜宴的价格如此，亲朋好友送贺礼也在5元10元以内，用红纸袋一包，比较体面，这笔开支相当于工资的10%到20%。不过一到国庆、春节两大节日前后，"红色罚款单"一多，也颇叫人纠结的。

热菜是相似的，渔香肉丝、清炒虾仁、茄汁鲳鱼、蚝油牛肉、宫保鸡丁是当家小生，价高的一桌配糖醋黄鱼，差一点上一条了无生趣的清蒸鳊鱼。全鸡全鸭也逃不了，全鸡一般是葱油鸡，全鸭多为香酥鸭。在乱哄哄的热菜被大家一扫而光后，这一对黄金搭档才姗姗来迟。而此时，食客差不多已经吃到八九成饱了，冲势锐减。按不成文的规矩，全鸡全鸭一般就让办喜宴的主人家带回家慢慢享用，这也体现了上海人的实在和人情味。但倘若喜宴质量太差，鸡鸭就难保全身而退了。

喜宴上还有一道大戏：蹄髈。如果蹄髈以走油或红烧的形式作为压轴大戏出场，则全鸡入汤成为"落汤鸡"。反之，蹄髈也可在大汤盆里以贵妃出浴的形态取悦于人。那么在操作上，如果食客实在挡不住香酥鸭的诱惑，分而食之，就将蹄髈留下。反正，厚道的食客要为主人留下两道大菜，至少一道吧。

也因此，这温暖的一幕永远留在我的脑海里：喜宴散后，新郎新娘与双方父母在饭店门口以夸张的表情与客人道别，双方亲戚则围绕圆桌开始打扫战场，将剩菜残羹快速倒进钢精锅里。事前还有约定，比如男方打扫四桌，女方负责六桌，双方不得"越界筑路"。有一回，我看到男家的一帮男女端着钢精锅来收拾残局，而全鸡全鸭只剩下两具躯壳，一老兄冲着不远处正在频频握手、互道珍重的亲朋好友愤然吼道："册那，吃头势真结棍！像饿狼一样。"

等到我与太太结婚那会儿，喜宴的价格有点蠢蠢欲动了，但也不过56元一桌，还是在华山饭店，水晶大吊灯的场面。90年代初，喜宴价格如脱缰野马一路狂奔，一两年之内蹿至十倍。新郎新娘依旧笑春风，双方父母则叫苦连天。同时，水涨船高，贺礼也不断加码，沾亲带故的没个八百上千，休想过关。

进入新世纪后，喜宴也作了改革，"十二道金牌"被港台新模式取代了，哪家饭店要是再上全鸡全鸭，肯定被人取笑。对此，九斤老太们是一直耿耿于怀的，"瞧瞧，现在的年轻人，没进洞房就睡一被窝，今晚成了家，赶明儿就分手。啥原因？看看酒宴上给咱端来些什么菜？没全鸡，也没全鸭，所以这婚后的日子就没法十全十美啦。"

年菜与口彩

在人类社会的文明过程中，各民族都产生了与生存发展相关的禁忌，这些禁忌映射着对自然、人类、社会以及神话、宗教等的认识与接受程度。西方社会在使用"禁忌"这一术语的过程中，虽几经演变，但习惯上仍将该词用以代表任何被禁止的事物，意指"一种犯忌的主题"。在中国，禁忌还携带着农耕文明的痕迹，再加上工业文明和商业社会的一些禁忌，就呈现出相当有意思的格局。

在大多数场合和节庆活动中，几乎一切民族的文化都忌讳谈论死亡。在有些文化中，这种禁忌发展到对它的任何"影射"。结果，描述或表示死亡的语言变得极其丰富，并伴随着某种"隔离动作"。比如在中国，报丧的时候一般都说某位长者"走了"、"没有了"，诉诸文字则为"仙逝"、"驾鹤西去"等。提及某位女士怀孕则说"有喜"，诉诸文字则是"身怀六甲"。

禁忌并不因为商业文明的发达而消亡，事实上可能相反，比如香港、澳门以及广州，禁忌之多肯定超过内地的农村，甚至连领风气之先的上海也望尘莫及。

为了消弭禁忌可能产生的负面影响，人们发明了吉利话。比如在广东，仅饮食一项就有许多有趣例子，比如称牛舌为"牛脷"，称丝瓜为"胜瓜"，称鸡爪这"凤爪"，称猪肝为"猪润"，因为"舌"与"蚀"，"丝"与"输"，"肝"与"干"都是谐音的，而"鸡"这个字也极不雅驯。

吉利话（包括口彩），是人类社会特有的一种人文精神与物质生活的民间传承模式。吉利话构成了口彩的核心内容。讨口彩是在社会活动、尤其是民俗活动中使用吉利话，或者通过谐音等手段让对方承受某种积极的心理暗示和安慰。讨口彩反映了人们的民俗心理和民俗思想。尤其是在婚丧嫁娶等喜庆场合和节令活动中，见面后互道珍重，说些吉利话，可以营造祥和的气氛，以利于多方沟通、增益感情。"亲戚酬酢，吉语生馨，即岁时送礼亦必加太平钱、万年青柏等事，否则指为不祥。"（清孙同元《永嘉闻见录》）

语言直接映射了民俗心理，口彩又是民俗语言的重要组成部分。春节是新年的开端，口彩在此时就显得尤其重要了。

大上海是座移民城市，市民来自五湖四海，所以在年夜饭这档事上，也必然呈现百花齐放的局面。当然，一方水土养一方人，饮食习惯是长期形成的，所谓百花齐放，指的是风俗习惯在年菜上的反映，并不会因为在上海落地生根而有根本性改变。

比如我家祖籍绍兴，在常备的鸡鸭鱼肉之外，还有几样美味是必不可少的：一大砂锅水笋烧肉，一大砂锅霉干菜烧肉，一大砂锅黄鱼鲞烧肉。有这三大砂锅垫底，节日期间有不速之客踩准饭点光临寒舍，妈妈也不至于在锅台边急得团团转了。

一般上海人家呢，除了比较好办的霉干菜烧肉和水笋烧肉，还会囤点素的菜，比如油条子烧黄豆芽，黄豆芽的头子弯弯的垂下来，故而被称作"如意菜"，油条子呢，你看像不像一根根金条啊？还有发芽豆，被称作"独脚蟹"，味道极鲜，也是一款下酒妙品。讨口彩的还有：百叶包称"如意卷"，肉烧蛋称"元宝肉"，塌棵菜称"塌塌长"，蛋饺称"金元宝"，线粉称"银条"。

还有一道四喜烤麸，上海人家的年夜饭必备！烤麸归类为豆制品，其实是用小麦做的，发酵后成形一大块，买来后巧媳妇用手撕成一块块，如果用刀切就不地道了。入油锅炸一下，逼去水分，加金针菜、香菇和木耳，再加点剥了红皮的花生米，酱油与白糖要舍得放，煮透入味，浇上麻油，就是一款具有经典意义的年菜。这道菜是比较考验厨艺的，客人来了，举箸一尝，便知道当家主妇能不能干了。直到今天，这道菜也是检验主妇执爨能力的重要标准。烤麸，烤麸，谐音"靠夫"，女人有个好老公可以发个嗲，靠一靠，日子不就甜甜蜜蜜啦？

在上海郊区，讲究一点的人家会上一道扣三丝。这是一道经典的本帮菜，它来自浦东三林地区。扣三丝讲究刀工，火腿、冬笋、熟鸡脯全部切丝，每块横批36刀，竖切72刀，一共2592根，每根切得像火柴杆那般细。无论鸡脯肉、火腿上方还是冬笋，都要有一个宽12厘米的刀面，所以选料非常讲究。切成后的三丝塞入瓷碗或瓷杯内，不能断、不能扭曲，上笼蒸透，再往透明的玻璃盆里一扣脱模，一座色泽分明的三丝宝塔矗立在盆子中央，兜头浇上滚烫的清鲜高汤，再漂两三叶豆苗嫩芽，先不动筷，已经把人看呆了。

如今，精扣三丝已成为本帮饭店的招牌菜，也是厨师参加烹饪比赛时夺金摘银的"规定动作"。在三林塘有一个习俗流传至今，每逢女儿出嫁就会请厨师做这道菜，因为扣三丝一经抖开，会越抖越多，最后是满满一大碗，故而也称"抖乱三丝"。此时乡贤就会翘着白花花的胡子说："看，新娘子嫁了一户好人家，男人本事大，女人带来旺夫运，他家的财富一定会越来越多！"

过年时的餐桌上，上海人家还要有春卷应景，好吃之外也有讨口彩的用意。春卷，那油锅里炸成黄金色的样子，不就是"金条"吗？有些人家在春卷里还包进粉条炒菜丝肉丝，金条里包银线，那就更能激发想象力了。

摊春卷皮子是个手艺活，还有一定的观赏性，所以在小店的窗前常常围着看热闹的群众。每当此时，师傅颇为得意，心情好的时候还能表演几招，眼看着手里的面团快着地了，手腕一抖，像今天的蹦极那样，又起来了，立马赢得一阵喝彩。如果放在今天网播，粉丝立马过万你信不信？

春卷皮子做起来比较费时，供不应求是新常态，顾客就得排队。最后排队也没用，你就得找关系开后门了。现在超市里有机器加工的春卷皮子出售，样子蛮好看，但口感远不如手工制作的，上了年纪的顾客不认可。

春卷皮子包荠菜肉丝或黄芽菜肉丝馅，包成一只只小枕头的模样，入锅油炸至金黄色，跟醋上桌，吃得哧溜哧溜，嘁嘁哈哈，真是幸福极了。

上海人过年要吃年糕，大约是取"年年高升"的意思，也有高高兴兴的祈愿在里头，反正，上海人在春节是一定要吃年糕的。这也是江南稻米文化因子的遗传，跟处于小麦文化背景的北方人过年吃饺子是一个理。

以前，买年糕也要排队的，且有限量，凭户口薄，小户多少，大户多少，还像煞有介事地盖个章，防止贪图小利的人多买。有些穷苦人家连年糕也买不起，户口薄上的额度就让给邻居，邻居烧了汤年糕，盛一碗相赠，也是感动人心的。

青菜汤年糕，青白相间，加一勺熟猪油，又香又鲜。黄芽菜肉丝炒年糕、荠菜冬笋肉丝炒年糕也是不少人的最爱。再上个档次就是黄芽韭菜肉丝炒年糕了，炒的时候香气涨满整个灶披间，绝对体面过人噢。

小孩子喜欢偷吃烤年糕，整条年糕搁在煤炉上，烘烤至两面焦黄，在两只乌漆墨黑的小手里倒来倒去，喷香，咬下后便留下清晰的齿痕。

上海人还吃糖年糕，糖年糕加了红糖，色呈浅红色或棕色，表面撒些糖桂花，油炸后回软，哄孩子最好。如今糖年糕加了红曲粉，做成双鱼形状，活龙活现，先供财神后自尝，喜感满满噢！

上海人过年怎么可以不吃汤团呢，吃了汤团才叫团圆嘛！这似乎是很有民间基础的风俗。本地人吃荠菜肉汤团，个儿大，四只盛一碗就满了。安徽人吃鲜肉汤团，也是赛梨大的。今天的上海人更喜爱吃黑洋酥猪油馅心的宁波汤圆。

宁波汤圆的馅心做起来也颇费手脚，黑芝麻炒熟，在石臼里舂成细末，与剥了皮的板油及绵白糖一起拌透后腌成黑洋酥馅心，然后一只只手工搓成。裹汤团跟北方人包饺子一样，都是全家其乐融融的规定情景。再然后入锅煮，经过三点水后，成了，轻轻一咬，香甜的芝麻馅心就缓缓流出，一股香味扑鼻而起。圆、糯、甜、烫，充实了富有民俗意义的幸福内涵。

一般来说，上海人家年夜饭的台面上，冷盘要有白斩鸡、酱鸭、熏鱼、皮蛋、油爆虾、海蜇皮子（或海蜇头）、四喜烤麸、白肚、黄泥螺、辣白菜、糖醋小排等。从浦东到城里的人家还要做一道百叶包荠菜肉糜，俗称"铺盖"，煮熟后改刀上桌，刀面看得出红绿相间的馅心，宜酒宜饭。讲究一点的人家则有酱鸽、燻鸭、醉蟹、摇蚶、糟蛋、风鹅、鳗鲞等，在计划经济年代如果端得出这些菜，那么这家人肯定有路道！

热菜阵容也是比较强大的，清炒虾仁是万万不可少的，用上海方言来说，这虾仁与"欢迎"谐音，用它来担纲开场戏，清清爽爽，老少咸宜。接下来可以是咕咾肉、蚝油牛肉、辣子鸡、茄汁明虾、糟溜鱼片、葱爆腰花、虾子海参、八宝鸭、芹菜炒墨鱼、罗汉上素、冬笋炒塌棵菜、走油蹄髈——这道老外婆风格的大菜一上桌，气氛顿时就热闹起来。最后必须上一条鱼，而且是全鱼，清蒸或糖醋。如果家里有孩子，那么这个时候也顾不上"吃剩有余"了，嘻嘻哈哈吃个精光！

高潮来了，一大砂锅热气腾腾的"全家福"，可以是一只金光闪闪的紫铜暖锅，也可以是一只青花大海碗，反正料要足，汤水要大，鱼圆、肉圆、贡圆、爆鱼、猪脚、肚片、鱿鱼卷、水发肉皮，还有黄澄澄的蛋饺（这叫"金元宝"，以前都是自己家里摊的，各位爷想必都有美好的记忆）等等，排整整齐齐，下面垫足碧绿的菠菜和白亮的粉丝，人见人爱的喜庆模式，预示着来年幸福指数一路飙升，将年夜饭推向高潮！

最后进入尾声，再来一道甜甜蜜蜜的八宝饭。八宝原是佛教专用词汇，指的是佛八宝，八吉祥。由八种识智即眼、耳、鼻、音、心、身、意、藏所感悟显现。描绘成八种图案纹饰后就代表成了佛教艺术的装饰，到了清代乾隆时期又将这八种纹饰制成立体造型的陈设品，常与寺庙中供器一起陈放：它们是轮、螺、伞、盖、花、罐、鱼、长。在民间饮食方面，八宝一般表示食材的丰富庞杂，也有喜庆吉祥的寓意。除了八宝饭，在上海颇有人缘的八宝鸭也表达了同样意思。

如果有刚刚出油锅的黄芽菜肉丝春卷从厨房里端出来，那么又是一次回龙小高潮。好了，大家饱嗝连连，面红耳赤，窗外渐次响起了震耳欲聋的爆竹声。

看看家里年纪最大的爷爷奶奶，他们一直眉开颜笑，又喝了不少酒，脸色酡红，正一个劲地往衣袋里掏出一叠压岁红包，那么说明这顿年夜饭功德圆满了。

美食街上的酒鬼们

　　上海滩上有些小酒店是极具风情的，但余生也晚，到了我开始有意识地观察社会时，已所剩无几。老家弄堂外的十字路口有一家食品店，卖些糕点、糖果和牙刷牙膏，靠北墙的一个柜台后面竖着三排老酒甏，有几十种酒供客人零拷，在这里，我知道了五茄皮原来是一种药酒。每天上午，有一个阿姨从菜场里买一些豆腐干、发芽豆回来，间或有一只鸡、一只鸭、十几枚鸡蛋，一道道烧好后改刀装盆，小盆子叠在桌子上，再罩上一个木框玻璃罩。夜幕降临，晚风徐来，路边摆开两张八仙桌，挑出一盏灯，酒鬼们就三三两两来了，点一两只冷盆，烫九斤酒，可以吃到很晚。

　　说起酒店，过去比较著名的是豫丰泰、言茂源、王宝和、王裕和、永济美、同宝泰、全兴康、王恒豫等。王恒豫坐落在南市董家渡路，是上海酒店业的老大哥。这些酒店供应的酒均为黄酒，太雕、花雕、金波、玉液、善酿、香雪、加饭等，客人都是好酒量，没有两三斤的量根本坐不下来。下酒菜倒是不讲究的，不过到了菊黄蟹肥时，酒店的生意也进入一年中的高峰，持螯痛饮诚为人生一大快事，一些社会名流也相约而至，微醺后吟诗赋词，留下不少佳话。比如民国初年的小说家许指严，每天必到言茂源喝酒，而且必定是赊账，后来实在是手头拮据，眼看还不出酒家的酒钱了，就伪造了一部《石达开日记》卖给世界书局，当时文化界和媒体都不像今天那么眼尖，心狠手辣的人也不多，一般读者也当故事读，结果这部奇书一版再版，倒让他结结实实地发了一笔财，尽可连醉数载了。

　　当然，这些轶事都是老上海告诉我的，等到我本人开始对酒店发生兴趣，已经天翻地覆慨而慷了。

　　由老家门口的小酒店开始不自觉的社会观察，我后来又在淮海中路近瑞金路的那段上看到一家酒店，店名叫做茅万茂，三开间门面，货架上摆满了来自祖国各地的名酒，货柜下还有一甏甏散装酒。店堂朝路面的一角是冷菜间，陈列着卤蛋、豆腐干、发芽豆、肉卤百叶结、熏鱼、白肚、猪耳朵、酱鸭、白斩鸡，还有"大转弯"——尚未斩块的鸡翅膀。店堂里摆了两张八仙桌，永远挤满了酒鬼，他们呷着酒，热烈地交谈着，通常情况下只顾自己倾诉，而不在乎别人是否在听。还有一家在南京东路近福建路，店名叫新建，也可能叫建新吧，反正也是酒鬼们的天下，不同的是底楼只卖瓶酒，二楼才是店堂。这两家酒店在"文革"时也没有停止经营，只是茅万茂的店名改为茅山酒家。在运动一个接一个的火红年代，上海居然还保留着酒鬼的乐园，想想真有点不可思议。但最让人觉得不可思议的是云南南路上酒鬼们酗酒的生动场景。

直到今天，偶尔走进云南南路，我仍然会突然恍惚起来，似乎走进了一部读烂了的小说。有时候，并没有人叫我，我也会惊醒地回头张望。身后是一个故事的背景。我的眼睛就跟X光透视仪一样，从一幢刚刚耸起的楼房中看到了三十年前的骨骸。

云南南路的这一段被叫做美食街，与乍浦路、黄河路并列而灯红酒绿，嘈杂、喧闹，行人毫无顾忌地大声叫嚷，空气中飘浮着细如游丝的油烟，还有焦香，这里的阳光都像烤炉里的火焰，是带着一种欢欣在舔尝脂肉的。它北上顶着延安东路，南下在金陵东路尾煞尾，中间被宁海东路拦腰斩成两段。在这段半公里也不到的路，我遗落了许多青春的梦想。

老家与云南南路相隔不远，走过去只要一刻钟，但我从小没有在外面野的兴趣，对这条马路更是保持着距离。"文革"初期，大家有一度热衷于调换毛主席像章，我被年龄比我大一些的邻居拖去以壮色。我只有一枚像章，没有调换的资本，但不妨张望外面的世界。冬天，西北风呼呼地刮着，一堆人挤作一团，神情紧张但又兴致盎然地交换着，还有人望风，防止警察突然"拉网"。"大头"、"小方块"、"四个伟大"、"大海航行"……严肃的领袖像章被他们以极不严肃的简称代替，而且说出来极顺溜，让我从紧张的气氛中感受到了平民的诙谐，挤在大人堆里也感到很受保护。

有时候也向周边的点心摊瞄上几眼，窗口里正蹿出一团团热气，乳白色的，慢慢地上升，然后散去。那种虚空的暖意深深地渗透到我心里去了，走近点心摊，看到那一口巨大的铁锅，沸水上浮着许多汤团，就跟草原上的羊群一样可爱。我的肚子原本已经空虚，一刹那又打了一个激灵。

1973年12月的一天下午，我"很正式"地走进了这条街，此时我的身份是一名学徒，而这家所谓的小饭店，其破烂的程度可以借给摄制组拍一部类似《十字街头》的电影而不必再做过多的修饰。我还清楚地记得，店堂里堆放着许多散装啤酒的钢瓶，老师傅们称之为"炸弹"。天夜渐暗，雾色渐浓，酒鬼们从四面八

上 海 老 味 道

方聚拢来，他们彼此打着招呼，脸上的表情异常兴奋。

店里供应熟食与酒，还有浇头面、阳春面与春卷，早市从凌晨六点开始，夜市从下午四点就忙开了，一直供应到次日凌晨两点收市。许多酒鬼得知来了一个小学徒，就主动过来打招呼，表情夸张地跟我拉家常，递香烟，谈谈天气和女人，然后在我眼皮底下沾点小便宜，比如偷一盆冷菜，偷一碗阳春面，希望我假装没看见。我自以为跟他们算是认识了，不好意思呵斥他们。但事后再想想不妥，似乎与他们同流合污了，找了一个机会就向师傅表达了内心的顾虑，但所有的老师傅都笑了，"以后你就抓住他们，送派出所。"然而一转身，我又看到他们与这些酒鬼在店门口对烟，说笑。后来才知道，多吃多占是司空见惯的事，那些酒鬼本是常客，谁也不好意思跟他们翻脸。

后来个别酒鬼还向我借钱，这个事我就警觉了。"你不要相信他们的话，给他们钞票，就等于肉包子打狗。"我师傅对我说。师傅是扬州人，长着一对小眼睛，帽檐总是软弱地搭拉着，肩胛左高右低，一双脚呈内八字形状。他是店里的小组长，自从我做了他的徒弟后，他就更像组长了，在店堂里走来走去，指手画脚，将我支使得像《三毛学生意》里的三毛。一些开口就会骂人的女师傅扯扯我的衣袖，挤挤眼："少做点，留点活让那个老棺材做。"

店里一日三顿供应啤酒、黄酒和白酒，55度的劣质白酒灌在小瓶子里，一角一瓶，被称作"小炮仗"，极受酒鬼们的欢迎，十几样熟菜装了盆后在熟菜间里亮相，每盆一角至五角不等。酒鬼们爱吃猪头肉，白烧，蘸酱油吃，据说眼睛四周的部位味道最香。猪头在下锅前须用烧红的铁钎烫去残留的猪毛，最后用刀刮干净，而当时我自己的胡须没有长硬呢。我为面目狰狞的猪头刮着胡须，心里恶狠狠地诅咒着这份工作、这个店，把猪头想象为正在店门口说着荤笑话的师傅。我的手指很快就变粗了，滚烫的油星溅在手上就是一串泡，刀拿不稳的话就会"挂彩"，特别在冬天，浸了水，风一吹，肿得跟胡萝卜一样。休息天找出小提琴盒子，吹去浮灰，打开，调弦校音，在弓的马尾上打松香，但我的手指老是把不准位。读中学时我与几个同学一起拉小提琴，拉了三年多，到毕业前已经会拉《山丹丹花开红艳艳》了，我为自己有细长而灵活的手指骄傲，而现在，它们被毁了。

不怕今天的小青年笑话，为这份倒霉的工作，我没少流泪。

我有四个哥哥，都在外地工作，一个姐姐在郊区，我是父母身边最后一个儿子了，按当时的政策，毕业分配时我笃定是上海工矿的档子，可是班主任做了个小动作，把我安排在这种单位。因为母亲亲口说过，希望我的工作单位离家近一点。

那些酒鬼，每天要来个一两盅，无须太多的菜也可以喝得酩酊大醉，胡言乱语，然后大吐而归——这算不上好的酒鬼。优秀的酒鬼一点也不张扬，从不夸耀自己的酒量，一杯酒在手，深深地抿一口，然后看着前面的虚无，度数再高的酒也不打嗝愣。喝到最后一口依然从容不迫，只有眼睛里的血丝暴露出整个过程。重要的是一日三顿都要喝。

阿七是酒鬼中比较受欢迎的一个，因为他是上了年纪的人，从不失态，也不调戏店里的女学徒，又很会讲故事，他是老土地。从他嘴里我知道了关于这条街的历史。

它叫八里桥路，与它相交的那条叫菜市街，即现在的宁海东路。当时还保持着菜场的格局，菜场进店是90年代后期的事。向东，与云南南路平行的有广西路和永寿路，过去它们分别叫做东自来火路和西自来火路。老一辈的上海人把火柴叫做自来火，而在这里，它指的是煤气。19世纪末，这两条路在上海率先安装煤气灯，路名由此而来。八里桥路与近在咫尺的八仙桥有无关系，阿七也说不清楚。他只知道法国人的时候，公部局禁止小贩沿街叫卖，特别是在外国的寓所窗下叫卖。我想原因无外乎浪漫的法国人只许窗下有人唱情歌，听不得粗俗的带有各地方言的叫卖声。"八一三"后，来自各地的难民大量涌入租界，这一带房子的租金暴涨，有些房子还没有完工就租出去了，现在还看得出当时草草收场的痕迹。难民在八里桥路摆摊谋生，客观上也把各地风味小吃带进了上海。日本人进租界后，为了制造大东亚繁荣的局面，不仅允许沿街设摊，还定了不少规矩，其中之一就是不准士兵白吃小贩的东西。

阿七还告诉我，那是在日本人快完蛋前的1945年春天，一个日本兵饿坏了，就到一家点心摊上吃了一碗炒面，正巧被他的上司撞见，当着中国人的面扇了他十八记耳光。

这带为什么能形成市面，根本原因还在于——阿七意味深长地看着我，你发现吗？——这一带有两个多，一是栈房多。不错，举目望去，我们店周围就是五六家旅馆，至今还在营业。这些旅馆都是老房子，因为是兄弟系统，我们职工都到旅馆就近解决大小便问题。走在老旧的、柱头和板墙上布满花饰的甬道上，脚步声空洞而回响久远。二是堂子多。堂子你晓得吗？就是妓院。这里，阿七用筷子指向北面，汕头路、四马路——也就是福州路——过去都是妓院。那里，包

上
海
老
味
道

333

括我们这里，你别看现在弄堂里一幢幢石库门房子蛮堂皇的，过去都是台基。台基你晓得吗？又是摇头。台基就是妓女在家里接客的场所。这当然算是高档的，比她们档次低的是野鸡、咸水妹——专做洋装生意的，惨的是钉棚，年老色衰，靠在电线杆上拉客，只有拉黄包车的车夫会……

"劳动人民也嫖娼？"我很吃惊。

"怎么啦，劳动人民也是人嘛，讨不起老婆，只能找野鸡煞煞渴。"阿七眨眨眼睛，"黄包车夫有得是力气，最讨女人欢喜，有些老板在外面养了女人，十天半月才去会一次，女人正是如虎似狼的年龄啊，怎么熬得住？就跟车夫搭上了。这种事在过去多着呢。"阿七晃了晃杯子，把残酒喝干，朝地上吐了口浓痰："呸，这是万恶的旧社会。"

80年代中期，在全国各地大修方志的热潮中，我也参与了行业志的编纂。在翻阅了黄浦区的档案后发现，阿七有一个疏忽，其实这一带还有"一多"：戏院多。除保留至今的大世界、共舞台、天蟾舞台、大舞台外还有许多小型戏院，极一时之盛的满庭芳就在湖北路口，再过去有专营女鞋、同时也为妓女所青睐的小花园布鞋店，再过去呢，有专卖化妆品的香粉弄，哈，这里真有深厚的历史底蕴啊。想象一下轻歌曼舞、羽衣霓裳的盛景，八里桥路的小吃摊焉能不人头攒动？于是我琢磨出来了，这一带外来人口多，在解决了吃和住宿的问题后，就轮到性和娱乐了。至于福州路文化街的说法，是出于今天建设精神文明的需要，而在当时没有这个说法，买点文房四宝和旧书，出版几张小报又怎样？再说文化人嫖起妓来，手法自有高明之处，玩了婊子再去为人家树牌坊。信奉实用主义的风尘女子才不爱听你几句歪诗呢，出手大方才是真的。

云南南路一到晚上，真是酒鬼的乐园，一溜几家店都被酒鬼们早早地占了座位。酒鬼们穿着油垢深重的空壳棉袄，趿着鞋皮，笼着袖子来了，脸上漾溢着知足的笑容，跟谁都是亲兄弟似的。酒鬼们天天喝，没有太多的钱，所以通常都是这样安排的：一支小炮仗，一碟辣酱或五香豆腐干，再加一碗面。从下午四点起要坐到晚上十二点多甚至次日凌晨。更让人头痛的是，他们喝醉了就要吵闹，打架，掀桌子，啤酒瓶飞来飞去，我们店里的墙上最最醒目的是两行字，毛主席语录"发展经济，保障供给"和派出所电话号码。

晚上九点以后渐入佳境，酒鬼们个个眼睛通红，语无伦次，刚才还勾肩搭背地同吃一盆豆腐干，转眼就扭打在一起了，在地上滚来滚去，一直滚到店门外，身上沾满了污水和痰迹，还没有歇手的意思，力气所剩无几了，旁观的酒鬼急了，提示攻击对方的软档，或用激将法挑逗他们再打，出重拳。也因为一语不合，旁观的酒鬼打起来了。于是一场混战，天昏地黑，猿哭狼啸。

关键时刻我挺身而出了，向酒鬼们宣传无产阶级专政下继续革命的理论。但我的声音一出口就被吵闹声淹没了，酒鬼们根本无视我的存在。再这样下去怕要出人命了。我跳在他们身上，企图拉开扭打在一起的酒鬼，但酒鬼们将点着了的香烟塞在我嘴里，沾满酒液和唾液的烟嘴差点呛死我。他们又挠我的胳肢窝，最后扛起我的身子送回店里，满口酒气喷得我晕头转向。他们毕竟不敢把我扔在布满骨头和烟蒂的地上。

酒鬼们打累了，参战双方鼻青眼肿，就像《水浒》里描写的那样，一个个像开了酱油铺。我看着他们，心在颤抖，眼睛酸胀，蓄满了泪水，高尔基小说里描写的沙俄时代工人们酗酒的情景很自然地叠化在他们身上。我发出一声声叹息，弄不明白他们是无产阶级专政的主体还是对象，因为我们生活在新社会，而这些酒鬼都是生活在社会最底层的工人，他们都属于最最先进的无产阶级啊！

我想他们应该为自己的行为感到可耻，他们应该为自己的丑陋哭泣，可是酒鬼们意犹未尽地对骂几句，似乎骂到了痒处，都笑了。最后，一个还没有喝醉的酒鬼像李玉和那样伟岸地在路中央一站，手掌向空中一劈：现在我宣布，回去，跟我统统回到桌子上去。

于是继续碰杯，亲如一家。

后来，闹得实在不像样子，派出所和拖着长矛的"文攻武卫"有过几次行动，冲进店来，不由分说地将所有顾客都押到墙边站好，然后稀里哗啦一阵鼓捣，酒瓶倒了，碗碟砸了，酒鬼们统统押上卡车，谁要是犟头倔脑，围上去就一顿暴打。"文攻武卫"打起人来心狠手辣，长矛专朝酒鬼的腰眼里捅，警察倒不动手。再后来，公安局要求这条街上所有饮食店在晚上十点钟以后不准卖酒，包括啤酒。消息传来，老师傅们都表示反对，虽然平时他们对酒鬼骂个不停，一旦没了他们，生意受影响是肯定的，他们还真舍不得呢。这时公司也派来调查组，那几个干部都把酗酒的"酗"字说成"凶"。调查是走形式，公安局的决定只能执行。布告贴出后，酒鬼们一到十点钟都涌到南市区去喝酒了，店里一下子清静得像太平间。

80年代初，禁令有所松动，酒鬼们又兴高采烈地喝通宵了。云南南路上的一些饭店经过装修，环境有明显的改善，酒鬼们也有了新生代，喝酒的腔调可是一脉相承的，那些女酒鬼更是青出于蓝，在没有座位时就一骨碌坐在男酒鬼的大腿上。有群众反应，她们的裙子里不穿内裤。

80年代中期，有关方面在云南南路两头竖起了牌坊，正式命名为大世界美食街，民间的叫法是云南南路美食街，所有的饮食店都经过了脱胎换骨的装修，供应的品种档次也高了，小老酒就不再供应，于是酒鬼们被迫转移到别处泡去了。那时，我在离开云南南路几年后又回来了，并且是一个小小的干部了，经常夹着文件夹到各个基层店检查工作。有一次走进云南中路一家饮食店，看到一帮酒鬼正坐在里面喝酒。上午九点多模样，不是喝酒的正当时光，穿着邋遢的酒鬼们将两张八仙桌拼起来围坐着，菜盆子都朝天了，还有一把西瓜子散着，每人手中的塑料杯子里也所剩无几。但他们仍然悠哉游哉地坐着，不时向门外张望。我知道他们是在等一位睡懒觉的酒鬼入伙，再买一盆熟菜，尽可能将幸福的时光延长。

我只觉得几个酒鬼脸熟，却叫不出他们的绰号，正想将脸别过去，他们惊喜地与我打招呼。我与他们搭讪了几句，这几个酒鬼马上脸放红光，矜持地朝左右看看，向不认识我的酒鬼介绍我，夸大我的职务和能力，我成了他们的莫大光荣，然后端起杯子声音很响地抿了一口酒。